集合住宅与居住模式

李理 著

# 集·住

中国建筑工业出版社

**图书在版编目（CIP）数据**

集·住：集合住宅与居住模式 / 李理著 . —北京：
中国建筑工业出版社，2020.8
ISBN 978-7-112-25227-5

Ⅰ.①集…　Ⅱ.①李…　Ⅲ.①集合住宅　Ⅳ.
①TU241.2

中国版本图书馆 CIP 数据核字（2020）第 097636 号

责任编辑：陈夕涛　徐昌强　李　东
责任校对：党　蕾

集·住—集合住宅与居住模式

李　理　著

\*

中国建筑工业出版社出版、发行（北京海淀三里河路 9 号）

各地新华书店、建筑书店经销

逸品书装设计制版

北京中科印刷有限公司印刷

\*

开本：889 毫米 ×1194 毫米　1/16　印张：17　字数：380 千字
2020 年 11 月第一版　　2020 年 11 月第一次印刷
定价：68.00 元
ISBN 978-7-112-25227-5
（36004）

# 序 ——

　　住宅是生活的容器，映射出不同制度与文化下差异化的生存方式与生活状态。作为城市人口集聚过程中解决住房问题的有效手段，集合住宅是高密度城市城市景观的基底，一定程度上也以其特别的方式记述了城市发展的历程，定义了城市文化与地理的特征，亦反映出都市群居生活的社会变迁，凝聚了不同时期共同建造的智慧，是当今社会不容忽视的居住建筑类型。

　　弹指 30 年间，在高速的城市化进程中，中国集合住宅在解决城市居住问题，推动城市化等领域发挥了关键性的作用，也得到了社会广泛且多元的关注；价格的飞涨，也使其承担了社会的普遍焦虑。这种焦虑及与之相伴的争论，限制了对集合居住空间的大胆想象。在承载高速城市化进程中诸多矛盾的同时，集合住宅保持了整体上的有序发展，形成了以满足核心家庭需求为导向的特定的居住范式。这种居住范式，跨越南北地域，贯穿商品集合住宅发展 30 余年历程，以单元式居住模式、平面式空间展开、厅房结合的空间组合为基本特征。2015 年，中国城市化率达到 50%。有学者认为，以集合住宅为主要形式的中国房地产业将逐渐由"黄金时代"转入"白银时代"；同年，中国大陆全面实施的"两孩政策"也使中国家庭人口结构与社会组织特征发生重要转变。如何在新的城市化背景下，深入认知集合住宅演化规律、了解不同地区集合住宅的差异化演化途径、探索新型集合住宅的发展途径将是中国建筑界共同面临的新课题。

　　湖南大学建筑学院居住课题研究小组，是在居住建筑教学过程中发展起来的住宅与住区的研究团队，长期关注当代住区演变、城乡住宅模式、未来住居探索等领域的课题。李理老师是目前团队中最年轻的成员，2013-2017 年在日本千叶大学读博期间，李老师在导师小林秀树教授的指导下研究集合住宅，并结合他在湖南大学的实践成果，完成了题为《中国式合作建房普及的可行性研究》博士论文。回国于湖南大学任教后，李老师乐于向我们分享他在该领域的实践、调研及研究；研究小组的老师们也经常在一起就集合住宅的共同建造问题进行畅想。集合住宅领域的合作共建，既需要住户有居住理念上的共识，也需要在利益上的各自谦让；还需要建筑师在工作方式上的改革，角色上自我认知的颠覆，以及居住形态上的全新探索；除此之外，土地出让、规划管理上的创新也不可或缺。如此多的严苛条件，在我国当下住宅的发展中难以得到共同满足。但是，本书清晰的理论梳理与方法建构为这一住宅发展途径勾画出明亮的未来，翔实且丰富的共建集合住宅案例也颇令人鼓舞。

　　我长期运用空间自组织理论，对社会中个体的共同参与及其生成"多样性与同质化"相交织的城乡图景进行研究。空间自组织理论框架下，合作建房的理论构想若得以实施，将创新当代集合住宅的开发模式，创造集合住宅空间新范式，催生集合住宅丰富多元的形态。这种新型社区组织方式作用下的新集合住宅开发方法，对于我国住宅发展及城乡面貌的变化将有积极的意义。

2003 年，于凌罡在北京发起过名为"蓝城实践"的合作建房活动，得到万通集团的回应与广泛的社会关注，但最终未能实践；近 20 年后，当房地产逐渐回归理性，在本土理论模型与海外案例借鉴的双重推动下，合作建房必将迎来新的关注，也或将给中国当代集合住宅发展带来新的契机。

教授，博士生导师，湖南大学建筑学院副院长

# 前言 ——

　　自从开始进行设计实践以来，我对于集合住宅创作手法和建造方式的理论研究一直都十分关注。时间追溯到 2013 年的夏天，在介入湖南省关山镇"关山偃月"的设计建造项目时，对于集合住宅在建造方式和设计类型方面开始有了深入思考。就集合住宅目前的发展而言，我国仍然还处在住宅大量化建设、批量化供给的时代。在城市化进程不断加快的时代背景下，人们赖以生存的住宅空间在历史潮流的趋势下已经演变成为批量化和复制化的单元型容器，在商品房发展的推动下，形成了箱型高层建筑群内嵌套单元型居住容器的主流建筑形式和基本居住模式。居住者对于住宅类型的选择集中在商品房开发批量产出基础上的有限范围内，基于对交通、医疗、购物、工作等社会条件的权衡而做出的购买选择，也就是说商品房开发的力度和数量决定了居住者对于有限单元容器的选择，在庞杂量大的集住单元体中找到属于自己的居住小单元。相比过去的十年，我国集合住宅的建设量已经有了突飞猛进的增长，对于人民日益增长的美好生活需求和不平衡不充分的发展之间所存在的这一新时代的主要矛盾而言，社会的发展需要迎合人们对生活品质追求的不断提高的大趋势；也需要体现宜居、绿色、生态、包容等新时代特征；同样也需要进一步缓解人口老龄化日益严重、人口出生率逐年降低、丁克一族越发增多等社会结构的变化。因此，在新时代背景下，我们对于集合住宅的类型、对于生活方式的改变、对于设计建造的行为等诸多方面能否

给予新的选择可能性，于我而言，是在参与设计建造关山偃月集合住宅项目时所不断思考的问题，也正是带着这样的疑惑开始了对新型集合住宅设计建造模式以及方法的探索。

　　集合住宅仍然是当今时代中的主流住宅建设类型，集住群居也依然是当下的主流居住模式。然而在集合住宅批量化建设的背景下，在建设制度、建造方式、开发形式、居住类型、社会关系等诸多要素的影响下，集合住宅的建设模式很难发生本质性的变化。受到城市化突飞猛进增长的持续影响，集合住宅的建设量已经成为衡量能否解决住房问题的重要指标。在这样的时代背景下，以满足量化产出、迎合城市化进程为依托的城市集合住宅建设势必就会带来诸如：住宅设计形式单一化、住宅市场供给方式的垄断化、因邻里之间缺乏交流沟通所带来的住户之间关系的冷漠化以及住房空置率过高等问题。伴随着对这些问题的关注与讨论，笔者也对这样的集住模式提出了一些疑问：这样的居住模式真的能完全满足人们对于居住这一特殊功能的需求吗？会不会有适合新时代发展的新型居住模式呢？如果有，什么样的居住模式既能满足新时代居住者们的生活需求，又能颠覆现有复制式的居住单元模式呢？人口基数如此之大的城市化潮流中，怎样才能突破现有居住条件而尝试新的集合住宅建造模式呢？趋于饱和的城市集合住宅建设是否真的可能完成新型居住模式的转变？面对这些疑惑，对于新型居住建设模式以及住宅建筑设计方式的可行性问题

应该从何入手才能找到未知的答案？在湖南省关山镇"关山偃月"的设计建造项目中，尝试了以居民合作参与为主的集合住宅建造模式，以共建共享的方式对集合住宅的设计与建造给予了新的定义。通过设计实践，获得了一些对于新型集合住宅居住和建设模式的感悟，并开始对合作居住展开研究。

笔者一直比较喜欢春秋时期老子《道德经》第十一章中的一句话："埏埴以为器，当其无，有器之用。凿户牖以为室，当其无，有室之用。是故有之以为利，无之以为用。"这句话用具有哲理的方式阐述了建筑空间的构成和空间的社会属性。如果居住建筑是针对人的社会属性而进行的空间营造行为，而每个个体都具有不同的生活方式和生活需求，也就是说每个人的社会属性反映到空间营造上来都是不一样的，那么我们凭什么认为同样的居住单元空间能够同时满足如此复杂的社会个体并可以依然无休止地批量复制呢？换句话说，也就是千篇一律的"有"是无法承载千变万化的"无"，"有"虽以为利但"无"非可用。个性化的空间营造以满足个性化的个体，这本身虽说是一件非常奢侈的事情，然而在设计水平和建造技术都堪称精锐的现代社会，突破现有单一保守的集合住宅设计模式，从空间营造的可行性出发，塑造满足若干个体集住模式的建筑空间，是一件可以完成的设计建造任务。在关山项目完成的时候，我相信了这一点。

对于设计建造这个特殊的营造行为而言，通常被理解为是体现建筑设计师才华的创作过程，任何类型的建筑设计都是在诠释设计师们对于空间的塑造能力和表达能力，这一点毋庸置疑，也并不是我想要研究和讨论的重点。真正需要讨论的问题在于，长时间以来由于设计者对固化的、单一的甚至是有一点垄断的建造模式进行不断地重复与训练的过程中，是否已经对设计建造行为本身产生了无形的束缚，对于设计者自由发挥空间营造的能力产生了无形的限制，同时对空间塑造的多样性和丰富性也产生了一定程度的制约。对于以创造空间为主要工作的建筑设计师而言，是否应该从空间营造的角度重新考虑设计建造的问题；是否应该从居住模式的角度重新定义设计建造的范围。如何让集合住宅的设计建造突破原有拘谨的设计思路并获得创新，这绝不仅仅只是一个设计建造的问题，更是一个社会问题。

设计建造和住宅制度之间的关系反映出对现有居住模式的思考。设计建造往往是通过设计师对空间形态的塑造来体现人们对于即定场所的适应、习惯、感受等不同生活方式；而住宅制度则是依靠政策和管理层面的统筹对人们生活的空间场所进行限定、划分和制约。我一直在想，作为建筑师，究竟应该是创造能够展现设计美学和体现设计能力的建筑作品，还是应该塑造反映社会制度特征和遵从社会管理要求的居住容器呢？又或者说，在未来集合住宅的设计建造发展过程中，会出现一种能够很好地结合两者之间相互博弈问题的方法和思路。我认为，以集合住宅为主要对象，从设计建造的角度挖掘居住类建筑设计自由化的可行性，是对营造行为核心本质的一次探索，这样的探索并非否定或是批判任何时代的集住类型，而只是针对设计建造行为未来发展可能性的一次思考。作为一名设计师，也接触过不少设计项目，然而一直以来但凡集合住宅类型的项目都总是在和容积率、高度、立面、面积、户型、配套等限制因素打交道，就像是一个武林高手被限定只能用特定的兵器与敌人过招，并且还规定了招式、限定了回合数，这对设计来说不见得是一件好事。设计行为从来都是感性与理性的结合，快速的城市化进程和批量化的住宅建设似乎在告诉我们，理性地采取单元式的居住模式和复制式的建设模式是最为符合当今社会发展需求的，在这种理性化的批量生产趋势下，无数个趋同的居住空间在不断地被重复建造。然而感性化的设计行为在制度化的建造体系中逐渐弱化并丧失了活力。也许我们已经开始意识到，形式趋同的集合住宅已经覆盖了绝大多数的生活空间；举一反三的建造方式使得针对住宅空间的设计行为变得可以被量化；集合住宅的设计特点正在因为高效地被复制而逐渐丧失；城市与城市之间的个性特征也正因为标准化建设而变得越发不明显，这些现象都是由于理性认识大于或者多于感性认识所造成的。对于感性认识是否应该大于理性认识，这并不是建筑设计师能够解决的问题，更不能仅靠设计师对于设计的情怀而忽略建筑设计的社会属性，但是如何能为集合住宅的设计建造行为赋予更多的感性创造空间，让集合住宅的设计建造变得不那么制度化，在设计师力所能及的范围内进行创作实践，这是值得每一位建筑设计师深思的问题。

住宅设计从来就不是一个单一的设计建造行为，它是诸多社会行为的集中体现，其中包含了诸如建筑学、规划学、环境心理学、人类学、社会学、经济学、法学等多种学科类型。现有集合住宅类型一定也是在满足诸多学科属性特征的前提下而存在的，因此，在庞大而复杂的社会体系中，建筑设计师所扮演的角色，就是在统筹和梳理各项社会要素的基础上提出解决居住问题的最优解，并完成理性与感性并存的设计创作，这和建筑师的社会属性以及建筑设计的社会性是分不开的。某种程度上来说，建筑师的设计行为需要综合考虑其他客观条件而并非自由的主观创造。

我认为，是否应该让集合住宅这一特殊的建筑类型回归到感性的设计创造，区别于当下制度先行的批量化建造模式，寻找到未来设计行为转变和发展的可能性，是一个值得讨论的话题。究竟是不断重复现有的趋于定数的设计行为，还是会有某种无定数的新的行为介入，至少于我自己而言，是十分好奇也十分期待的。

李理

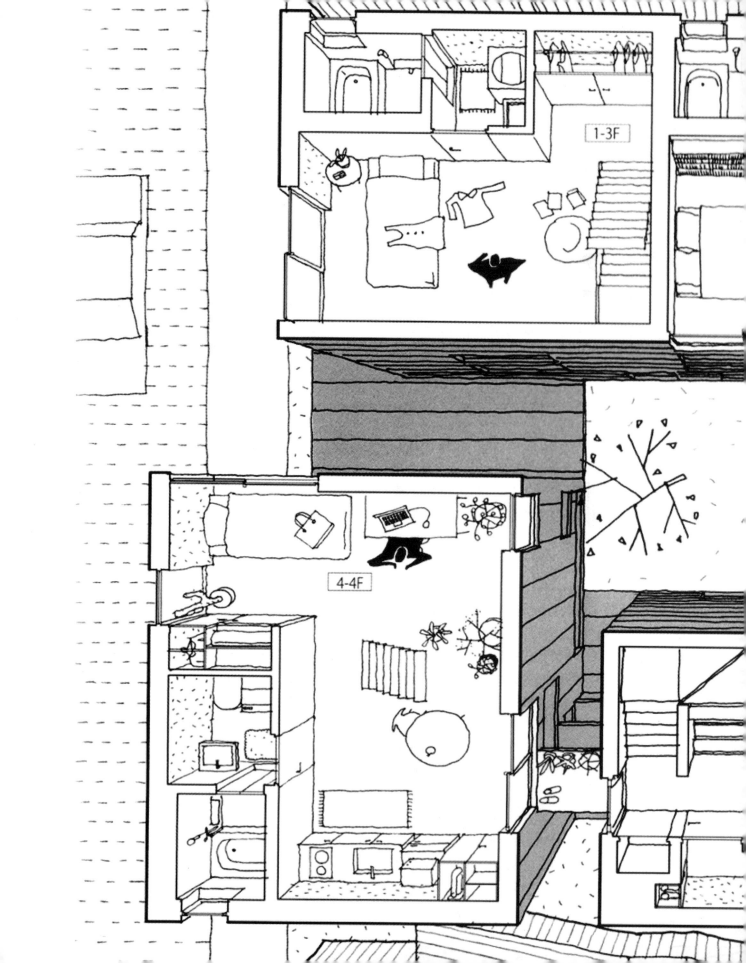

1-3F

4-4F

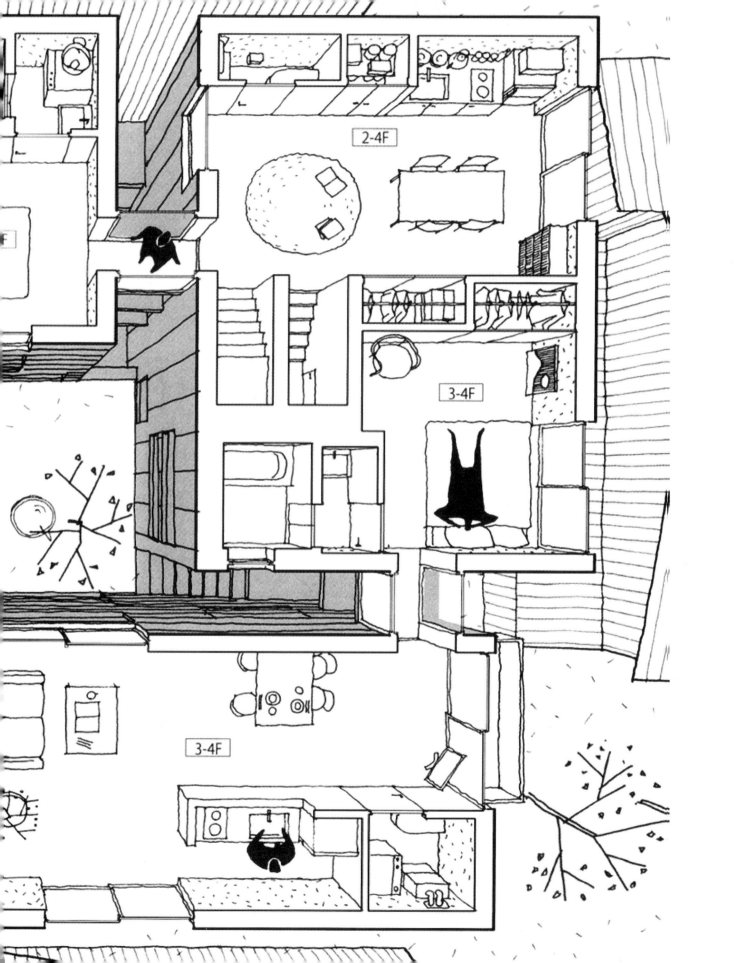

# 目录

壹 集合住宅 |

# 1

集合住宅的源起与分类

## 1.1 集合住宅的源起

集合住宅的源起目前尚不清晰，追溯聚居的历史可以上溯到公元前 3000 年。从考古成果中可以得知，公元前 1580~1085 年之间在埃及壁画上曾经描绘过的四层建筑，应该是现有历史资料记载当中最早的多层集合住宅。回顾集合住宅的早期发展，欧洲的集合住宅有着悠久的历史，集合住宅的普及和发展开始于古罗马时代。在考古学所发掘出的古代城市遗迹中，古罗马的奥斯蒂亚是保存完好的集体居住遗迹，该遗迹属于密集的城市住宅地，其中有许多集体居住的住宅形态，称之为 Insula 集合住宅。建筑高 5 层，规模从小到大，呈街坊型形态，沿着四周道路并围绕着中庭而建造（图 1）。后续 1750 年的英国贝福德小区（Bedford Square）是欧洲 18 世纪的联排住宅的原型，立面是以帕拉蒂奥母题为基准，高 5 米，背面带有小庭院，开间较窄进深较大（图 2）。10 户一栋，4 栋围绕一个庭院。虽然诸多证据表明，集合居住的生活模式和建筑形态很早就已经出现，然而真正以集合住宅对以集合居住为主要生活方式的建筑形态做出定义并非很久远的事情。"集合住宅"一词对于从事建筑设计行业的人来说并不是个陌生的词汇，但由于表达方式的不同，也会有一些专业人士对于它的概念并不熟悉。"集合住宅"的字眼早已在各类专业杂志、期刊和书籍当中频繁出现，它也被业内同行乃至诸多业外人士所熟知并开始慢慢了解，"集合住宅"这一说法也逐渐被接受并普及开来。

图 1　罗马时代集合住宅的模型

图 2　英国贝福德小区（Bedford Square）

"集合住宅"一词的使用，和其他类似的专业词汇，例如"建筑""物理""化学"等词汇一样首先是在日本出现，然后再逐渐传入中国。早在 1926 年，日本的建筑图书出版社洪洋社就编写出版了名为《集合住宅》的书，这也是日本较早正式提及集合住宅这一概念。即便如此，在当时日本的诸多建筑类期刊当中，介绍的都是当时奥地利的集合住宅建设和发展情况，这和当时日本在明治维新以后不断积极地向其他欧美国家学习住宅设计建造经验，率先引进大量欧美国家关于住宅建筑类型的图书是分不开的。日本对住宅建筑的创作实践以及

集·住

集合住宅与居住模式

理论研究开展得比较早，早在关东大地震之后的"同润会"时期，日本早一批的建筑师就已经开始专门出资建立集合住宅研究和建设组织，在组织的指导下，开展了一大批的集合住宅建筑创作实践，其中不乏诸多优秀的集合住宅设计作品。在当时，集合住宅的建造只是为了解决由于关东大地震所带来的灾后重建问题。在"二战"结束后的六七十年代，日本集合住宅的建设和研究也不断取得了新进展，其中一方面就体现在由彰国社和日本建筑学会等机构组织，号召大批专家、学者、设计师陆续发表了大量关于集合住宅的学术论文，同时也出版了多本以集合住宅为专题的书籍。在这之后的20世纪80年代，由于改革开放以及住宅建设随着经济状况好转而有所起色的势头，我国也开始积极地向其他发达国家学习关于住宅建设的先进经验。也许是因为文化和生活方式的相似性，我国着重向日本学习集合住宅建设方面的经验。在这样一股势头的带动下，1981年的《建筑学报》，一篇关于建筑节能的文章当中，第一次提到了"多户集合住宅"一词，并以集合住宅为例和单户低层独栋住宅进行了对比研究。到90年代，我国已经开始与日本合作，开展小康住宅体系的研究。同时期，国家也制定了《2000年小康型城乡住宅科技产业工程示范小区规划设计导则》，全国上下相继完成了百余个小康示范小区，其中19个示范小区被收录进《国家小康示范小区实录》一书。为了拓展集合住宅设计建造的影响力和向其他发达国家学习，在当时也举办了诸多小康型集合住宅的方案设计国际竞赛。

由此可见，集合住宅这个概念实际上是一个外来词汇，在表达的对象上，它可以体现诸如"多户住宅""多层住宅""共同住宅""公寓"等同类型事物。集合住宅所反映的正是这类居住类型建筑的总称，而对于集合住宅的范围和分类，每个国家也有着不同的定义和解释。

## 1.2 集合住宅的分类

目前国际范围内，对于"集合住宅"这个概念的描述和叫法有所区别（表1）。在日本，集合住宅的含义与"共同住宅"基本相同，在中国大陆和台湾地区，"集居住宅""簇集住宅"等词语也经常用于表达集合住宅的意思，在新加坡、马来西亚等东南亚国家，被称为"组屋"，在中国香港最为常见的是"公屋"。除此之外，还有许多与集合住宅概念非常类似的叫法，如"社会住宅""公共住宅""共同住宅""城市住宅""公众住宅""集体住宅"等，这些词都是在特定的语境下，不同的地域内具有不同的、特定的含义，也不能简单地和"集合住宅"画等号。然而在一些英语语种的国家，在中英互译的过程中并没有对"集合住宅"一词有特

| 集合住宅的分类 | 表1 |
| --- | --- |
| 中国 | 共同住宅，集居住宅，簇集住宅，多层住宅，多户住宅，公寓 |
| 日本 | 集合住宅，长屋，联排住宅，公寓，外廊式住宅，连廊式住宅 |
| 中国台湾 | 共同住宅，集居住宅，簇集住宅，多层住宅，多户住宅，公寓 |
| 新加坡 | 组屋，公寓，多层住宅，多户住宅 |
| 中国香港 | 公屋，公寓，多层住宅，多户住宅 |
| 英国 | Housing, Grouped Housing, Housing Complex, Apartment |
| 美国 | Amalgamated, Dwelling, Apartment |

殊的定义，甚至是有多种不同的译法。比如在日本以及中国大陆和台湾地区的一些著作当中将集合住宅翻译为"Housing"，有时候需要强调"集合"的特殊含义又会译为"Collective Housing"，或者"Congregated Housing""Multi-Housing"。但是这些被转译的词汇在英语中的使用频率并不高，多数情况下西方人使用的是"Housing"一词。在韦伯斯特词典中对"Housing"做出的解释是："Housing structures collectively；structures in which people are housed"。这说明了"Housing"一词已经包含了"集合"的这层含义，同时也包含了共同住宅的这一类住宅类型。在英国等欧洲国家也有"Grouped Housing/Housing Complex"的称呼，在美国也称之为"Amalgamated/Dwelling"。虽然翻译的不同反映了两种语言体系在词汇上的非对称性，但"集合住宅"和"Housing"在各自语言体系中所包含的住宅类型是基本相同的。"集合住宅"这个概念在我国的出现已经超过了30年，然而对于集合住宅概念的定义一直没有被明确。在建筑领域内，对于概念的定义主要还是取决于个人的理解，并非像数学或是物理学等自然科学当中对于概念有着明确而精细的定义。相同的词汇却指示着不同的事物，又或者是同一件事物对应不同的称呼，这样很容易造成研究上的分歧和困难。对于集合住宅的具体定义，不同国家标准也并不相同。"集合住宅"这一概念所着重强调的是住宅建筑内部各住宅单元的相互关系以及组合形成建筑整体的方式，是一个部分和整体的关系。1927年德意志制造联盟在南部的工业城斯图加特举办了首次建筑展，在密斯·凡·德罗的主持下，柯布西耶、格罗皮乌斯、奥特、夏

隆等来自欧洲各国的16位著名建筑师从未来住宅的观点出发，对住宅建筑的平面布局、空间效果、新结构和材料的运用等进行了一系列的尝试，创造出统一的"国际式住宅"。最具影响力的是柯布西耶于20世纪40年代对"居住单元"的研究和实践，1952年马赛公寓（图3）作为现代集合住宅典范建成后，以美国纽约为首，欧美、亚洲等各国相继开始大量建造集合住宅。"集合住宅"的概念源于对住宅建筑的不断研究和创作实践，在中国（图4）对于住宅的分类主要集中在以下几个层面：①按楼体高度和层数分类，主要分为低层、多层、小高层、高层、超高层住宅等；②按材料和楼体结构形式分类，主要分为砖木结构、砖混结构、钢混

图3 马赛公寓

图4 中国现代集合住宅

框架结构、钢混剪力墙结构、钢混框架——剪力墙结构、钢结构住宅等；③按所处位置和环境分类，可以分为农村、城市和城镇住宅等；④按房屋型分类，主要分为普通单元式、公寓式、复式、跃层式、花园洋房式、小户型（超小户型）住宅等；⑤按房屋政策属性分类，主要分为廉租房、已购公房（房改房）、经济适用住房、住宅合作社集资建房等；⑥按住宅的所有权形式分类，可以分为私有住宅、国有住宅和集体住宅；⑦按住宅平面形态的不同，可以分为板式住宅（长廊式，单元式，跃廊式，跃层式）；点式住宅（N梯N户－方形，T字形，风车形，Y字形，凸字形，碟形，工形，圆形等）。除了在形式分类上理解集合住宅的类型以外，也可将其拆开分别从"集合"和"住宅"两个层面明确词语的内涵。

## 1.3 "住宅"与"集合"

"住宅"的基本定义是指提供给家庭居住和生活的空间，"家庭"在一般情况下包括了婚姻关系的夫妻以及他们的子女，他们之间依靠婚姻或血缘关系形成了维系家庭的纽带，除此以外也包括了扩大的家庭关系，如年老父母或其他亲属。那么以非婚姻或血缘关系所形成的共同居住和生活关系则不属于"家庭"这个概念范畴，如医院病房、集体宿舍、军队兵营、监狱的监舍、旅馆客房等。在这些场所当中，虽然人们之间由于学习、工作、旅行和服役等特殊原因形成了共同居住和生活的关系，但本质上区别于"家庭"关系。构成家庭的居住空间被称为"住宅单元"，这个居住单元当中包含了起居室、厨房、卫生间、卧室等在内的私有空间和楼

梯间、走道、活动室等在内的公共空间。通常是多个居住单元共用一个交通空间，通过住宅单元和楼层单元、楼道单元，再加上建筑单体这样的层级结构组成一栋最为典型的集合住宅。

"集合"的通常定义是：若干个具有共同属性的事物的总体。很显然，构成"集合"的概念需要满足三个特点：一，"若干"，强调了不是单个而是复数，是对数量上的要求；二，"共同属性"，强调了各个事物之间的关联性；三，"总体"，强调了集合的核心最终体现为一个整体而不是各个个体。结合以上对于"集合"和"住宅"的定义可以明确集合住宅应该是多个住宅单元构成的建筑整体。同时，也需要区别于经常提到的住宅小区，避免将住宅小区和集合住宅混为一谈。两者的区别在于，住宅小区是由若干个住宅建筑组成，组成住宅小区的可以是集合住宅，也可以是独立住宅或者是两者的混合，而集合住宅是由多个住宅单元组成的单独的一栋建筑。然而伴随着生活方式的变化，集合住宅的定义也开始发生了新的变化。如居家办公的生活方式已经将办公空间融入原有的居住单元；商业圈的社会模式已经将商业等业态引入原有的居住单元；空间组合的多样性也正在改变原有"集合"的含义，将其他空间形式集合于原有的居住空间，集合住宅的形式和类型也变得越发多样化，如当代诸多的建筑综合体也都包含了集合住宅的类型。

因此，相对于独立式住宅的概念而言，并无绝对的意义界定，而是强调其形态上有别于独立式住宅的性格，以及因为数量而衍生出且日趋重要的社会性、结构性、都市性等多方面的议题与意义，它是以满足社会性居住问题为出发点，有规划地设计建造具有共同基地、公共空间和设备设施，且集

合三个以上可以独立使用的居住单元的积层式住宅。它存在着四个基本的特征：①数量上是由两个或以上的住宅单元组成；②用途上必须具备提供家庭使用的住宅单元；③共用性必须满足共用某些建筑组件，如墙体、结构或楼梯等；④整体性，必须是一栋建筑。集合住宅包含了诸多设计类型，如何以有效而美观的方式将众多住宅单元组合起来，是关于集合住宅研究的一个核心问题，也是集合住宅区别于其他住宅类型的关键，需要考虑住宅单元的设计、建筑整体的形式、外部环境的关系等多方面因素（图5）。对于集合住宅设计类型的多样性，还需要从"集合住宅"一词的来源地日本说起。

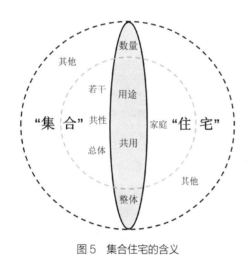

图5　集合住宅的含义

## 参考文献

[1] 洪洋社. 集合住宅 [M]. 东京：洪洋社，1926.

[2] 吴让治. 预制集合住宅之设计与生产计划之研拟 [M]. 台北：中华工程研究发展委员会，1973.

[3] 彰国社. 集合住宅实用设计指南 [M]. 刘东卫，马俊，张泉译. 北京：中国建筑工业出版社，2001.

[4] 吕俊华，皮特·罗，张杰. 中国现代城市住宅：1840-2000[M]. 北京：清华大学出版社，2003.

[5] （美）John Macsai. 集合住宅之规划与设计 [M]. 王纪鲲译. 台北："中央"图书出版社，1982.

[6] 李振宇，虞艳萍. 欧洲集合住宅的个性化设计 [J]. 中外建筑，2004（03）.

[7] （美）阿摩斯·拉普卜特. 文化特性与建筑设计 [M]. 常青，张昕，张鹏译. 北京：中国建筑工业出版社，2004.

[8] 胡惠琴. 集合住宅的理论探索 [J]. 建筑学报，2004（10）.

[9] Michael J Crosbie. *Multi-Family Housing*[M]. Australia, The Images Publishing Group Pty Ltd, 2004.

[10] 中华人民共和国城乡建设环境保护部，美利坚合众国住房与城市发展部合编. 英汉住房、城市规划与建筑管理词汇 [M]. 北京：商务印书馆，1996.

[11] 于萍，日本住宅建设的现状和发展趋势 [R]. 北京，北京房地产，2006.

[12] 刘晨宇，罗萌. 新加坡组屋的建设发展及启示 [J]. 现代城市研究，2013（10）.

[13] 郭卫兵，郑新洪，于志铎. 香港公屋建设研究与启示 [J]. 建筑学报，2009（08）.

[14] 索健，范悦，布金娜. 发达国家既有集合住宅再生理论综述 [J]. 新建筑，2012（08）.

## 图片来源

图1：《都市の住態》—社会と集合住宅の流れを追って，P13

图2：https：//www.commerciallistings.cbre.co.uk/en-GB/listings/property/details/GB-Plus-473939/22-bedford-square-wc1b-3hh？view=isLetting

图3：https：//www.blogdaarquitetura.com/mestres-da-arquitetura-a-vida-as-obras-e-o-legado-de-le-corbusier/

图4：作者自摄

图5：作者自绘

表1：作者自绘

# 2

集合住宅——日本

## 2.1 住宅类型

"集合住宅"的数量虽然只是占据了日本住宅总数的一半左右，但却已经成了日本城市住宅的代表。无论是从技术层面对于可持续思想、节能环保思想的运用，还是从设计层面对于住宅多元化设计、抗震设计、SI住宅体系的实施，从各个方面展示了对于集合住宅发展和进化的考虑。住宅对于人类来说，绝不仅仅只是一个单纯的空间，更应该是居住者温暖而舒适的家，而集合住宅正是在家的概念的基础上，融合了多个单元的家并能够保证相互和睦以及促进邻里交流的复合体。在日本，住宅大致分为独户住宅（一栋一户）、长屋住宅（水平联排住宅）、集合住宅（水平联排、垂直重叠的复数住宅）等（表1），大致为独户住宅占60%，集合住宅占40%，日本集合住宅的建设、公用与私用空间的界定以及管理和维护的经验一直以来都是

我国学习和参考的对象。就日本集合住宅的发展来说主要分为三个阶段：①20世纪五六十年代，为了恢复战争的创伤，同时适应城市化的发展以及解决住房荒的问题，日本采取了工业化的建造方式来提高建房的效率，在这个阶段批量建设了大量的集合住宅；②20世纪70年代后，由于住房数量已经基本满足当时的需求，住宅建设的焦点逐渐开始由量转向质，其中很重要的一点就体现在注重节能和环保；③进入20世纪90年代以后，伴随着对地球可持续发展、关注生物多样性、温室气体减排等共识的达成，作为世界上的经济发达国家，日本开始调整住宅产业的发展战略，转向环境友好、资源节约和可持续发展，并提出了百年住宅和两百年长寿命住宅等发展战略目标，随之而来的就是对住宅建设法律框架和政策制度的调整，规划设计理念和建筑材料部件以及施工方式的创新，以求得适应未来发展的需要。在解决关乎国计民生问题方面，日本对于住房供给的供应方式主要有三种：①由地方政府负责建设和管理并只向本地区的低收入人群

**1978～2018年住宅数量统计数据（2018）**　　　　　　　表1

| 年份 | | 总数 | 独立住宅 | | | 长屋住宅 | | | 集合住宅 | | | | | | 其他 |
|---|---|---|---|---|---|---|---|---|---|---|---|---|---|---|---|
| | | | 总数 | 1层 | 2层以上 | 总数 | 1层 | 2层以上 | 总数 | 1~2层 | 3~5层 | 6层以上 | 11层以上 | 15层以上 | |
| 户数 | 1978 | 32 189 | 20 962 | 9 024 | 11 938 | 3 103 | 1 783 | 1 320 | 7 963 | 4 204 | 2 981 | 778 | 326 | 16 | 161 |
| | 1983 | 34 705 | 22 306 | 7 776 | 14 531 | 2 882 | 1 425 | 1 457 | 9 329 | 4 028 | 3 891 | 1 410 | 557 | 31 | 187 |
| | 1988 | 37 413 | 23 311 | 7 044 | 16 268 | 2 490 | 1 143 | 1 347 | 11 409 | 4 320 | 5 018 | 2 071 | 792 | 50 | 203 |
| | 1993 | 40 773 | 24 141 | 6 286 | 17 855 | 2 163 | 913 | 1 250 | 14 267 | 4 975 | 6 371 | 2 921 | 1 016 | 107 | 202 |
| | 1998 | 43 922 | 25 269 | 5 391 | 19 878 | 1 828 | 711 | 1 117 | 16 601 | 5 285 | 7 277 | 4 039 | 1 414 | 169 | 224 |
| | 2003 | 46 863 | 26 491 | 4 710 | 21 781 | 1 483 | 532 | 951 | 18 733 | 5 411 | 7 867 | 5 456 | 1 962 | 326 | 156 |
| | 2008 | 49 598 | 27 450 | 4 370 | 23 080 | 1 330 | 429 | 901 | 20 684 | 5 710 | 8 229 | 6 746 | 2 633 | 573 | 134 |
| | 2013 | 52 102 | 28 599 | 4 017 | 24 582 | 1 289 | 382 | 907 | 22 085 | 5 880 | 8 351 | 7 854 | 3 238 | 846 | 130 |
| | 2018 | 53 656 | 28 760 | 3 687 | 25 073 | 1 407 | 324 | 1 083 | 23 344 | 6 244 | 8 802 | 8 299 | 3 433 | 926 | 145 |

提供的廉价租赁型住宅，称为公营住宅；②由国家层面的大型国有企业都市再生计构进行建设和管理，主要在都市圈内和大城市内开发建设并进行租赁和出售的住宅，称为公团住宅；③由地方公共事业企业来进行建设和管理并向本地区提供租赁和出售的住宅，称为公社住宅。日本集合住宅的演变和发展经历了很长时间的变迁。早在18世纪的江户时代（图1、图2），人口数量超过百万的江户（东京），武士（统治阶级）和町民（居民）大概各占人口比例的一半，然而町屋（町民所居住的地区）的面积已经占据了城市总面积的20%，町民们所居住的就是称之为"长屋"的又狭窄又密集的集合住宅里。不临街的长屋又称之为"里长屋"，每户的面积大约为10m$^2$，而洗浴间和厕所等场所都放置在室外，由诸多的长屋居住者所共用（图3、图4）。到了20世纪的初期，随着西洋文化的引入，日本一些上流阶层开始建造洋房或者是日式与洋式相结合的住宅，但绝大多数的平民住宅依然维持在长屋或者是单户型的底层住宅，材料也多数是以木材为主。后续从美国传入的将住户分层配置的集合住宅，相继建设了大量两层木结构建筑，然而真正意义上的集合住宅建设却是在关东大地震之后。日本一直以来都是个伴随着自然灾害（海啸、地震等）发展起来的国家，由于关东大地震给东京带来了几乎毁灭性的灾难，日本各界开始主张建造具有良好抗震性能和耐火性能的钢筋混凝土结构的集合

图1　日本江户时期町屋场景

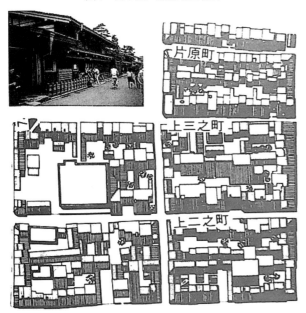

图2　江户时期城市布局

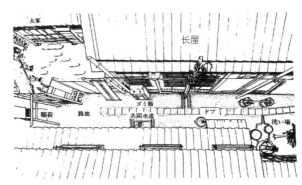

图3　里长屋

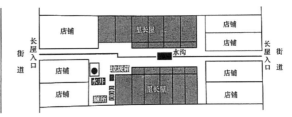

图4　里长屋平面示意

住宅，并由此诞生了以赈灾基金名义捐款筹备建立起来的，在日本红极一时的集合住宅建设组织机构"同润会"。它是顺应当时灾后重建的时代需求，肩负震灾复兴的历史使命的集合住宅建设代表，在

1926 年至 1934 年期间，同润会共建设了 16 个集合住宅区（表 2、表 3，图 5、图 6），东京市内 14 个、横滨市 2 个，共计 2800 户，主要的供应对象是当时社会的城市中产阶级，同时也建起了一

**"同润会"时期集合住宅案例资料（1 ～ 8）** 表 2

| | 名称 | 竣工时间 | 解体时间 | 栋数 | 总户数 | 层数 | 地址 | 备注 |
|---|---|---|---|---|---|---|---|---|
| 1 | 中之乡 apartment | 1926 年 | 1988 年 | 6 | 102 | 3 | 现 - 墨田区押上二丁目 | 现在是 SETORU 中之乡 |
| 2 | 青山 apartment | 1926 年 1 期，1927 年 2 期 | 2003 年 | 10 | 138 | 3 | 现 - 涩谷区神宫前四丁目 | 现在是表参道 HILLS |
| 3 | 代官山 apartment | 1927 年 | 1996 年 | 36 | 337 | 2，3 | 现 - 涩谷区代官山町 | 现在是代官山 ADORESU |
| 4 | 柳岛 apartment | 1926 年 1 期，1927 年 2 期 | 1993 年 | 6 | 193 | 3 | 现 - 墨田区横川 | 现在是 PURIMEIRU 柳岛 |
| 5 | 住利 apartment | 1927 年 1 期，1930 年 2 期 | 1992 年 | 18 | 294 | 3 | 现 - 江东区住吉 - 毛利 | 现在是 TUINNTAWAISUMOTOSI |
| 6 | 清砂通 apartment | 1927 年 1 期 ~ 1929 年 5 期 | 2002 年 | 16 | 663 | 3，4 | 现 - 江东区白河 - 三好 | 现在是清澄白河 FURONTOTAWAI |
| 7 | 山下町 apartment | 1927 年 | 1987 年 | 2 | 158 | 2 | 现 - 横滨市中区山下町 | 现在是 REITONHAUSU |
| 8 | 平沼町 apartment | 1927 年 | 1982 年 | 1 | 118 | 3 | 现 - 西区平沼 | 现在是 MONTEBARUTE 横滨 |

**"同润会"时期集合住宅案例资料（9 ～ 16）** 表 3

| | 名称 | 竣工时间 | 解体时间 | 栋数 | 总户数 | 层数 | 地址 | 备注 |
|---|---|---|---|---|---|---|---|---|
| 9 | 三之轮 apartment | 1928 年 | 2009 年 | 2 | 52 | 4 | 现 - 荒川区东日暮里二丁目 | 现在是 BELISTA 东日暮里 |
| 10 | 三田 apartment | 1928 年 | 1986 年 | 1 | 68 | 4 | 现 - 港区三田五丁目 | 现在是 SYANNPOURU 三田 |
| 11 | 莺谷 apartment | 1929 年 | 1999 年 | 3 | 156 | 3 | 现 - 荒川区东日暮里五丁目 | 现在是 RIIDENNSUTAWA |
| 12 | 上野下 apartment | 1929 年 | 2013 年 | 2 | 76 | 4 | 现 - 台东区上野五丁目 | 现在是 ZA-PAKUHAUSU 上野 |
| 13 | 虎之门 apartment | 1929 年 | 2000 年 | 1 | 64 | 6 | 现 - 千代田区霞关一丁目 | 现在是大同生命霞关 BIRU |
| 14 | 大塚女子 apartment | 1930 年 | 2003 年 | 1 | 158 | 5 | 现 - 文京区大塚三丁目 | 现在是图书馆流通中心本社 |
| 15 | 东町 apartment | 1930 年 | 1992 年 | 1 | 18 | 3 | 现 - 江东区住吉 | 现在是一般 APARTMENT |
| 16 | 江户川 apartment | 1934 年 | 2003 年 | 2 | 260 | 4，6 | 现 - 新宿区新小川町二丁目 | 现在是 ATORASU 江户川 |

集·住

集合住宅与居住模式

图5 "同润会"时期集合住宅照片（1～8）

图6 "同润会"时期集合住宅照片（9～16）

批为职业女性和贫民窟解决了居住问题的住宅区。1941年同润会正式解散并由住宅营团接替，在战争时期作为国策之一，为劳动者提供大量集合住宅供给。我国20世纪七八十年代的集合住宅建设式样和设计特点基本上都是参考了日本同润会期间的建设案例。在这些同润会期间的集合住宅之中，电灯、城市燃气、自来水、垃圾井道以及抽水马桶等，都是当时最新最先进的住宅设备。除此以外，在共用设施和室外设施方面，也设置了饭堂、娱乐室、浴室以及洗衣房等，展现了现代集合住宅生活模式的雏形，称之为现代都市住宅的起源，在当时也是深受一批知识分子阶级的欢迎。

## 2.2 同润会集合住宅

"同润会"的集合住宅设计理念其实受到西方国家的影响，类似于"APART"这样的词语，作为外来语"Apartment"对于日本集合住宅的影响很深远，"APART"重视以"共同生活"为主要概念，将住户集中居住在一起。面对需要大量建设的住宅需求，当时的建设目标是5年建30万户，在当时以团地为主要供给方式，一般以2DK和3DK为主要户型。然而虽然住宅营团有很多新的想法和技术，伴随着战局的恶化，由于材料的不足和缺乏，很多住宅并没有投入建设。

同润会时期建设的集合住宅，其建筑设计特点很长一段时间都是日本其他集合住宅设计建造所效仿的对象。不同于独门独户的独立式住宅，集合住宅除了在表达居住单元的设计特征以外，也需要结合其他公共服务设施和公共空间的设计，为小范围居住团体构筑舒适、耐久、便利的居家生活环境。在当时，同润会时期的集合住宅不仅造型独特，吸取了西方现代主义建筑设计元素和特征，并且在材料运用上摒弃了以往对木结构的依赖，使得建筑本身的耐久性和抗震性更优越，同时在建筑公共空间的塑造当中还融入了诸如游戏厅、书屋、澡堂、KTV等当时社会上诸多的时尚元素，解决居住问题的同时树立了一种前沿的生活方式。其设计不仅针对建筑本身，还根据场地的形状和该地区的生活方式提供各种不同场地设计。同润会集合住宅设计的宗旨就是每一个项目塑造每一个不同故事场景，例如，在东京都墨田区的柳岛公寓，沿街道连续布置了商店用住宅并设置成U形住宅，住栋设计方面优先考虑沿街面的城市景观而取代优先考虑照明条件。

在设计特色方面，则是通过庭院和共用设施的组合形成紧密的集合社区，所有的项目共有一个共用设施，例如居民共用的厨房和洗衣房等；代官山公寓在一个拥有36座建筑物的大型场所内设置了饭厅、娱乐室和公共浴室；东京都的青山公寓设有儿童游乐园、饭厅和娱乐室，供来自同一建筑内的居民举行各种庆典活动，整个公寓形成了像家一样温暖的社区氛围。居民绝大多数原本都居住在长屋中，而他们用来与邻居联系在一起的传统住房文化，即使是迁移到公寓当中也将会一直被继承下去，这也是集合住宅居住社区的文化。

第二次世界大战结束以后，随着战后复兴重建工作的展开，开始批量建设大规模的集合住宅。在住宅供给不足的情况下，1951年公布了《公营住宅法》，每三年为一期，以解决多数人的居住问题。同时期，除了关注集合住宅的批量建设以外，也将住宅设计的重点聚焦到了户型的设计上，其中特别值得一提的是公共住宅（公营住宅、公团住宅等）的典型户型平面即公营住宅51C型（图7），其面积为40.2m²，实际使用面积为35m²，该户型根据日本著名建筑学家西山卯三先生提出的"食寝分离论"进行设计，旨在合并餐厅和厨房，并与其他两间起居室相连接构成，同时在住栋的平面设计上采取一梯两户的组合形式，这算是现代集合住宅户型设计的雏形。对于集合住宅建设的需求，从最开始满足基本的居住需求，到吸纳西方理想化的设计理念，再到针对居民的生活方式和生活习惯，日本集合住宅在不断调整和进化中完成对居住类建筑集合化的更新。在1955年日本住宅公团成立后，日本集合住宅又迎来了一次新的变化，在供给对象上不仅是面向低收入人群，也开始向中产阶级以上的人群提供公团住宅，为从地方涌入大城市的劳动者提供集合住宅的需求。

## 2.3 集住供给与分类

住宅公团集合住宅在供给方式上基本分为两种形式：①由若干户住栋在横向上连续排列组合形成的排屋式住宅，称之为"Terrace House"（图8）。排屋是由一系列的独立房屋，共用墙的边界，相连组合而成的底层集合住宅形式。这是一个经常被使用在建筑和城市规划当中的词汇，在欧美国家，尤其是美国比较常见，在美国被称为"Row House"。Terrace 有露台和小院子的意思，日本的长屋就是每扇门都与地面相连，并都设有一个露台。Terrace House 集合住宅形式一般都会有露台和小院子的设计。②多以中层的、住宅竖向上分层组合而形成的叠加式集合住宅，称之为"Town

House"（图9）。与 Terrace House 比较相近，同样属于长屋形式，区别在于 Town House 是一栋建筑物内有两户以上的住户单元，外部楼道可以公用或部分公用，一般2～4层。通常情况下，Terrace House 居住呈现出的是若干个居住单元整体上相互并置却又相互独立，而 Town House 居住则表现出居住者相互错开、叠加的多种组合可能性，在设计当中经常引入 Maisonnette（错层

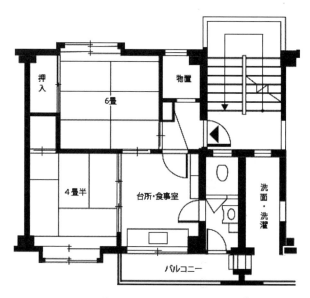

图7 公营住宅的典型户型51C（40.2m²）

图8 日本排屋式住宅-Terrace House

图9 日本叠加式住宅 -Town House

式）的设计手法。除此之外，Terrace House 在
土地划分和所有权区分上是按照各户各自所有，而
Town House 则是全体住户共同拥有土地，在日
本住宅制度中，土地归属的不同也是区分集合住宅
类型的主要方式之一（图 10）。

　　除了长屋形式的集合住宅以外，共同住宅
也依然是集合住宅形式的主流，其中就包括了
"Apartment"（公寓式住宅）、"Mansion"（高级
公寓）、"团地 -Corridor house"（走廊式住宅）、
"团地 - Combined house"（单元式住宅）等。这
些不同类型的集住模式综合构成了日本集合住宅
丰富多样的形态（表 4）。其中，Apartment 和
Mansion 一般都是指建筑物内部将其分为独立
的住宅，可以提供给若干个家庭单位进行居住
的集合住宅，两者在使用署名上的定义并没有
明显的区别，区分的标准很大程度上在于建筑
物的结构，Apartment（图 11）多指两层的小型
公寓，一般采用木结构和钢结构且面积较小，而
Mansion（图 12）多采用钢筋混凝土（RC）、钢

| 日本集合住宅的分类 | 表 4 |
| --- | --- |
| 集合住宅 | 共同住宅<br>（Apartment, Mansion, 团地） |
|  | 长屋住宅<br>（Terrace House, Town House） |

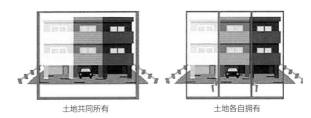

土地共同所有　　　　　　　土地各自拥有

图 10　Town House 和 Terrace House 的区别

图 11　日本公寓式住宅 - Apartment

图 12　日本公寓式住宅 -Mansion

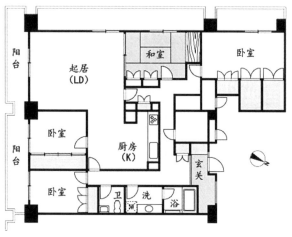

图 13　Mansion 平面图

架钢筋混凝土（SRC）、预制混凝土（PC）、重钢、轻质蜂窝混凝土（ALC）等坚固耐久的结构且一般面积较大、楼层较高（3层及以上）。相对来说，Mansion 比 Apartment 条件更加优越（图13），体现在几个方面：①防范性更高，设置了诸如自动锁、安全摄像机等安全设备，确保其安全性；②隔声性更强，由于多采用钢筋混凝土材料，声音的震动相对比较难传递，确保邻里和上下楼层的声音阻隔；③抗震性更优，因为建筑结构较

重且难以传递振动，因此具有高抗震性的特点；④耐火性更佳，钢筋混凝土等阻燃性较好的材料对于建筑物的防火是一大优势。当然，建筑物的各方面条件都优于 Apartment 的 Mansion 也自然会有其劣势，在综合舒适度优越的情况下，势必建设的成本就会追加，换来的是维护成本的增高和住宅租金以及出售价格昂贵。除此之外，钢筋混凝土的建筑往往气密性很高，由于与外界温度存在温差，容易产生凝结的环境，如果不进行通风，则有发霉的危险。随着2003年《建筑标准法》的修订，新建筑物要求"24小时通风"。但是，对于2003年前的建筑物，也需要经常通风。此外，具有24小时通风的建筑物在冬天可能会由于外界空气而感到寒冷。相比之下，采用木制或者轻质钢框架结构的 Apartment，租金通常较低，而且建筑物不是很大，并且电梯和停车场等设备的成本可以总体上降低，共同费用和设备管理成本也很便宜。特别是在木质结构的情况下，其高度透气并且具有一定程度的吸湿性，从而难以引起凝结。此外，与钢筋混凝土相比，木材更易吸湿，更隔热；相反，Apartment 所存在的问题也是显而易见的，木质或轻质钢结构都不具有结构的重量，因此声音很容易传递到下一层和上下层，隔声防声效果不理想。另外，由于楼层较矮，因此需要采取包括窗户和阳台在内的安全措施，防范性相对较弱。也就是说，对建筑设施比较关心，特别关注噪声和犯罪预防以及强调私密性的居住者来说，会选择 Mansion 类型的集合住宅；而看重租金，共同服务费和管理费的相对便宜，对建筑设施的要求不高的则一般会选择 Apartment 类型的集合住宅。

团地类型的集合住宅（图 14）可以追溯到
1935 年，在当时，为了加速都市化楼房的兴建，
半官方性质的特殊法人机构"住宅营团"成立，并
在第二次世界大战结束以后被改组为"日本住宅公
团"（现都市再生机构），其中"团"字就已经一直
存在。日本著名的建筑史作家藤森照信在《天下无
双的建筑学入门》一书中考证，"团地"一词最初
是被日本住宅公团的第一任设计课长本城和彦所使
用，原本意思是"集团住宅地"的简称，主要指住
宅公团负责的开发区。而"集团住宅地"的使用其
实于战前已经出现，据资料记载，1939 年日本建
筑学会的"面向劳动者的集团住宅地计划"当中就
已经开始使用。因此，随着名词的惯用属性，现
对于由私人企业建造的密集廉价住宅在日本都被
称为"团地"，通常特指这种建筑形态的社区，这
也是日本团地诞生的由来。伴随着团地类型的发
展，也衍生出诸如"工业团地""企业团地"等泛指
特定园区的词语。在团地集合住宅的建设中包括两
种主要类型，其一为 Corridor house（廊式住宅）
（图 15）：多为大体量，多用于人口密集和人数众
多的集合住宅，以外廊或内廊形式将独立住户串联
起来，是一种比较常见的集合住宅样式。其二为
Combined house（单元式住宅）（图 16）：是团
地集合住宅类型中数量最多的，以若干个住宅单元
组合而成的集合住宅类型。多为 3~5 层。由于战
后重建的需要和城市化进程的加快，住宅公团在这
段时期大量兴建密集廉价住宅，其中就有大量随处
可见的团地。

在日本城市化过程中所出现的诸如"团地
族""团地妻"等词汇，都是在团地大量建设后出
现的。在日本昭和年代，最时尚的生活标准就是远

图 14　日本团地

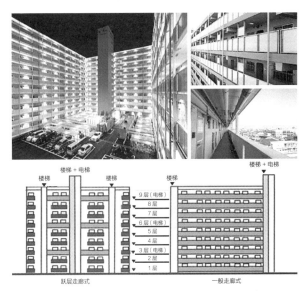

图 15　日本走廊式住宅 -Corridor house

图 16　日本单元式住宅 -Combined house

图 17 DK（Dinning/ Kitchen- 餐 / 厨）

图 18 DK 场景（右上：不锈钢洗碗台 / 右下：冲水马桶）

离是团地住宅的主要特点，能够满足一个家庭（夫妇和一到两个小孩）的生活起居。早期的团地住宅一般没有电梯，4～5 层楼，后续电梯型的团地住宅约为 7～8 层楼甚至更高，外观上多为淡米色或是白色，设计采取比较单调的箱形体块，主要强调功能性和廉价性。

无论是长屋形式还是共同住宅形式，集合住宅的本质就是集合诸多家庭共同生活并共同管理。换句话说，也就是集合住宅主要是为了集中满足多数人的居住和生活需求，解决对设备、户型、住栋、配套等需求的供给问题。以团地集合住宅为例，在设备方面，从建设初期就已开始引进先进的住宅设备。厨房的洗碗台采取了当时比较昂贵的不锈钢（1957 年），为了节省集合住宅的内部使用空间，采取了大便器兼用，1960 年开始使用轻薄型的西式便器，从最开始的澡堂洗浴到木制浴池再到搪瓷浴池，最终在集合住宅当中引进了单元式浴室（1976 年）。具有革命性意义的集合住宅，在最初入住时都是需要通过激烈的公开抽签，才能获得入住权。在户型方面（图 18），其构成首先由 DK（餐厅、厨房）扩大成 LDK（客厅、餐厅、厨房），也就是增加了与餐厅连接在一起的客厅，然后再加上数间各自独立的房间，一般是夫妻的卧室和小孩的卧室，最后再加上厨房、厕所、浴室等。这样一个标配模式很快就普及开来，形成了以"nLDK型"（n 指卧室的数量）为主的设计形式（图 19），非常适用于中产阶级的生活方式。这样的标准型功能布局也不仅仅限于集合住宅，对于独户住宅的设计也是具有影响力的，被视作为城市住宅设计中的典型并一直沿用至今；另外，为了能够适当增加室内有效使用面积，在设计上通常也会把柱子往阳

离落后的老家，进入大城市中成为上班族，然后结婚，最后买一户团地住宅成立小家庭，更多的现象就是丈夫们白天出门上班打拼，而妻子们则留守在家中成为全职家庭主妇，团地住宅生活模式成为一个时代日本人共同的回忆（图 17）。在团地住宅当中，最为常见的一户团地住宅空间就是 2LDK（2 间卧室及起居、餐厅、厨房共同空间）或 2DK（2 间卧室及餐厅、厨房共同空间），少数有 3LDK（3 间卧室及起居、餐厅、厨房共同空间），住户内都配有抽水马桶以及开放式厨房，干湿分离和食寝分

台和外门厅的方向放置。在住栋方面，其住房形状和排列取决于和走廊、楼梯的组合方式。对于单元式的集合住宅来说，由于每户都能够设置前、后阳台，在采光和通风以及确保个人隐私方面都是比较有利的。而对于走廊式的集合住宅来说，主要考虑的则是住栋的利用效率和电梯的结合方式以及多方向的安全疏散等问题。除了将住户布置在同一层的平层住宅以外，也有设计提高住户居住性的跃层住宅，并可以结合走廊一起设计形成跃层走廊式集合住宅，其规律是每隔两三层设置走廊，则有走廊的楼层可以搭乘电梯，而其他楼层则需要通过垂直交通的公共楼梯上下连接，其目的是把单元式和走廊式的住户融为一体，各取所长。日本高层集合住宅晴海公寓就是最具代表性的实例。在配套方面，通常会将众多的公共设施设置在一楼的出入口附近，在出入口的位置设有大厅和服务台，其主要的功能是管理和保安，也可以提供诸如干洗、订票、速递等日常生活的服务项目。除此以外，一般在一楼还会设置有停车场、蓄水池、供电室、自行车停放处、垃圾房，个别的集合住宅还设置有健身房、托儿所、客房、读书学习室等（图20）。集合住宅内都会设有会议室，主要供居民们召开各类工作管理会议和日常临时交际活动，其中也包括居民的红白家事。这些特点都反映出集合住宅不仅仅是一种建筑类型，更是一种生活方式和生活常态，在满足人们居住性的同时，也满足了人们的社交和生活的需要，在住宅发展的历史进程中已经显现出其优越性和合理性。住宅多样化的日本在集合住宅大量建设的时代，出现了许多有特点的住宅类型，每种类型也都涌现出一批优秀的、符合时代发展需求的设计案例（图21~图24）。

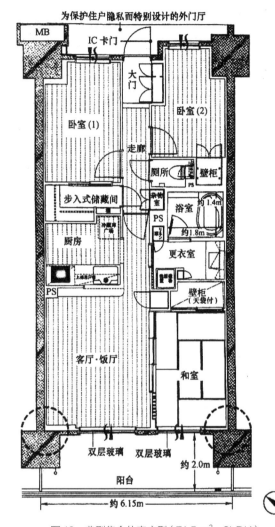

图19　典型集合住宅户型（71.5 m², 3LDK）

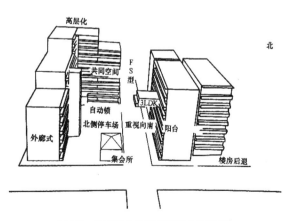

图20　典型集合住宅建筑群（含配套）

**奈良北团地**

建设年份：1969年
所 在 地：神奈川县横滨市
设　　计：日本住宅公团关东支社
住 户 数：1625户

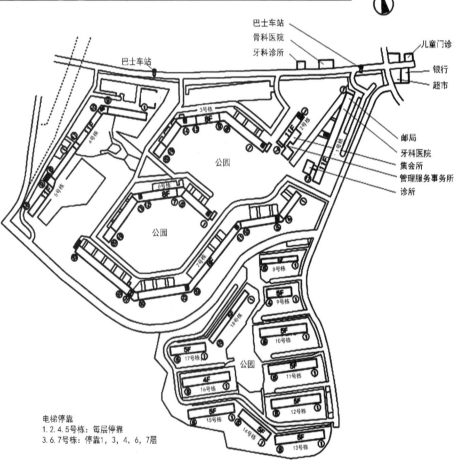

电梯停靠
1. 2. 4. 5号栋：每层停靠
3. 6. 7号栋：停靠1，3，4，6，7层

图 21　团地集合住宅案例

**西上尾第一团地**

建设年份：1968 年
所 在 地：琦玉县上尾市
设　　计：日本住宅公团关东支社
住 户 数：3202 户

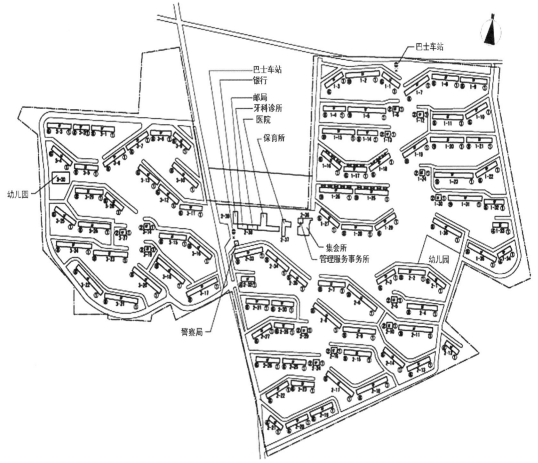

图 22　团地集合住宅案例

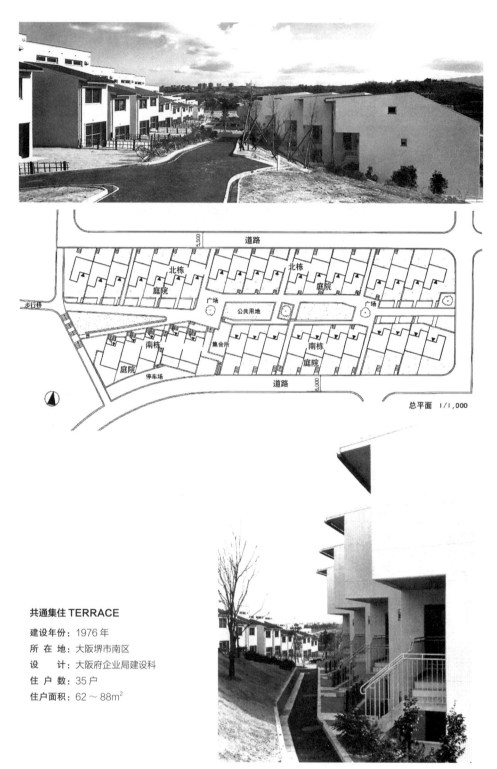

**共通集住 TERRACE**

建设年份：1976 年
所 在 地：大阪堺市南区
设　　计：大阪府企业局建设科
住 户 数：35 户
住户面积：62～88m²

图 23　Terrace 住宅案例

**会神原 TOWN HOUSE**

建 设 年 份：1978 年
所 在 地：茨城县
设　　 计：现代计划研究所
住 户 数：60 户
住户面积：69 ～ 96m²

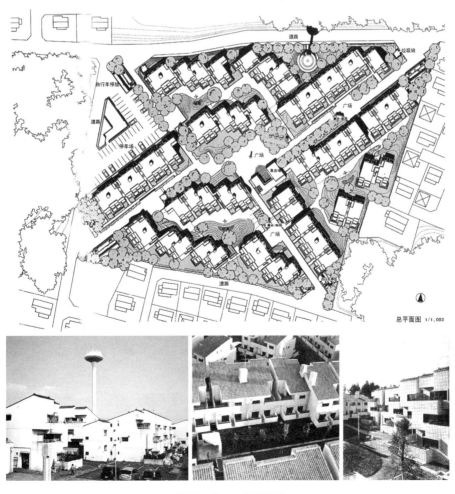

图 24　Town 住宅案例

位于日本千叶县千叶市美滨区的幸町团地（图25、图26）是住宅公团在关东地区建设的规模最大的住宅团地之一，也是团地集合住宅当中的典型。幸町团地位于千叶市美滨区的东端，整个区域是由海面填海工程创建的中高层住宅区，总面积为122.5公顷。幸町团地属于标准的集合住宅建筑群设计布局，由大大小小十几个街区组成，街区内部包含了日常生活的诸多服务设施，如银行、保育园、幼儿园、小学、中学、超市、医院、养老院、集会管理所、邮局等。住栋的排列主要是主体建筑沿南侧平行布置，并以此形成几组，连同沿边界和道路网/游乐区以45°旋转合并布置。在住宅区的中心，有一个收集高层住宅和公共设施的中心，也是住宅区的核心，并将小学、中学、医院、邮局、集会管理等中央设施的区域合并于此核心区域。通过在平行布置的建筑物组中对角穿过行人和道路，来保存对人眼的平行布置的单调

印象。在户型方面，多采用1LDK、2DK、3K、3LDK的适用于不同家庭需求的户型配置，采取单元式集合住宅样式，以分区分栋的方式进行统一管理（图27）。所有住户均使用统一标配式的生活家居套件，包含了整体式餐厨工作台、洗漱台、浴缸、抽水马桶、门窗、榻榻米等，并集中供应水、电、煤气。由于价格低廉，配套产品齐全，服务设施全面，在团地住宅盛行的年代，幸町团地一直都保持着很高的入住率，也从侧面反映出了当时人们对于这种集住型生活方式的追求。由于轨道公共交通的便利性，除了当地居民以外，也会有很多在东京的上班族和留学生选择来此居住，通过都市机构办理入住手续也十分便捷。其实，团地生活的优越性绝不仅仅体现在它的价格低廉和服务设施齐全上，其良好的住区环境（绿化、公园、游乐设施等）和便捷的交通网络也是团地的优势（图28）。住区内的植物种类丰富，卫生环境优越，十分适合居住；以周边的电车站与团地内部各站点，以及团地与其他团地之间的交通连线为主的路线循环巴士，激活了住区与外界的交通联系，并有直通机场的直达巴士，确保了团地的便利性。居住者们可以通过公共交通以最快的方式出行，抵达机场、电车站、超市、医院等社会功能单位，节省了出行时间。在日本留学期间，笔者也借此机会入住幸町团地，体验了团地生活。

## 2.4 军舰岛

自1910年日本工业化发展以来，第一栋多层公寓楼出现在东京，并开始在大阪等大都市地区建造。由于关东大地震引发的火灾导致大批木构建筑

**幸町团地**

建设年份：1967年
所 在 地：千叶县千叶市
设　　计：住宅公团关东支社
住 户 数：4287户

图25　幸町团地介绍

集·住

集合住宅与居住模式

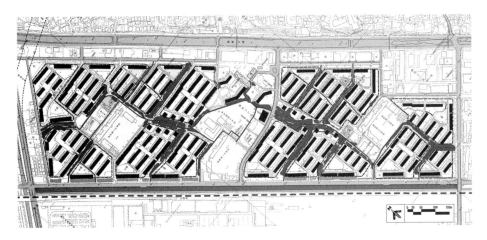

图 26　幸町团地总平面

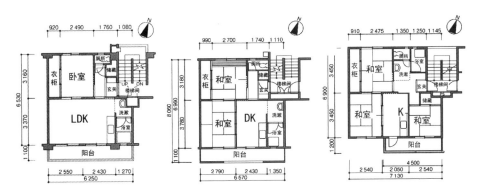

图 27　幸町团地户型平面（左：1LDK，中：2DK，右：3K）

图 28　幸町团地节点照片

被毁使得RC（钢筋混凝土）公寓得到普及。除了同润会时期的集合住宅和一些高级民间公寓以外，木结构建筑占据了当时日本的大多数，而木制公寓在当时也都是共用卫生间和厨房等设施。日本第一个木制多层集合住宅公寓是上野俱乐部（图29），于1910年11月建成。在上野公园旁边，这是一栋出租式公寓，拥有木制的5层西式外观，共有70个房间，居住者主要是政府官员、办公室工作人员和教师，也有一部分法国人。

图29　上野俱乐部（1910）

　　然而在木造集合住宅公寓出现不久后的1916年，日本最古老的钢筋混凝土造的集合住宅公寓楼建成。位于长崎县高岛町边缘的一个小煤矿岛上，名为端岛（图30）。端岛的长轴为480m，短轴为160m，总面积为6.3hm²左右。这座岛是供三菱矿业的员工、矿工及其家属生活的集住社区。整个岛屿中40%主要用于采矿现场，其余60%用于居民区。该岛在最多的时候一次性居住了5300多人，人口密度达到当时东京的9倍之多，相当于每平方公里有83600人。为了有效利用土地，陆续建造了RC高层公寓楼，由于建筑物林立而构成的岛群天际线从远看像是一艘即将起航的军舰，因此该岛又称之为"军舰岛"。30号栋楼（图31）就是钢筋混凝土造的集合住宅公寓楼，主要用于矿工们的集体宿舍。该楼栋呈回字形布局，共8层，每层由20个供私人使用的房间和一个公共使用的卫生间组成（图32）。

图30　端岛／军舰岛（1916）

图31　第一个RC集合住宅——端岛30号栋

　　端岛就是一个巨大的城市，算是当时世界上人口最稠密的城市。岛上土地被充分地利用，除了满足居住需求的公寓楼外，还有2所学校，医院，体育馆，电影院，25家商店，寺庙，弹球房，众多酒吧和妓院（图33、图34）。整个楼梯和通道

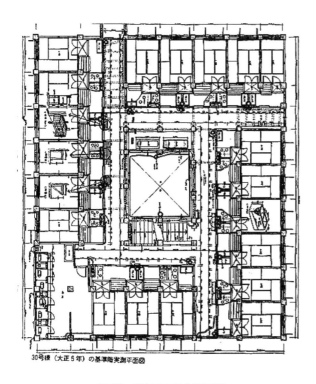

图 32　端岛 30 号栋平面图

就像迷宫一样伸展，阳光无法进入。端岛所生产的木炭质量非常好并一直在支持日本的经济发展。最终，煤炭被石油完全取代，被迫放弃矿石。1974年4月20日，最后一位居民离开了该岛。该岛变成了名副其实的幽灵岛。在端岛，不仅水，而且食物都依赖从大陆运输。蔬菜和海鲜每天主要从长崎半岛的海岸运输，并在岛上一家名为"青空市场"的露天商店出售。从集住生活的角度来说，不同于矿山的艰苦条件，端岛的丰富生活就是在特殊的环境中创造各种生活方式。该岛的大部分地区为三菱所有，而房屋基本上是公司的房屋或宿舍，因此租金、供水、电和浴室的总费用为 10 日元。1959 年日本全国的平均薪资为 29000 日元，因此可以说，从这个角度来看，这是一个极其幸运的

环境。此外，即使在 20 世纪 50 年代家用电器繁荣时期，这些岛屿也很快被电气化，根据《朝日新闻》上的一篇文章，到 1958 年它已经 100% 电气化了。在当时，"三种家用电器"黑白电视、电动洗衣机和电冰箱的普及率分别为 7.8%、20.2% 和 2.8%。可见，当时端岛的家庭生活质量是普遍偏高的。1957 年开通隧道，而在那之前，水是非常宝贵的，只有矿工的房子中有一个私人浴室，其他人所使用的都是公共浴池。但是包括厨房、卫生间等比较重要的生活设施均采用的是当时最为先进的设备，端岛的集住生活已经超出了诸多大城市的水准。由于端岛是一个混凝土岛，自然土壤和绿树成荫的地方非常有限。因此，它被称为"绿岛"，经过人工制品硬化，岛民在屋顶上种植庄稼，以增加绿化，从而有效利用狭窄的土地。1910 年，日本的第一个屋顶花园在重建前的原 14 号楼内建成。从那时起，大多数建筑物都建有屋顶花园。在 20 世纪 50 年代，煤矿在全国范围内达到顶峰。同时，在日本不断发展的绿化运动的影响下，1966 年，在新建的日薪住宅（16 ～ 20 号栋）的屋顶上建立了一个屋顶农场。这是日本集合住宅屋顶种植和集住社交的雏形。屋顶花园最初是为教育而建的农场。这是因为在水泥岛上长大的孩子不知道实际的田地和稻田。这些植物被从对岸的半岛带入屋顶花园的土壤中，并由儿童携带。孩子们在老师的指导下播种，维护，收割并吃自己种的蔬菜。同样，屋顶也被用作花床和屋顶游乐园，并且被用作岛民的休憩场所。如今我们所听到的"屋顶绿化"其实在端岛上早已经实施了数十年，其主要目的是教育儿童。在三菱公司的管理下，于 1893 年公司成立了小学，在 1921 年被移交给公众使用，并于

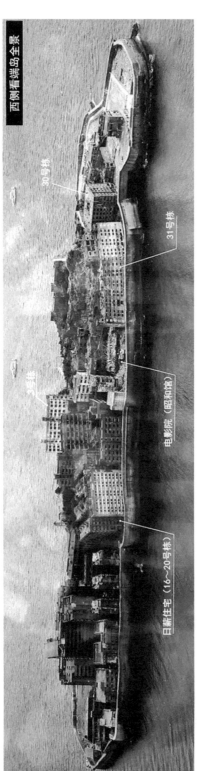

图 33 端岛全景图

图 34 端岛历史照片

1934 年在北部垃圾填埋场建造了一座新的木制教学楼。随后迅速采用了钢筋混凝土建筑，校园是岛上唯一的广场，放学后开放，孩子们在广场上进行各种活动。除此以外，学校广场还举行各种公司运动会和五月天聚会，岛民也都广泛使用广场进行聚会。1957 年，一座新的 6 层小学和初中联合学校大楼竣工。1961 年，它的高度为 7 层，其中 1~4 层用作小学，而 5~7 层用作初中。一楼的东端有一个技术室，三楼的西端有一个带广播室的员工室，六楼有一个礼堂 / 体育馆，一个带隔声设备的音乐室和图书馆。在 7 楼，除了初中教室外，还建立了化学实验室和服装室等各种专业科目。所有教室都朝北，没有任何东西挡住视线，在晴朗的日子里，它似乎离长崎港很近。整个岛上只从长崎县长崎大浦警察署派驻了两名代表。由于岛民关系良好，在岛上几乎没有暴力刑事案件。端岛邮局是仅有的公用电话，当时在岛上并没有每个家庭的直拨电话，因为价格低廉，夜晚电话前总是排着长队。在岛上有许多私人商店，在鼎盛时期，店面的开设需要通过抽签获得开店权，在商店最为密集的居民楼被亲切地称为"端岛银座"，商店街也因此在端岛上形成。除此以外，旅馆"清风庄"为来岛上行商的来访者提供了短暂逗留的场所。岛上有各种娱乐设施，例如围棋、将棋和瑶曲，都是居民们打发岛上时光的主要项目，在这当中最受欢迎的是电影院。唯一一家建于 1927 年的电影院"昭和馆"非常真实，配备了一个专门用于无声电影的解说台和管弦乐队的演奏台。每个月放映 30 部电影，每个月向每个家庭分发放映电影的节目单，电影院也几乎每天都是满员。随着电视的普及，电影院的人气也下降了。当端岛关闭时，电影院已经成为一个悲

伤的仓库。此外，还设有弹球机和麻将以及台球厅等时尚娱乐设施，岛民们通过这些娱乐活动寻求治愈和欢笑。岛上唯一的综合医院端岛医院由一家公司运营，而不是由公众经营。主要是受伤矿工的手术治疗和硅肺病的治疗。此外，在需要隔离的患者（例如天花和痢疾）旁边还设立了"隔离病房"。

端岛时期的繁华是日本集合住宅居住社区生活的开端，它记载了当时的集住模式在工业化生产时代背景下的发展状况，为后来集合住宅社区发展提供了很好的样本，是集住社区演变过程的真实写照。

**参考文献**

[1] 财团法人日本住宅総合センター.日本における集合住宅の普及過程—産業革命期から高度経済成長期まで [M].东京，三州社，1997.

[2] 财团法人日本住宅総合センター.日本における集合住宅の定着過程—安定成長期から 20 世紀末まで [M].东京，ダイワ，2001.

[3] 吴东航，章林伟.日本住宅建设与产业化 [M].北京，中国建筑工业出版社，2016.

[4] 国立国会図書館.日本の集合住宅—アパート [M].マンションに見る 20 世紀，2002.

[5] 贝原靖浩，资料紹介.江戸時代の町屋における年中行事について [R].日本，岡山県立博物館研究報告，2005.

[6] 栢木まどか.教養講座戦前期の日本における集合住宅の歴史：同潤会アパートを中心に [M].日本，理大科学フォーラム，2017.

[7] 雨海清一郎.集合住宅の歴史に関する調査（その3）[M].日本，都市再生機構都市住宅技術研究所，2007.

[8] 濱崎仁.軍艦島における RC 建築物の状況と保存・修復のための取り組み [J]. Journal of concrete technology, 2005，38（8）：26-32.

## 图片来源

表 1：日本总务省统计局数据 – 作者翻译

图 1：《日本住宅建设与产业化 ( 第二版 )》，P142

图 2：《都市の住態—社会と集合住宅の流れを追って》，P5

图 3：《都市の住態—社会と集合住宅の流れを追って》，P9

图 4：《日本住宅建设与产业化 ( 第二版 )》，P143

表 2：作者根据资料自绘

表 3：作者根据资料自绘

图 5：《同潤会のアパートメントとその時代》

图 6：《同潤会のアパートメントとその時代》

图 7：《都市の住態—社会と集合住宅の流れを追って》，
　　　P59

图 8：作者自摄

图 9：作者自摄

图 10：作者根据资料自绘

表 4：作者自绘

图 11：作者自摄

图 12：作者自摄

图 13：作者根据不动产资料绘制

图 14：小林秀树研究生提供

图 15：作者自摄，自绘

图 16：作者自摄

图 17：作者自摄

图 18：小林秀树研究生提供

图 19：《日本住宅建设与产业化 ( 第二版 )》，P150

图 20：《日本住宅建设与产业化 ( 第二版 )》，P154

图 21：《都市の住態—社会と集合住宅の流れを追って》，
　　　P75

图 22：《都市の住態—社会と集合住宅の流れを追って》，
　　　P74

图 23：《低層集合住宅Ⅱ—集合住宅による街づくり》，P8

图 24：《低層集合住宅Ⅱ—集合住宅による街づくり》，P16

图 25：作者自摄

图 26：http : //www.ichiura.co.jp/project/architecture/
　　　000316.html

图 27：UR 都市再生机构网站提供

图 28：UR 都市再生机构网站提供

图 29：《都市の住態—社会と集合住宅の流れを追って》，
　　　P28

图 30：作者自摄

图 31：https : //www.mlab.ne.jp/life/news_life/news_life
　　　_20130716/

图 32：http : //hayabusa-3.dreamlog.jp/archives/
　　　51136537.html

图 33：端岛导示图 ( 作者翻译 )

图 34：https : //www.mlab.ne.jp/life/news_life/news_
　　　life_20130716/2/

# 3

现代集合住宅的产生

## 3.1 集住开端

就"集合"的开端而言，人类居住者一直都有一个从分散独立向聚集共处，再向集合发展的过程，这也是一个不可回避的历史进程（图1、图2）。早在公元前3000年，位于现在的两河流域内就已经开始有城市的形成，不过当时城市居民的住宅都是各自独立建造从而各不相同，而集合的含义是必须要有一定的共同属性，因此还很难说是形成了真正意义上的集合住宅。这也和在当时情况下国家并不参与民间的住宅建设以及当时的住宅建造技术比较简单等因素有关，当时居民建造房子都是自己动手或者请帮工来协助建造。然而，伴随着城市发展到一定规模以后，对住宅的需求和城市土地的紧张，集合住宅的形式在这种情况下出现，也就是前面所谈到的古罗马城中的集合住宅。当时的古罗马城已经成为庞大帝国的中心，大量人口从各个行省涌进了城墙内的狭小空间，这为帝国和投机商人借此机会以建造住宅的方式来敛财创造了商机。由此可见，在当时住宅建设组织的主体是国家和部分商人。

直到13世纪，伴随着资本主义在欧洲市场的萌芽，由商人群体投资建造的集合住宅以牟利的现象逐渐复兴起来。根据有关文字记载，17世纪中期（图3），在英国伦敦的商人采取了把土地划成街道和小房子的宅基地的做法，将土地出售给工人，并且按照每英尺均价金额进行出售，剩下的没有卖出去的土地就用于自己家盖房子，这样做的好处在于可以使土地作为抵押品并使土地的租金不断

图1 分散、独立的村落

图2 聚集、共处的城市

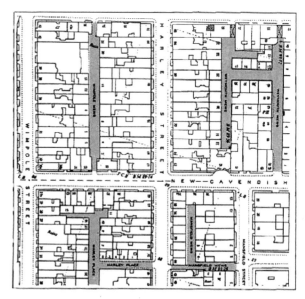

图3 17世纪的伦敦宅基地划分

集·住

集合住宅与居住模式

增高。这样一来，也有不少商人跟着效仿，甚至有的有过之而无不及，使伦敦建起了许多密集的住房区。在当时的城市里，一部分的人仍然是在购买土地自建住宅，同时商人们也在大量建设住宅。而商人们知道为了在土地上尽可能地多建造住宅，采取的是将它们紧密地排列在一起的方式，而且建设小面积和低标准的紧凑型贫民住宅会比高档独立式的住宅更加有利可图，这样一来，集合住宅也就成为商人们最为青睐的住宅形式。随着时代的发展和资本主义势力在西方世界的崛起，商人们也就将这样一种集合住宅的牟利方式带到了欧洲的各个主要商业城市：巴黎、纽约、柏林等，之后的工业革命则是为集合住宅的发展铺平了道路。

## 3.2 早期集合住宅的几种类型

众所周知，工业革命始于英国（图4），然后陆续在其他国家兴起，集合住宅的早期发展也有着

同样的顺序，聚焦18、19世纪的英国，可以从历史发展的迷雾中解读集合住宅的发展线索。对于在当时人口不过700万，资源也并不丰富，相比欧洲大陆上的传统强国意大利、西班牙、葡萄牙、荷兰以及法国而言，并不占据优势的欧洲大陆边缘小国，能够率先兴起工业革命，势必有其独特的原因。著名的工业史专家哈特威尔（Hartwell）将其主要原因归纳总结为以下几项：①资本构成的刺激；②世界贸易的增长刺激了英国出口贸易；③技术的革命和更新；④自由的政策以及对财富的理性观念的发展；⑤殖民掠夺的资本积累。这些诸多因素聚合在一起，使得英国工业化的前提和条件优于其他国家，这样一来，英国的领先自然也就为现代集合住宅的最早出现创造了积极的条件，随后再蔓延和传播到其他国家。无数的小发明、小革新不断涌现，纺织工业、煤炭、冶金工业三者相互促进，以及工业革命历史上最为伟大的发明蒸汽机的诞生，不仅奠定了人类生产从工具向机器的转变，而

图4　英国工业革命

且影响到了所有大规模生产的产品，其中就包括了现代集合住宅。基于蒸汽机强大的创造力，能够生产出足够大规模建造住宅的建筑材料，如钢铁、水泥、砖头等，并能够将大量的材料远距离的运输，可以满足大量人口对于住宅的需求。烧制砖也因此成为英国主要的住宅建筑材料，直接影响了英国的建筑风格。

就集合住宅的产生和发展的社会历程而言，主要基于以下三个方面：

①城市本身的先天不足：首先，土地所有权高度集中，并且在当时还没有任何法律和规章能够对土地主使用土地的行为进行约束和监督。其次，土地主可以按照自己的喜好任意建造住宅并且完全不考虑合理的道路宽度、雨水的排放，也几乎不考虑结构的安全性和保持健康所必需的住宅朝向、采光和通风等，这不可避免地会带来混乱和严重的卫生问题。

②住宅严重短缺的局面：伴随着大量人口涌入城市，原有一家一户的住宅当中不得不挤进更多的人口，甚至是为了寻找栖身之所而住到对健康有害的地下室，这些严重短缺和恶劣的居住条件形成了解决居住问题的压力和动力。

③公共卫生的危机：由于城市人口的急剧增加，尽管科技有了进步，但是城市管理体系尚不完善，几乎没有考虑居民的供水，更无对水质的净化处理。除此以外，粪便和生活垃圾的清运也得不到有效的处理和解决，迫使卫生问题成为最优先考虑解决的问题。

在集合住宅的类型方面，Town House 型是当时伦敦的主要集住类型（图5~图8）。Town House 是一栋连续的房屋，其中一栋房子位于一

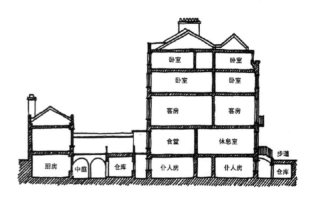

图 5　伦敦典型 Town House 剖面图

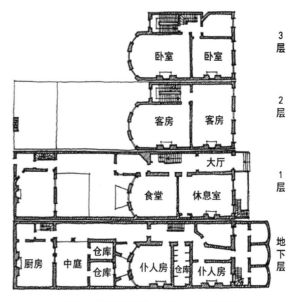

图 6　伦敦典型 Town House 平面图

图 7　伦敦典型 Town House

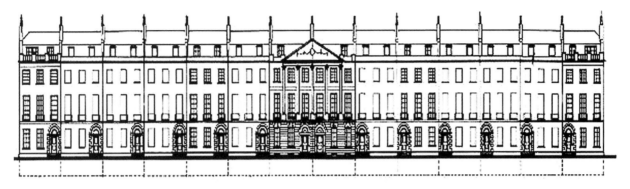

图 8　伦敦典型 Town House 立面图

个街区，而其他家庭则不在上下层居住，临街脚以及狭窄、深、条形的部位有 0.5~1m 的地板比人行道高，并且有连接人行道和入口的楼梯和露台，因此也称为梯田房屋。有一个区域，第一层比街道高一个台阶，并且在房屋前面有干燥区域，从而保护了街道免受侵害，而建筑物临街道的窗户前可以随时看到街道，它与街道有着密切的响应关系，并且具有城市住宅的特征。建筑物的每一层都有地下室（人行道下），主要为干燥区域、仓库、厨房、服务员房间，一楼为大厅、客厅（休息室）和餐厅，二楼为客房、接待室，三楼及以上为卧室。Town House 的外墙通过创建连续的墙来创建连续的街景，而连续的建筑物牢固地定义了街道和广场，营造出封闭的感觉。房屋也是典型的街道建筑。欧洲所有的历史名城都有传统的城市住宅风格，如今已被广泛使用。城市住宅恰恰是建造城市的住宅，它们创造了自己的街道和城市景观，可以说，美丽的城市是由美丽的城市房屋建造的，伦敦的 Town House 就是这样的城市集合住宅。

　　Town House 组成的住宅区是从 19 世纪中叶到 21 世纪由在伦敦拥有房地产的贵族阶级对自己的土地进行投机性开发而形成的。伦敦所有房地产开发项目在其主要位置都有广场，因此也称为联排住宅广场开发项目。第一个正方形的居民区是 1630 年第四代伯爵福德首次向伦敦介绍的，当他开始开发自己的房地产时，他在一个大正方形广场周围建造了一个拱廊。建造了一座雄伟的房子，并取得了巨大的成功。从那时起，人们一直认为居住在正方形的住宅区当中被认为是贵族和富人的现代风格，据说许多正方形是在伦敦建造的。联排住宅广场的开发计划当中，房东开发的房地产是基于共同的布局原则。住栋所属土地上都有一个广场和一个联排住宅，周围地区是一组排成两排的长条状联排住宅（图 9）。根据正方形的形状，正方形被统称为正方形、马戏团、新月形，它们的大小各不相同，从而形成了每个地方的个性。伦敦的广场在早期是铺砌的广场，但是在 18 世纪末，景观花园在英国社会广泛建立时，它变成了由栅栏包围的绿色区域。"正方形"（花园广场）被称为花园广场（Garden Square），是乡村中的一个空间，旨在寻找城市的自然风光。在人口稠密的城市中，可以看到绿色并触摸绿色的花园非常适合英国人的口味。大陆广场都追求象征意义和戏剧表演，而英国广场则重视居民的舒适感和乡村气息。这确实也反映了英国的民族特色和文化。花园广场（图 10、图 11）最初是一个围绕着它的联排住宅，它是一个私人花园，仅供团体居民使用。但是，由于现在很多私人花园对公众开放，因此就联排住宅本身而言基本上没有私人花园。因为花园广场的家庭户外休闲活动是他们公共生活的一部分，透过窗户可以看到花园的景色是联排住宅的最大价值，并且在二楼始终有一个可以看到花园的客房。联排住宅的居民可以享受他们从未有过的精美花园的生活。因此，可以说联排住宅其实是聚集和居住在城市中的社区所带来好处的一个很好的例子。1666 年，伦敦发生了一场大火，80% 的市区消失了。伦敦大火过后的第二年，即 1667 年，制定了《伦敦重建法》（图 12），大大加强了建筑法规，其中就规定了建筑物必须由砖块或石头制成，对于住宅建筑物，层数、总高度、每层高度等都有规定，目的是"为了提高规则性、均匀性和优雅性"。根据这些新规定，大火过后的联排住宅的建设得到了很大的发展。从那时起，建筑标准进行了多次修订，可以说早期集合住宅发展创造的有序和统一的城市景观，其主要原因就源于《伦敦重建法》的制定。除了这种整体上的统一之外，联排住宅中每栋建筑的外立面都坚持居民和建筑师的个性和独特性，并且是多种多样的。已有 200 多年历史的联排住宅进行了重建和改建，来自不同时代的不同风格被结合在一起，形成了多样化的城市景观，这也是联排住宅的独特属性。

在伦敦市区西端的西区，住宅建设在 17—18 世纪得到了高度发展（图 13）。这段时期的住宅开发量总共为 70 个房地产项目和 151 个城市广场。其中，亨利八世在 16 世纪拥有诸如威斯敏斯特大

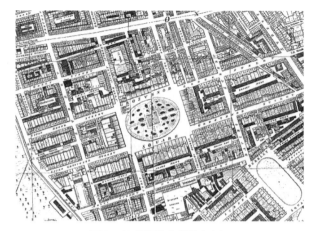

图 9　18 世纪的伦敦城市布局

图 10　伦敦城市花园广场

图 11　城市花园广场上空

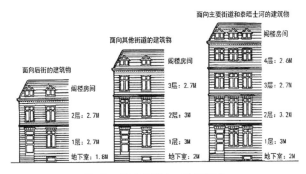

图 12　伦敦重建法 - 建筑基准

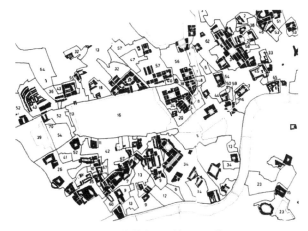

图 13　伦敦市区西端西区开发

17 世纪联排住宅　　　　　18 世纪联排住宅

19 世纪联排住宅　　　　各年代住宅并存的多样型联排

图 14　各时期联排住宅

教堂的土地，然后将其分配给贵族阶层，该市的西部地区已成为少数皇家和贵族阶层（约 100 人）的庄园。伦敦大火过后，贵族竞相投资发展房地产，促进了房地产开发，他们建立了自己的广场，细分了周围的土地，并将其租赁出租给建筑商。开发区域像拼凑而成的一样扩展。联排住宅最初仅限于贵族和有钱人居住使用，但最终成为包括中产阶级和手工业者在内的人群的广泛居所。可以说，集合住宅在伦敦市中心的发展就体现在这些土地所有者的一系列房地产开发项目上。因此时至今日，伦敦也有时被称为村庄聚集的大村庄。

从 17 世纪到 19 世纪，联排住宅的发展在设计上发生了很大变化（图 14）。早期的联排住宅是由贵族建造的，因此在住宅特色上，它们反映的是贵族们的爱好，并且是古典的。在此期间，英国经常使用一种强调简约、深刻和对称和谐的设计，即意大利建筑师安德里亚·帕拉第奥（Andrea Palladio）建立的帕拉第奥风格。到了 18 世纪，许多中产阶级也开始逐渐居住在联排住宅当中，他们所采取的则是更加简单的设计风格。这个时代的房屋有被称为佐治亚风格的露台，虽然魅力不大，但却形成了美丽而宁静的城市景观，创造出别具特色的伦敦风景。进入 19 世纪的维多利亚时代（1837-），英国进行了工业革命，并进入了最繁荣的时代，这个时期的建筑物变得更大，红砖材料专门用于该时代的联排住宅，其主要特色是装饰华丽，联排住宅内的许多房屋都装饰有各种装饰砖，象征着丰富的时间性。除此之外，华丽的白色石材和红砖条纹外墙装饰设计也很受欢迎。由此可见，早期英国集合住宅的发展是在联排住宅这样一种特色形式下发展起来的，联排住宅充分诠释了英国现代集合住宅的产生以及不同时期的发展。集合住宅在英国的普及不仅仅是对居住模式和居住建筑类型的表达，同时也塑造出了丰富多样的城市形态和街道风貌，这对后续集合住宅的演变有很大意义。

对于早期集合住宅的样式而言，以 Town House 为主要类型的集合住宅占据了很大一部分，其中比较具有代表性的是 Back-to-back House，即"背靠背"式集合住宅（图15~图17）。在平面上住宅单元后墙靠后墙联系在一起，一般为地上三层或两层，另外还有一个地下室。住宅的总体规划是按照一面朝向街道，另一面围合成狭长的院子，院子宽度一般在 3~5m 左右，后院还设有供水的水龙头和厕所。早期集合住宅当中，以一个独立的家庭为单位进行组合设计来体现集合的特征，强调了家庭住宅的完整性和独立性，同时又能在住宅极度缺乏的情况下充分考虑集合的可能性，满足城市当中大量工人阶级的居住需求，在当时是具有重要作用的。背靠背的建造方式为了追求最起码的通风和采光，只能做到一个房间的进深且深度不宜过大，一般情况下为 4~5m 左右，同样对于每个单元有三个面相互共用墙体的做法，在当时也是大大节省了建筑材料并缩短了工期。有详细记载表明，这种类型的集合住宅形式在19世纪的上半叶达到了黄金时期，在英国的诸多城市建筑中占据了相当大的比例，其中：诺丁汉的全部 11000 栋住宅当中 Back-to-back 就占了七八千栋，在其他更大的城市伯明翰、曼彻斯特、利物浦、贝德福德等也存在大量此种类型的集合住宅。然而伴随着住宅在功能使用上的短板，无法保证每户住宅拥有独立卫生间，最后只能被淘汰。随之而来的集住样式就是

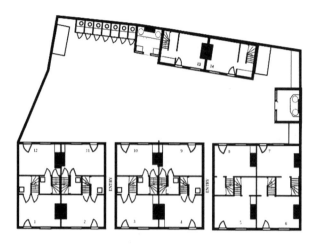

图 15　Back-to-back House 平面图

图 16　Back-to-back House 外观

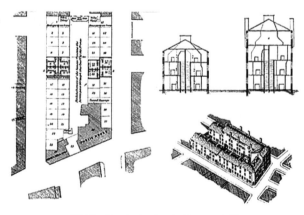

图 17　Back-to-back House 布局

Terrace House，与 Back-to-back House 的区别就在于，其平面布局在进深的方向上不是单间而是一户多间，在水平方向上基本都是类似的，若干户或者几十户重复排列成一行，形成规模较大的集合住宅区。这种类型的集合住宅对于 19 世纪上半叶的英国工人阶级来说，是最为普遍也是在经济能力范围内所能承受的。优于 Back-to-back House，这种类型的住宅，底层多为两间房，正面和背面各一间，各自都可以直接和外界接触，前后也都有进出的门，有采光窗户，后门处通常还会有一个很小的庭院，后房间也通常还有一些辅助用房，例如厨房、食物储藏室、堆煤间、厕所等。相对来说，在平面布局上会更加具有拓展性和灵活性，可以通过加大进深布置更多的功能用房，提高土地利用率。到了 19 世纪中后期，英国政府推出了一些旨在保护人们健康的示范性住宅，住宅建造商也纷纷自行设计推出一系列的两层房屋，后部带有厕所和小院子的连立式住宅，这种按照一定要求来实施建造，被规范的住宅样式称之为 By-law Houses。与传统的 6.7m 面宽的城市公共住宅相比，规范式住宅的面宽一般只有 3.65m，底层沿街开门的第一间是被称为 Parlor 的客厅，进深多为 3m 左右，沿街一侧的外墙也都会开设外窗，保证良好的采光。再向后就是厨房和通往二楼的楼梯，开间逐渐减小并开门通向后院，每户都会有独立的卫生间。规范式的住宅样式在住宅条件方面有了很大的进步，特别是在居住的卫生方面有很大提高。

总的来说，集合住宅在早期的英国曾经出现过很多类型，但是最终能够延续下来的并不多，其中最具有代表性和影响力的就是泰恩式住宅（Tyneside Flats）（图 18、图 19）。它与一般的 Terrace House 所不同的是，虽然都是两层住宅，但泰恩式住宅的两层分别有不同的住户。一层的住户可以直接从底层入户，而二层的住户则需要通过一个与一层住户无关的楼道入户。二楼楼梯的尽端会有一个小平台，可满足二楼分户各自入户的需求。二楼的住宅一般有三个房间，一间兼做厨房和起居室，另外两间则为卧室。该种类型的集合住宅在外观上的最大特征就是门总是成对的出现，

图 18　Tyneside Flats 外观

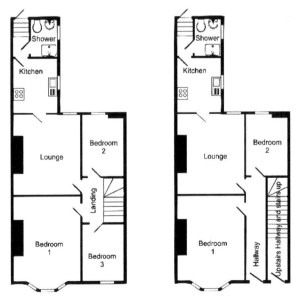

图 19　Tyneside Flats 平面

靠近一层窗户的门是一层住户的，旁边的则是二层住户的，通常情况下二层的面积会比一层要大，每层都有各自的卫生间。很明显，从泰恩式集合住宅的形式特点上可以看到后来公寓式住宅的一些基本特征。

除此以外，按照使用用途对于 18 世纪的集合住宅进行分类，主要可以分为：①用于出租的集合住宅；②作坊住宅；③工厂住宅；④慈善型住宅。这些集住类型之间的差别体现了社会对于集合住宅多样化的需求，客观上丰富了集合住宅的类型。也就是说，在集合住宅的分类上需要分别考虑形态特征和使用用途上的差异，对于纷繁的现实进行适当的抽象和整合，而实际情况则有可能是一种集合住宅上同时具备两或三种以上的类型特征，远比单一集合住宅的分类要更加复杂和模糊，集合住宅的类型也反映出了社会的进步和发展。现代集合住宅的产生毫无疑问是工业革命这个特定的历史条件背景下由多种因素共同作用所形成的。从率先进入工业革命的英国来看待现代集合住宅的发展，不难看出集合住宅的产生需要从历史原型、社会背景、基本类型以及发展过程等几个角度进行分析解读。首先，集合住宅的出现主要是为了满足城市大背景下的批量化住宅需求而大规模建造的，然而城市的逐渐繁荣和城市人口的迅速增长为这种批量化的住宅建设创造了客观条件。同时，批量化的建造也离不开高强度的组织能力进行协调才能得以实现。其次，工业革命所创造出来的巨大社会生产力使得城市得以迅速发展并且带来了人口增长和集聚，所造成的就是如城市规模不足、住宅严重短缺、公共卫生条件恶劣等一系列问题。在对原有住宅类型提出新的要求，基于原有类型的住宅已经无法满足和适应社会要求的情况下，现代集合住宅带着解决诸多社会问题的使命在新的历史条件下出现了。

现代集合住宅的产生，伴随着形式的多样化，住宅单元的功能需求也随着人们生活要求的提高而不断被分化，平面布局变得更加丰富复杂，住宅单元的组织也变得更加成熟多样，既有传统的连立式布置，也开始出现了不同格局的公寓式。可以说，集合住宅也随着建造数量的增加而逐渐成为城市内主要的建筑类型，与城市的发展之间也互相发生着重要的影响。对于集合住宅本身而言，无论是它的产生还是发展，自始至终都受到多方面因素的作用和影响。工业革命前后所伴随而来的人口增长和人口逐渐向城市聚集，创造出了诸多需求，而城市用地的紧张要求现代住宅的建设必须合理有效地利用土地资源，这更是直接推动了集合住宅的产生。在早期现代集合住宅的发展过程中可以看出，主要影响它的还是人们既定的生活方式和住宅的建造方式，绝大多数都是国家层面的决策者和地产商人对于集住类型的控制和宏观导向。居住者的意愿和设计者的参与还没有起到过多的作用。这也表明了现代集合住宅的产生是为了解决社会问题，虽然后续普及到其他欧美国家，但是在大环境下，现代集合住宅有它不可忽略的使命。

**参考文献**

[1] E- 罗伊斯顿派克. 被遗忘的苦难：英国工业革命的人文实录 [M]. 蔡师雄，吴宣豪，庄解忧译. 福州：福建人民出版社，1983.

[2] John Burnett. A *Social History of Housing 1815-1985* [M]. Paperback, 1986：07.

[3] Tomoko Sakamoto, *Irene Hwang, Albert Ferré.*

Total Housing Book Launch[M]. Actar，2010.

[4] Norbert Schoenauer. *6000 Years of Housing ( Revised and Expanded Edition )* [M]. Paperback，2003.

[5] Richard Rodger. *Housing in Urban Britain 1780-1914 ( New Studies in Economic and Social History )* [M]. Cambridge University Press，1995.

**图片来源**

图 1：http：//www.360doc.com/content/15/1107/ 13/ 9165926_511413505.shtml

图 2：作者自摄

图 3：《都市の住まいの二都物語》

图 4：https：//morningstaronline.co.uk/article/200- years-of-hot-air

图 5~ 图 8：《図説ロンドンのタウンハウス》

图 9~ 图 11：《図説ロンドンのタウンハウス》

图 12~ 图 14：《図説ロンドンのタウンハウス》

图 15：https：//thingstodoeverywhere.com/visit-birmingham-attractions.html

图 16：https：//www.leedsinspired.co.uk/events/ lunchtime-talk-heritage-risk-back-back- houses

图 17：http：//www.nottsheritagegateway.org.uk/ places/nottingham/nottinghamc19.htm

图 18：https：//en.wikipedia.org/wiki/Tyneside_flat

图 19：https：//commons.wikimedia.org/wiki/File： Tyneside_flat_floorplan.png

# 4

现代集合住宅的普及与发展

## 4.1 现代集合住宅的萌芽

现代集合住宅的普及从 18 世纪末和 19 世纪初开始,陆续在欧洲的其他国家,诸如法国、德国、比利时、西班牙、意大利、俄国萌芽,乃至影响美国。在工业革命的浪潮中,世界各国也都接二连三地进入工业时代,无论是在经济和技术领域,或者是政治、军事、文化领域,所经历的都是翻天覆地的变化,在经历了一个世纪的变迁和发展以后,到 19 世纪末期主要的欧洲国家和美国都已经基本上实现了工业化。就集合住宅的发展而言,任何欧洲大陆上的国家在伴随着工业化的进程中,都发生了与英国所类似的诸如人口急剧增长和城市化进程加快的现象,并且从中吸取了英国集合住宅建设上的经验和教训,并不断影响其他国家。在这些国家当中,法国可以称得上是欧洲大陆上最为重要的一个大国,它与英国隔海相望。法国的工业革命要晚于英国几十年,在工业革命的强烈影响下,城市生活变得比较发达,人们更加习惯生活居住在城市中,因此在法国公寓式的集合住宅备受欢迎。巴黎是法国政治、经济和文化中心,巴黎市民更加青睐于纵向发展的公寓式集合住宅,这和英国集合住宅有着不同的发展特点。公寓式集合住宅之所以受到重视,一方面是由于在工业革命之前传统城市住宅占用面积很大所导致的土地短缺,无法容纳更多的人口需求,而公寓式的集合住宅则可以容纳比连立式住宅更多的家庭和人口,并且价格也相对便宜;另一方面,相比交通不够便捷的郊区,人们更愿意居住在城市内,尤其是像巴黎这样的大都市,

能够居住在城市内有助于提高工作效率,减少交通出行的时间。除此以外,欧洲大陆的政治传统使得城市管理机关拥有更强大的力量来对城市加以改造,从而创造出良好的居住环境,在巴黎豪斯曼规划进程中,巴黎城市中心大量建设的公园、广场、林荫大道、画廊、咖啡馆、剧院等社交场所,为居民提供了良好的生活环境。相比之下,在英国的连立式集合住宅主要服务于工人阶级,富人阶层更多选择郊区的独立式住宅;在法国的公寓式集合住宅居住者当中富人阶层的比例较高。就原型来看,公寓式住宅更多的是由城市中的传统住宅发展而来;而连立式住宅则更多的是受到乡村住宅的影响。不难看出,公寓式集合住宅多以周边式围合成内院,需要留出一些相对安静的环境,而连立式集合住宅则多表现出外向性,面向外侧的景色和阳光;公寓式集合住宅多与其他建筑挨靠,连立式住宅则往往与其他建筑保持一定距离。

早期的巴黎公寓基本上是以三层为主,均沿着街道周边进行布置,在沿街的底层会开设各种各样的店铺,一般底层的高度较高,内部会通过增设一些夹层来扩大面积,居住者一般是居住在二层和三层的位置,屋顶通常是比较高的坡屋顶,并利用屋顶下的空间来设置阁楼,形式上属于早期城市当中流行的下店上住的住宅类型,不同之处在于公寓式集合住宅多是由房主分别租给不同的人使用。到了 19 世纪以后,伴随着住宅类型的不断发展,巴黎公寓的空间形态也形成了一定的模式,其中一个最为显著的特点就是多种不同构成元素的组合,既包括了使用功能,也包括了使用者。主要构成元素为:建筑最底下为地下室,在钢筋混凝土没有被广泛使用以前一般都采用的是砖石拱券结构,住宅和

店铺都有各自的楼梯通往地下室，地下室也被细分为各个用户使用的储藏室，主要用于储藏葡萄酒、煤炭和木材等；底层被称为 Ground floor，除了用于通往楼上住宅的正门和进入内院的车道以外，一般沿街的房屋都作为店铺使用，在汽车普及之前，建筑物围合的内院用于停放马车和安置马厩；车道入口之所以和楼上住宅的入口设置在一起主要是为了方便看门人管理，看门人还需要负责收取房租、清洁楼梯以及发送邮件等工作，看门人居住的小屋通常被放在建筑物底层的角落里；底层和一层之间的夹层经常用作店铺员工的住所；真正用于居住者的楼层是从一层（Firstfloor）开始的，在电梯还未普及的时期，一层被认为是最好的楼层，通常是房东自己居住，或者是由二房东居住，二房东从房东手中租下整栋再转租分租出去，从而获取高额利润；除去夹层和底层，一般上面还有三至四层和屋顶层，从一层到四层的典型楼层一般都会有两套公寓，在地块较大或者建筑物进深较大的情况下可以适当增加套数，靠近街道的住户在条件上一般优于靠近内院的住户。公寓当中一般每层的层高不一样，越向上楼层层高越低，窗户高度也就随之降低，租金也就越低，最顶上是阁楼位置，利用屋顶下的空间设置走廊，然后在两侧分出多间小房间，每一间都会带有卧室，主要用于出租给单身男女或者本楼层客房的佣人居住，佣人到主人家有专门设置的服务楼梯，可以直接抵达主人家厨房而无须经过正门。这些构成元素展示出了一种内容丰富多样的集合住宅类型。

早期的漫画（图1）当中就充分展示了巴黎各个不同阶层的人们共同居住在同一栋建筑中的场景。从中可以看到描绘出的场景：底层门房里住

图1　巴黎公寓漫画

着一位中年看门人，店铺则是租给了一位钢琴制造者，整个一层由房东自己住，房东是一位富裕的老绅士，二层住着比较富裕的家庭以及他们的佣人，三层住着的是一位医生和一位退役的军官、一个寡妇和她未出嫁的女儿以及一个在政府里工作的年轻低级官吏，四层则被分成多个隔间，用于给低收入阶层人士租用。这样一幅漫画很生动形象地诠释了

法国公寓内的生活景象，还原了公寓式集合住宅的主要特征。

19世纪的巴黎公寓，在外观上多以古典主义的三段式风格来表现立面，将夹层部分和底层部分作为建筑的基座，一、二、三层则构成了建筑中间部分的主体，四层和屋顶往往构成立面的上段部分。基座通常用十分厚重的粗面石材来进行塑造，使得建筑整体比较稳重，并着重装饰入口处。中段则一般以平整的墙面来表达，在立面的窗户上加以山花来点缀装饰，偶尔也会在窗户之间设置壁柱来彰显立面的设计感。上段装饰的重点则是檐口部分，孟莎式屋顶高而陡的坡顶后面一般会开设几扇小小的老虎窗来进行采光通风。一栋典型的公寓单元中，按照其使用功能的不同，平面上大致分为三个主要区域，即社交区（沙龙和餐厅），私人区（卧室、书房和卫生间等），服务区（餐厅、厨房和佣人卧室等）。公寓式集合住宅的一大特征也体现在法国特色的"沙龙"。沙龙是其装修最为豪华的房间，用于接待客人。它一般靠近主卧室并且布置在沿街景观最好的位置，餐厅也靠近沙龙布置，方便客人直接从沙龙到餐厅就餐。对社交场所的重视，使得"沙龙"一词也成为享有盛名的高雅社交活动场所的代名词。这种生活方式的不同也直接影响到了集合住宅的发展，并促成了在不同文化背景下集合住宅功能与形式的多样化转变。

很显然，19世纪的公寓式集合住宅充分体现出了这一时期集合住宅的供给需求。然而随着社会变迁和发展，公寓式集合住宅也表现出了诸多的不足之处。比如建筑用地的见缝插针，装饰性的图示语言太多导致造价昂贵，采光通风性能差，建造技术复杂，材料要求高等。为了应对这样的局面，许多建筑师也在考虑如何对集合住宅进行改进，创造出更多新的集合住宅类型以适应新的社会生活和时代需求。这些早期建筑师当中最具代表性的是佩雷、高迪和夏涅。19世纪90年代，钢筋混凝土的应用和普及为集合住宅的发展创造了条件，钢筋混凝土这样全面而优异的性能，是之前的任何材料难以相比的，它的出现和在建筑上的应用是建筑史上的一件大事。

## 4.2 建筑师的探索

建筑师佩雷所设计的富兰克林路25号公寓（图2、图3）就是在混凝土应用和普及的背景下诞生的，是具有一定探索意义的先锋建筑。这是一栋占地面积不大，一面临着街道，左右两侧是相邻两侧的山墙，北侧也依靠着周边其他建筑墙体的八层公寓式住宅。它宽度适中，进深不大，二楼及以上每一层只有一户人家，佩雷在设计当中把五间房都布置在朝向沿街道的一侧，背面布置了两部楼梯和卫生间，厨房的布置则是依靠在山墙的一侧，虽然比较狭长，但也有一个窗户可以用作采光和通风。结构上采取了钢筋混凝土的框架结构，因而在平面布置上可以相对自由，这对后来勒柯布西耶的"自由平面"思想也有一定的影响。在平面设计当中，由于基地现状面宽不够从而不能将五间房并列展开，设计师将两侧的两组房间前后错开布置，两个房间且挑出建筑立面，中间的房间向内凹进去从而形成U字形的轮廓，保证每户房间都得到了对外开敞的窗户。设计之所以具有先锋性，在于其打破了原本传统巴黎公寓内房间并列并排布置的特点，同时也充分利用了结构的灵活性，主导功能的便利

图2 富兰克林25号公寓——外观

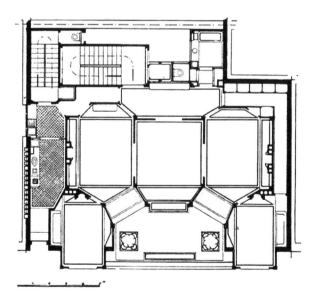

图3 富兰克林25号公寓——平面

性。在最上的两层做成了阶梯状的后退，在有限开间内对建筑立面的塑造提供了新思路，屋顶设计成露天的平台，种植一些花木从而形成屋顶花园。除此以外，建筑内部除了设有两部楼梯以外，还设置了专门的电梯，这可能是最早在集合住宅内部安装和使用垂直电梯的案例。

钢筋混凝土在集合住宅中的发展与普及，除了带来了平面的灵活性以外，更重要的是带来了建筑形式上的变化。富兰克林路25号公寓所展现出来的就是无遮掩的暴露结构特征，人们能够清晰地看到公寓当中垂直的柱和水平的梁。同时，平面上的凹凸有致也使得立面不仅仅只是立面，形成了更加丰富的空间效果，保证建筑立面垂直线条为主导的完整性，从而显示出建筑挺拔完整的气质。建筑外观的细部也通过加入真实的构建而变得丰富，佩雷以这样的方式来进行立面装饰和建筑表皮的处理，充分将混凝土塑造的集合住宅特征表现出来，成为最具代表性的住宅作品之一。

建筑师佩雷出生在建筑营造商家庭，曾经在父亲的工地上工作，他在实践中不断接触和应用到钢筋混凝土的知识；同时他在巴黎美术学院学习期间也受到了于连·加代的直接影响，他吸纳和消化了建筑类型分析的理论和类型化建筑形式进行组合的方法；在哥特式理性主义倡导者维奥莱·勒迪克的影响下，佩雷追随了他对于新材料和结构的基本看法和设计思想："建筑只有在严格地运用一种新结构中去寻求形式，才能给自己配备以新的形式。"并认为当时时代背景下的伟大建筑是由骨架、钢结构或钢筋混凝土结构组成，在新材料和新形式的集合住宅建筑创作中，建筑物的框架结构就好比是有向度的、均衡的、对称的，并可以容纳、支撑各种器官和处于不同位置的器官的骨骼，具有骨骼所具备的各项特征。

这种集合住宅的设计理念也深深地影响到了1908年从维也纳来到巴黎的勒·柯布西耶，在当时，佩雷本人住在富兰克林路25号公寓里，而柯布西耶也正是在这里第一次接触和学习了钢筋混凝土结构的集合住宅，并以此为基础，在1914年柯布西耶正式提出了多米诺住宅体系的构想（图4~图6），这也成为柯布西耶职业生涯中集合住宅实践的最初原型，也成为现代集合住宅建设的范本。因此，对于现代集合住宅而言，建筑师佩雷的最大贡献在于，最先认识到钢筋混凝土的重要价值，并且以创新的方法将两者结合起来，为集合住宅发展打开新局面奠定了基础，同时也将现代集合住宅的发展步伐不断推进和加快。

建筑师高迪一直都以独特的建筑造型闻名于世，同时他在现代集合住宅领域的发展当中也具有独特的贡献，代表作品为米拉公寓（Casa Mila）（图7~图11）。米拉公寓的外形特征是现代集合住宅当中所少有的，屋顶绵延起伏的形态，宛如传说中的巨龙蜷伏于此，瓦片表达出鳞片的特征，高于屋面的烟囱和通风管道则被彻底雕塑化，仿佛巨人矗立在龙的身边。建筑师高迪在集合住宅的设计当中所扮演的角色就像是在讲述和描绘加泰罗尼亚地区勇士降服海中恶龙传说故事的童话家，他以设计师的语言诠释童话故事的始末。建筑呈L形，平面中间采用两个接近圆形和椭圆形的中厅来围绕走廊进行采光和通风处理，另外还和巴黎公寓的处理手法一样，分别在楼梯、卫生间和厨房比较集中的地方设置天井。每一道墙体都按照不可思议的角度摆放，在整个建筑里完全看不到规则的矩形房

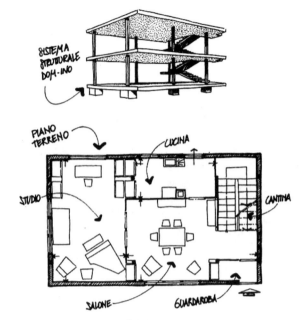

图4 多米诺集合住宅体系

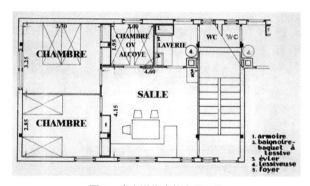

图5 多米诺集合住宅平面图

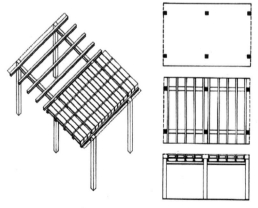

图6 多米诺集合住宅体系建造图解

图 7　米拉公寓照片（1914 年）

图 8　米拉公寓鸟瞰图

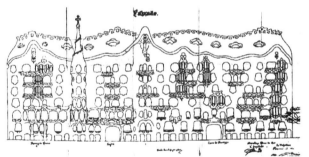

图 9　米拉公寓草图

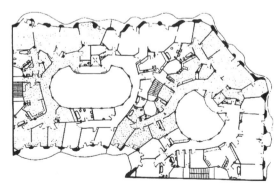

图 10　米拉公寓平面图

图 11　米拉公寓模型

间，都是梯形或者其他不规则的多边形形状，这些形状仿佛就像是被挤压过，破碎而变形。另外，高迪还在建筑的每个标准层中布置了8个不同的住宅单元，虽然都布置了厨房、卫生间、阳台、客厅和卧室等日常生活的基本使用功能，但每个单元却各有不同。在整栋集合住宅的体量当中一共容纳了40户家庭，整栋建筑为六层。米拉公寓作为集合住宅无论是在住宅平面还是住宅的外形，在整个建筑史和住宅史的发展进程当中都是十分罕见的，无疑是建筑师高迪为建筑注入了浪漫主义的色彩，同时在其结构的运用和形式的表达上也仍然是十分理性的。在设计当中，高迪采取了一种十分纤细的铁柱子作为建筑物的主要支撑，将其包裹在厚重敦实的石墙内，两者的结合就好比现代建筑中钢筋混凝土内包裹钢筋一样，建筑物内也随处可见结构和功能的理性表达，以及空间和外观的感性体现，理性和感性碰撞所形成的浪漫色彩定义了米拉公寓的风格。楼梯间布置均匀，与主廊道的联结依靠天井来进行充分的采光，故意扭转的楼梯也并未给使用造成不便，同样为了完成良好的通风采光需求，将厨房、卫生间等功能用房巧妙地集中在一起布置。房间的墙壁看似弯曲变化，但却并非杂乱无章，将内部的功能和室外的景观巧妙完整地结合起来，形成连贯统一的整体。

毫无疑问，米拉公寓是高迪才华横溢的天才式表达，也称得上是那个时代活跃的建筑思潮和其他伟大建筑师们影响的结晶。然而对于集合住宅的发展而言，它更称得上是由于前面两种要素共同作用而产生的一种突变，为集合住宅的发展创造了新的方向，至少是打破了长久以来沉闷和单调的集合住宅形式。然而，在当时的历史条件下，它并不具备继续发展下去的条件，大众化的住宅使用问题仅靠这种代价较大的昂贵艺术品是无法解决的。而柯布西耶所提出的，被众人所熟知的"住宅是居住的机器"，这一思想却恰好成为当时时代背景下最好的选择。直到20世纪后期，在西方一批发达国家对于住宅的态度已经从批量生产转向注重文化、情感、地域性等问题的探讨上时，这才真正将高迪的建筑作品作为集合住宅塑造的极好范例加以借鉴。除了米拉公寓以外，巴特洛公寓（Casa Batllo）（图12）也是高迪为集合住宅独特性塑造做出贡献的作品。

作为"工业城市"这一城市规划理论的缔造者，戛涅在集合住宅发展中也和佩雷一样，有着举足轻重的作用，更为突出的是，戛涅是从城市的角度来解读和规划集合住宅的，并使二者能够从源头建立起联系，这一点建筑师佩雷并未做到。1904年，戛涅在参与古罗马时期城市塔斯库伦的复原重建工作时，做出了一座由钢、玻璃和钢筋混凝土构成的城市规划方案，并在巴黎完成了方案展

图12　巴特洛公寓

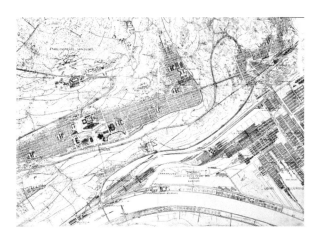

图13　工业城市规划——Cite Industrielle by Tony Garnier

图14　鸟瞰图 La-Cite Industrielle Centre

图15　工业城市设想

出，这是他对于"工业城市"设想的展示（图13~图15）。他认为"工业城市"是一个全新的城市模型和样板，完全以工业生产为目的，并且按照不同的功能进行分区，在他的设想中这是一座社会主义的城市，没有私人地产，也没有警察局和法院，每家都会拥有自己独栋的住房。在方案当中，他将住宅集中布置在一定的区域内形成居住区，居住也都多为一到两层的低层住宅，布置在长150m、宽30m的长条形街坊内，在没有围墙的情况下人群能够自由地在住宅区内穿行，由于住宅部分的建筑占据的面积不超过一半的土地，剩下的部分更像是一个巨大的花园。在这当中又围绕火车站周边设置了一部分多层集合住宅，柯布西耶也曾在《走向新建筑》一书当中对于戛涅所提出的工业城市设想的布局给予了十分高的评价。

1920年，戛涅在为里昂规划名为Etatas Unis住宅小区时（图16、图17），采取多层集合住宅的方式，在居住区整体规划上沿用了"工业城市"方案当中的长方形街区，四层的一梯四户集合住宅和三层的一梯两户集合住宅并列布置，并分别面向主要和次要街道，建筑物之间也采取了绿化作为间隔，每一栋住宅都设置有出入口通向街道，数十栋住宅沿着街道形成整列式的布局。戛涅在设计当中也巧妙地运用两跑楼梯的休息平台作为入户的走廊以便节省面积，同时两组之间的前后距离即为楼梯的长度，楼梯事实上位于几何中心的位置，这样布局的好处在于每户住宅单元都有三面外墙，所有房间都有直接面对外侧的采光和通风，戛涅对于这一点是十分重视的，这种从平面上看类似于哑铃一般的集合住宅在戛涅的集合住宅规划理念中经常出现。

图16　里昂 Etatas Unis 住宅小区鸟瞰图

图17　里昂 Etatas Unis 街景

夏涅所设计的居住单元，在房间布局上实现了以起居室为核心，将卧室和厨房、厕所分别布置在两侧，同时起居室设有阳台的设计格局。两卧室面积约为 45m$^2$，三卧室约为 60m$^2$，小区的规划以三层和四层为主，主要目的是保证室内空间的紧凑性。相对而言，住宅的外观则是极其朴素，没有任何的装饰，平屋顶挑檐的水平线条和楼梯间的垂直线条形成强烈的反差和对比，突出了两部分功能的差异性，同样也反映出了集合住宅内部的差异性，大小不同的窗洞用于区分厨房、卫生间以及卧室位置的不同，这是早期集合住宅立面开窗设计的手法。夏涅在集合住宅的设计中所表现出的是对于功能的重视，甚至超过了他设计的其他类型建筑。

不同于柯布西耶等人不遗余力地宣传，低调的夏涅将毕生的精力都花费在了里昂的居住区集合住宅设计当中，他的价值被低估完全是由于他置身事外的态度。然而在集合住宅领域，夏涅的设计思想具有普遍性，若是将里昂 Etatas Unis 住宅小区的规划和住宅设计纹丝不动地搬到其他国家，即使是在三四十年之后，不加说明的话是很难被辨别出来的。很显然，这样的普遍性是源于一种对于理性的追求，而夏涅则是站在时代的高度，提出集合住宅设计应当遵循基本原则，并在实践中加以运用并树立城市与集合住宅相互协调的典范的那个人。

三位杰出的建筑师对于现代集合住宅发展的探索和推动，不仅仅反映出建筑师对待集合住宅态度上的转变，也从侧面反映了建筑师在现代集合住宅发展中举足轻重的作用，因为建筑师们能够敏锐地感受到时代的变化，创造性地在集合住宅中加以体现，为集合住宅未来的发展奠定了基础并且指引了方向。

## 4.3 现代集合住宅的传播

### 4.3.1 集合住宅的形式

集合住宅的影响力逐渐铺开，普及过后的发展也就在所难免。随着工业革命的持续发展，现代集合住宅不仅传播到了欧洲大陆，也传播到了美国，并对美国的城市和住宅发展产生了深远的影响。值得关注的是，集合住宅在美国的发展形成了新的特点并走出了有别于欧洲的发展道路。伴随着欧洲移民逐渐遍布整个北美地区，新大陆的文化自然也受到了来自欧洲文化的影响，人口的增长使得美国在当时成为世界上人口最多的国家之一，同样工业革命的传播和飞速发展也使得美国成为世界上最为发达的工业强国。在这样的背景之下，随着城市化进程的加速，现代集合住宅最开始在美国的大城市和一些工业城镇出现。和欧洲诸多城市一样，住宅问题的困扰也始于居住条件的恶劣和住宅数量供给的不足，不仅人口密度过高，同样也存在市政设施缺乏，供水供电以及垃圾收集等设施缺少，污水横流和垃圾成堆等糟糕现象。这也是著名的《太阳报》记者雅各布斯为什么会深入纽约住宅区走访并成书《另一半的生活》（*How the other half lives*）从而引起社会反响的原因。为了解决住宅和城市问题，美国政府采取了一系列改善住宅状况的举措，其中就不乏各种推动集合住宅演变和发展的类型，包含了应对贫民区住宅建设而倡导的"哑铃式"集合住宅；借鉴英国集合住宅形式基础上与纽约方格网城市结构相结合形成的"路轨式"集合住宅；适用于狭长地块上并加以改进的"背靠背式"集合住宅；在"哑铃式"集合住宅基础上加以改进并顺应公共交通广泛使用的"公园式"集合住宅；满足中产阶级及更富裕阶层需求而产生的高标准"公寓式"集合住宅；为吸引从欧洲和世界各地来到美国的大批艺术家或艺术精英人群，满足他们特殊工作性质和生活需求的"工作式"集合住宅；专门针对短暂居住的特殊人群需求而提倡的"旅馆式"集合住宅；以及随着需求飞速增大，机械技术的日益成熟和结构条件的突破所诞生的"高层式"集合住宅。这些不同类型和不同形式的集合住宅在受到欧洲影响的同时，也体现出了美国本土集合住宅的演变特征，体现出现代集合住宅的不断普及与持续发展。

"哑铃式"集合住宅（图 18~图 20）的出现实

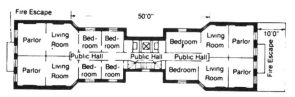

图 18 "哑铃式"集合住宅平面图

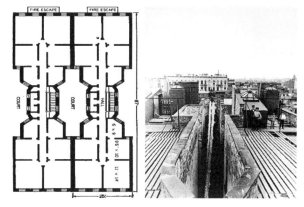

图 19 "哑铃式"集合住宅拼接形式

图 20 "哑铃式"集合住宅鸟瞰绘图

际上是集合住宅在美国发展摆脱英国影响的标志，它不再是英国连立式集合住宅当中所体现出来的乡村特色，而是更加适应了城市的环境，集合住宅中间凹陷所形成的通风井不仅仅只是构造措施，更是一种人为控制资源的思维方式。通风井的尺寸比较小，最开始只能起到通风和采光的作用，随着采光井在进深方向尺寸的加大，目的是使原来中间较暗的卧室也可以开窗通风，以减少一定使用面积的方式来获取更加显著的使用效果。这样的集合住宅设计在平面上看上去两头大，中间小，更像是哑铃。通常情况下会由四个这样的集合住宅单元进行并列，形成空间上的立体方块，相交处形成并行的通风井，满足各户都具有充足的通风采光。由于哑铃式集合住宅同样也存在引入电梯的可能性，因此在19世纪末该类型集合住宅十分受欢迎因而被大量建造。但由于对住宅的更高卫生要求，在1901年出台的《纽约出租住宅法案》禁止了该种集合住宅的建造，从而使其退出了历史的舞台。

　　与之不相同，"路轨式"集合住宅（图21、图22）则是取英国集合住宅的形式和纽约城市网格的布局并将两者结合的产物。其主要特征就是在开间7.62m和进深30.48m的基地上规划住宅和后院的比值关系，建筑的开间和进深关系约为1:2，住宅占据整个进深的一半左右，7.62m面宽为英制长度25英尺，也就是说当四块同样大小的基地进行并置排列时，正好形成总面积为100英尺见方的总基地大小，这样的布局是精心设计的结果，目的是迎合方格网形的城市构架，也有助于土地的测量和划分。集合住宅的内部设计也体现出简洁规整的设计意图，其开间被分为三部分，一部分用于容纳楼梯间，而另外两部分则用于起居室或者两间

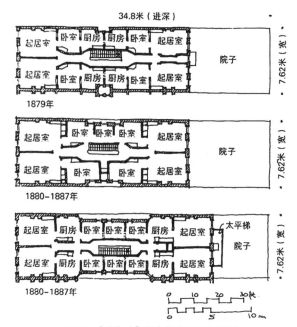

图21 "路轨式"集合住宅平面布置图

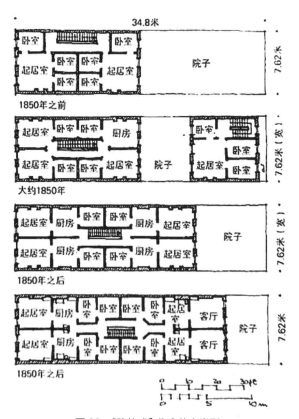

图22 "路轨式"集合住宅类型

卧室，而进深部分的 50 英尺被从中间分开，构成了两户 25 英尺均分单元的格局，每户在使用上包含了三间卧室和一间较大的起居室，楼层的总高度一般为 5 层。这种类型的集合住宅所体现出来的特点就是可以根据人口增长和需求变化进行灵活调整，并可以针对住宅紧缺的状况加以改进。比如将楼梯从最初的一侧移至中间，将原本进深方向的分户转变成了开间方向的分户并设置了厨房，形成了以起居室串联卧室和厨房的串联式布局，原本占据基地一半面积的后院加建一个 25 英尺的居住单元，让后院变成天井。因此，同样的基地内使得建筑面积增大一倍，相对的可居住户数也得到增加且住宅的功能更加合理。之所以称之为"路轨式"集合住宅，正是因为其开间相对固定而纵向的进深则可根据需求像铁轨一样延伸，使得横向的墙面延伸像枕木一样平行排列，进深可以从原来的四间增加到六间，甚至可以增加到八间。尽管该类型集合住宅在居住中存在不足，但其在设计上也具备可被借鉴的价值：其一是垂直交通作为核心位置的布局以提高套内的实际住宅使用面积比例，以核心交通供应居住单元，更加经济；其二是进深加大有利于提高土地本身的利用效率，有利于增加建筑面积和居住单元的数量，这无疑是对高层集合住宅的设计建造具有启示作用，被人们所熟知的湖滨公寓的平面布局与此有相通之处。

"背靠背"式集合住宅虽然是从英国传入，适用于较为狭长的地块，美国在这方面为了提高面积的使用效率对其做出了一些改进。比如设置专门的楼梯间，增加每层楼梯间数量，将原本垂直分布的住宅单元改为水平分布，提高建筑层数等。但由于"背靠背"住宅本身所带来的建筑密度过度拥挤，

居住环境肮脏以及通风不畅的缺陷，这种集合住宅的类型成为"哑铃式"集合住宅的前期形态。

"公园式"集合住宅（图 23）是在公共交通变得更加便捷，上下班通勤时间逐渐减少，一部分人选择搬迁到郊外去居住从而降低对城市中心住宅需求的前提下逐渐产生的。占据城市人口中相当大一部分比例的通勤者选择居住在郊区并在市中心工作和购物的生活方式。基于建设用地多半位于市中心和郊区之间位置，如此一来就带来了土地相对宽松，密度大幅度降低的变化。"公园式"集合住宅一般情况下为两开间的进深，确保各个住宅单元的主要房间分为两排并且都能够直接对外采光和通风，同时卫生间也在内侧突出并具有良好的通

图 23 "公园式"集合住宅

风。每层以六个住宅单元为一组，在沿街道的一侧设置垂直交通，采取外廊的形式串联各户并设置了电梯。区别于其他几种类型的集合住宅，"公园式"集合住宅沿基地外沿由 7~8 个单元围合成型，中间留有供集合住宅内部使用的绿地，故而得名"公园式"集合住宅。虽然在造型上体现出了通透型集合住宅的特点，让卫生间等服务型用房能够沿纵深方向排列，确保了每个居住单元都能够拥有独立的卫生间，同时节省了面宽更加有利于房间的采光，但是每层由于水平交通曲折且狭长，平面布局的合理性有待考量。但不可否认的是，"公园式"集合住宅的出现是对于更好居住方式的追求，也对后续各类型集合住宅的发展提供了参考。

"公寓式"集合住宅（图 24）在美国的发展之初是模仿巴黎公寓式住宅的样式，后续也在此基础上加以改良，提供了集中供应热水和暖气，有些也能提供冷气，在地下室布置了锅炉和制冷机并且有专人进行看管维护；除此以外，厨房也开始使用煤气，住宅内部使用电力进行照明，甚至有些公寓还提供蒸汽熨烫和洗衣干衣的公共用房。可以说，伴随着工业革命的技术进步以及来自欧洲国家的影响，美国的"公寓式"集合住宅在设施上比巴黎公寓更加全面和先进。美国较早的"公寓式"集合住宅是斯图维森大厦（The Stuyvesant Building），建于 1869 年，位于纽约，这是设计师在接受巴黎的建筑教育之后来到美国实践的作品，有点法国式集合住宅公寓的味道，这种适用于中低收入阶层的集合居住的方式也逐渐受到追捧。斯图维森大厦虽然有延续巴黎公寓的设计理念，但同时也有诸多不同之处，在平面布局上采用的是 T 字形，以两个住宅单元相互镜像的方式对称布局，将两部楼梯置

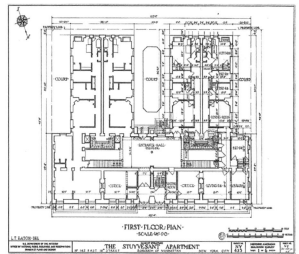

图 24 "公寓式"集合住宅——The Stuyvesant Building
（1869 年）

于中间位置，较宽敞的楼梯给主人使用，稍窄的楼梯则是给佣人使用，且分别对应不同的入户口。住宅单元依然采用进深方向相互串联的方式，将主卧室和起居室靠近外侧，向内部依次是次卧室、餐厅、佣人房、厨房和卫生间，其进深远远大于巴黎公寓，但房间各处的空间尺度却略小于巴黎公寓，明显没有巴黎公寓那么奢华，更像是出租公寓的升级版。不仅仅是中低层人群，美国富裕阶层也逐

渐接受了这种集住居住类型。美国在1870年前后建造了一大批"公寓式"集合住宅，仅在1875年"公寓式"集合住宅的建设量就达到了112栋，并在随后的十多年，纽约市建造了上千栋这样的住宅。统计数据表明，从1902年到1910年间，仅在纽约曼哈顿就新增"公寓式"集合住宅4425栋，这样的数量足以反映出"公寓式"集合住宅对于纽约城市面貌的改变，对于城市居民生活方式的改变，也预示着美国的集合住宅的建设量在当时达到了高潮。

"工作室式"集合住宅（图25）是在美国经济地位越来越举足轻重，纽约也逐渐发展成为全球文化艺术中心的大时代背景下产生的。大批从世界各地接踵而来的现代艺术家们需要在此扎根工作和生

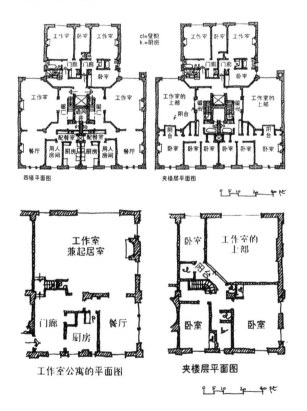

图25 "工作室式"集合住宅平面

活，特别是画家群体，需要自由方便地安排自己的工作时间，自然比较倾向于能在工作空间中安置居住功能，又或者说是在住宅当中安插有能够创作的空间。一般情况下，"工作室式"集合住宅是在普通的集合住宅基础之上适当调整了功能布局，取消或者削弱了起居室的功能，增设面积较大的工作室，然而单层的住宅层高是很难满足工作空间需求的，住宅的单元从而转化为两层的复式结构，扩大了工作空间的高度。"工作室式"集合住宅显然是集合住宅发展到一定时期随着部分人群的生活需求发生变化而被创造出来的子类型，也为集合住宅类型的延展提供了更多可能性。

"旅馆式"集合住宅（图26、图27）毫无疑问就是旅馆和集合住宅相互结合的产物。首先，由于19世纪的工业革命和市场拓展导致了大量的人员流动，促进了美国旅馆行业的发展，且已经遍及美国的各大中小城市，在完善管理和高档设施的前提下，早已摆脱了传统旅馆低档的形象。因此，有相当一部分人会选择把旅馆当作其长期固定的居住场所，由于在这能够享受到从餐饮到洗衣的全方位服务，从而使居住者们可以从繁琐的家务劳动中摆脱出来。其次，为了节省城乡之间上下班往返的时间，虽然很多人在城市郊区或者是乡村已经有了独立式住宅，但他们更愿意在城市当中将"旅馆式"集合住宅作为第二住宅来居住，这样一来，工作时间能够住在"旅馆式"集合住宅，而周末或者假期则回到独立式住宅。这种能够为某些人群提供服务，且比较舒适轻松的居住模式在当时的纽约得到了大量推广，大约建造了150栋"旅馆式"集合住宅，容纳人次为1.5万户家庭。区别于一般类型的集合住宅，"旅馆式"集合住宅不设置或很少设

图 26 "旅馆式"集合住宅

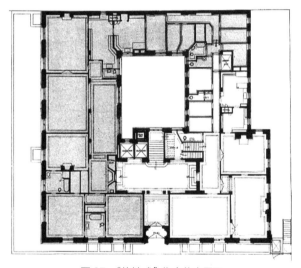

图 27 "旅馆式"集合住宅平面

置厨房,因为日常的餐饮都由旅馆提供,住宅室内也只是设置简单的餐厅;同样也不设置洗衣间等服务型用房,衣物清洗都由旅馆代为清洁;居住者和服务管理者分别通过不同的交通流线出入,确保相互分离和互不干扰。然而,这样的理想型集合住宅在当时也受到了部分人的批判和指责,认为这是一种堕落的,与传统家庭观念相背叛和不负责任的生活方式。如果说早期的集合住宅是为了满足大量人群的需求而建造的,到了20世纪以后,伴随着工业革命的深入使得城市功能更加复杂,不同人群的生活模式和需求逐渐显现出差异化,从而使得集合住宅的多样性和特殊性被逐渐重视,"旅馆式"集合住宅的诞生就是集合住宅面临严峻考验时,为适应社会需求所诞生的种类。

"高层式"集合住宅(图28)的诞生预示着不再主要拘泥于人的功能要求,也并不再以人的身体尺度来衡量,而是以钢铁和电梯技术发展的极限来构成衡量尺度的新标准,也意味着一个时代的结束和另一个时代的开始。"高层式"集合住宅的发展主要依赖于:需求的压力,机械技术的不断成熟,结构技术的日益突破。在此,以芝加哥为代表的美国中西部经济不断攀升以至于成为美国的第二大城市,世界的第五大城市,电梯技术的发达和钢框架结构的发展使得集合住宅的容量变得更大,平面布置变得更加灵活,垂直空间的延伸空间变得更加充分。因此,"高层式"集合住宅不仅仅只是集合住宅发展历史上的突破,更是建筑发展历史上的突破。

集合住宅在美国的发展相比欧洲更有自身独特之处。从发展的过程来看,显然都是工业革命带来经济增长、人口增加和城市化等要素综合作用下的产物；从类型演变上来看，虽然来源于欧洲，但集合住宅在美国的特色化转型，迎合不同人群的生活需求，同时突出技术对集合住宅建设的影响，重点体现出不同类型集合住宅的多样性等特点，为后续集合住宅的发展提供了诸多的参考。集合住宅在美国的发展，给予后续无数知名建筑师的集合住宅设计以启示。

现代集合住宅在美国的普及和发展所获得的成就和突破是毋庸置疑的，然而由于每个国家的历史条件、社会背景、经济程度、文化特征以及政治问题等诸多因素不尽相同，集合住宅的普及与发展也会有很大的差异，所体现出来的丰富性也各有千秋。许多国家在集合住宅的普及与发展进程中都体现了自身国度的特征，同时也涌现出一批优秀的建筑师和设计作品，比较具有代表性的就是德国、法国、英国、意大利、奥地利、荷兰和美国。

## 4.3.2 德国

如果说 19 世纪推动现代集合住宅发展的中心国家是英国的话，那么 20 世纪上半叶的中心就是德国。在此时期德国涌现出了一大批如贝伦斯、格罗皮乌斯、密斯在内的建筑大师，他们在建筑实践和理论研究上的活跃极大影响着现代集合住宅乃至现代主义建筑的发展方向。德国为了缓解工业革命期间住宅短缺的问题，从国家层面进行了干预并在国家宪法当中明确地提出了为国民提供住房保障并陆续出台一系列的法律措施来辅助执行，也正是在这样的社会背景下，发展集合住宅被认为是解决住房问题的最优方案，因此设计师们也都积极地投入到对集合住宅的研究和实践中去。德国建筑师恩斯特·梅从 1925 年至 1930 年间先后在法兰克福设

计建造了普劳恩赫姆（Praunheim District）、勒默施达特（Romerstadt District）、布鲁赫费尔德（Bruchfeld District）（图 29~ 图 31）等数个大型居住社区，规模超过了 1.5 万户，已经占据了法兰克福同期住宅建设数量的九成。恩斯特·梅一方面尝试着把住宅和工作尝试两者结合在一起，另一方面也在不断尝试工业化的建造方法。其采取的措施是在设计上通过灵活的家具对空间加以优化，从而将住宅单元的面积降至最小；在材料上广泛使用工厂预制件，按照流水线生产进行组织，并将建设过程中所有的材料和构建的型号以及尺寸等都实行标准化，以便于降低造价和提高建设效率，这种体系

图 28　早期"高层式"集合住宅

后续也称之为"梅系统"。这些集合住宅社区所表达出来的特征有：①规模宏大，具备完整的规划，从城市的高度来定义居住区且每个居住区都可以容纳数百上千的家庭居住，城市的居住分区清晰，配套设施也十分完善；②建筑形式一直贯彻现代主义建筑美学原则，去掉了附加装饰，降低造价并通过建筑造型的处理和材料质感的对比来表现效果；③建筑群体的空间组织并非采取纯粹的行列式布局，而是在简化建筑单体的同时通过与地形、绿化、道路的配合创造丰富多变的室外环境空间。除此之外，恩斯特·梅在法兰克福的实践中还推广了名为"法兰克福式厨房"（Frankfurter Kitchen）厨房体系（图32），该体系比较小，首度在集合住宅当中普遍设置了上、下水管道和燃气炉灶，运用

图 29　法兰克福——普劳恩赫姆（Praunheim District）

图 30　法兰克福——勒默施达特（Romerstadt District）

图 31　法兰克福——布鲁赫费尔德（Bruchfeld District）

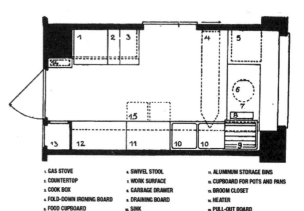

图 32　法兰克福式厨房（Frankfurter Kitchen）

集·住

集合住宅与居住模式

嵌入式的橱柜取代传统单件式家具，设计出各种新型厨房专用设备，从而降低家务劳动时间和强度，也改变了原有的厨房与起居室合用的传统。除了恩斯特·梅以外，建筑师哈斯勒设计的乔治花园（Georgs garten）住宅区（图33）尽管在规划当中采取了单元式的布局，但增加了建筑单体的长度，且完全依据住宅平面上房间的功能和位置来进行门窗洞口的设置，在楼梯间做出一些强调且用竖向的长条玻璃窗与偏长的房间来形成强烈对比，某种程度上以突出传统建筑常有的和谐美。建筑师希尔伯施默更加追求几何形的行列式建筑布置，崇尚极简风格，整个社区街坊被两层高的建筑铺满且汽车能够直接开到内部，以极其机械化和理性的方式将板式集合住宅塑造到了极致（图34）。因为在他看来，城市也是一个机器，是资本主义支配统治下进行运转并以紧张的生活节奏来压迫居住者且丧失人与人之间亲密感的居住机器。在德国集合住宅百花齐放的年代，建筑师勒克哈特兄弟设计的"点"式集合住宅（图35），以风车形的平面布局，每层由四个完全相同的单元组合而成，以楼梯间为核心环绕布置，形成大面积实墙和点窗之间的对比，把平面功能布局和建筑造型结合起来并创造出了更加灵活新颖的效果。建筑师夏隆则超越了所谓"国际式"教条束缚，以表达建筑活力为主要宗旨，遵循"有机建筑"的理念，强调真实性的追求和对建筑本质的表达。其设计思想主要体现在恺撒坦住宅区（1928）（图36）和西门子住宅区（1929）（图37），以及罗密欧与朱丽叶公寓的作品当中。其中罗密欧和朱丽叶公寓（图38~图40）的建筑形态更是把这样一种建筑理念表达得淋漓尽致，同时将建筑内部的活力充分表现出来，其特质可以与高

图33 乔治花园（Georgs garten）

图34 希尔伯施默设计的行列式集合住宅布局

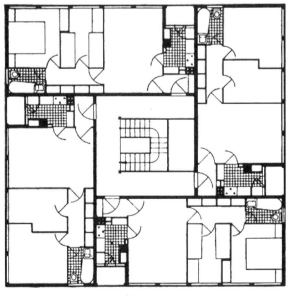

图35 点式集合住宅

图 36　恺撒坦住宅区（1928）

图 37　西门子住宅区（1929）

图 38　罗密欧和朱丽叶公寓

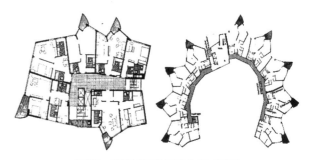

图 39　罗密欧和朱丽叶公寓平面图

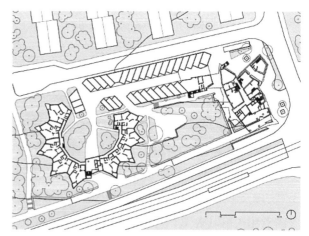

图 40　罗密欧和朱丽叶公寓总平面

集·住

集合住宅与居住模式

图 41　胡夫爱森住宅区集合住宅

迪的米拉公寓相比。与之设计风格相近的建筑师 B. 陶特和瓦格纳设计的胡夫爱森住宅区也是极具代表性的作品（图 41）。

### 4.3.3 法国

　　法国和德国一样，也是在现代建筑运动当中现代派建筑师最为活跃的国家。1894 年法国通过在金融方面对住宅建设提出保障措施的齐格菲法案（Gesetz Sigfried），1912 年巴黎市政府颁布了兴建包括集合住宅在内的公共住宅法案，并在后续成立了住宅市场局用于推行该法案的实施，只是真正实质性的建设活动是在第一次世界大战结束后的 1920 年才得以实施。法国除了戛涅、佩雷以及柯布西耶等建筑大师以外，还有很多知名建筑师对现代集合住宅的发展做出了不可磨灭的贡献。出于对工人居住问题的关注，亨利·索瓦热从 1903 年开始探索的退台式集合住宅在设计和建造过程取得了很大进展。1912 年他和查尔斯·萨利赞合作设计的新艺术派风格作品瓦文路退台式集合住宅（图 42）就是具有代表性的案例。瓦文路住宅为了解决影响近邻采光不足和由于街道两侧建筑墙壁面壁

而立显得街道空间过于压抑的问题，采取了退台的形式。从二层开始逐层后退，其下层退后的屋顶被设计成阳台，采光也得到了很大程度的改善。除此之外，1922 年设计的阿米洛路公寓（图 43、图 44）也是亨利·索瓦热对退台式集合住宅的又一次探索，这栋高八层的集合住宅同时在三个方向实现了退台，并且底层的大空间被用作了游泳池，每层后退一米再加上阳台外挑出一米从而形成了宽度达两米的室外活动空间。巨型建筑体量结合退台式集合住宅形成阶梯式的巨型建筑群也是亨利·索瓦热

图 42　瓦文路退台式集合住宅

图 43　阿米洛路公寓

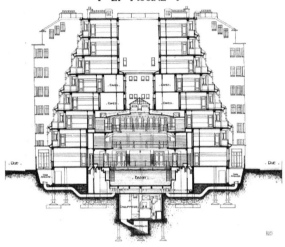

图 44　阿米洛路公寓剖面图

图 45　索瓦热阶梯巨型城市综合体设想

图 46　六甲集合住宅——安藤忠雄

图 47　德朗西居住区鸟瞰图（1933 年）

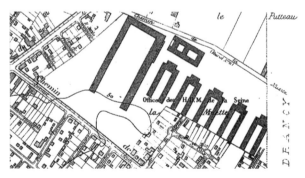

图 48　德朗西居住区总平面

对于城市住宅区综合方案的设想（图 45），这是建筑造型突破传统"盒子"形象的尝试，给后来的建筑师带来了很大的启发，其中最为出名的就是日本建筑大师安藤忠雄主持设计的六甲集合住宅（图46），同样也是采取退台的方式对集合住宅进行塑造。退台式集合住宅样式最终没能成为集合住宅设计的主流形式也跟其结构过于复杂、功能使用、经济性和灵活性还有待提高有关系。法国在 20 世纪30 年代大规模建设集合住宅，由博多恩和洛兹在离巴黎不远的德朗西所设计的"居住城"（图 47）就是为了解决大众的住宅问题而打造的卫星城。该项目由 5 栋 16 层高的集合住宅和 10 栋 4 层高的集合住宅，以及一栋长达百米边长的 U 形多层集合住宅和一些小体量 U 形集合住宅组成（图 48），总共可以容纳 1800 户居民。建筑师将人口集中布置在集合住宅当中，从而匀出更多的地面用于绿化。德朗西居住城从规划层面到建筑设计层面都充分体现了现代主义建筑的理念。在规划上，它把点式高层集合住宅和板式多层集合住宅乃至院落式集合住宅以成组的形式并且围绕大片中心绿地组织在一起，同时道路网以层次分明和几何的方式构成在一起。在建筑设计上采取不同类型集合住宅的特点与建筑造型相互统一，高大垂直的体量和舒展水平体量在空间构成上得到平衡，采取了十分成熟且简洁有力的设计手法，既经济且富有表现力。在结构上采用钢结构，非承重墙和屋顶则采取钢筋混凝土预制，其他构件也都采用混凝土预制件，十分经济且维修方便。德朗西居住城也成为当时法国集合住宅领域的代表作品，然而在"二战"法国被占领期间，该住宅区成了纳粹集中营，最终在 1976 年被拆。同样，从 20 世纪 20 年代末开始规划直至 60 年代的布特洛芝住宅区（图 49）也是法国杰出集合住宅的代表作。"二战"结束之后，为解决因战争导致住宅的严重损失以及战后住宅短缺等问题，法国政府也成立了专门机构督促住宅建设并大力发展集合住宅建设，柯布西耶在战前所提倡的"居住单元"设想也是在战后这种历史背景下得以实现的，其代表作品就是马赛公寓。跟随柯布西耶参与过马赛公寓设计建造的伍兹和肯蒂利斯以及约塞克共同设计建造的伯比格尼低造价集合住宅项目（图50）也是战后集合住宅重建时期的代表。伯比格尼集合住宅项目是法国政府资助建造的巴黎周边11 个低造价住宅区之一，可以容纳 722 户住宅单元。受到柯布西耶早期巴黎规划方案的影响，在规划上由 4 栋长条折线形住宅综合体组合而成，且每一栋都包含了上百个单元，通过直角间的相互弯折单独或者相互围合成院落空间。既有外廊式的多层住宅，也有集中式的两户或三户围绕楼梯布置的

图 49　20 世纪 20~60 年代布特洛芝住宅区

图 50　伯比格尼住宅区

多层住宅。设计一改以往板式住宅的僵硬感，以凹凸变化的手法获得空间的丰富和活泼，从而利用院落空间设置停车和儿童活动场所，并在高层住宅的底层部分设置商业和服务设施。突破以往洞口式的开窗，取而代之的是填满墙板之间间隙的开窗方式，以获得截然不同的立面效果。这些受居民欢迎的集住模式也为后续集合住宅的发展做出很好的示范。

### 4.3.4 英国

　　1933 年由建筑师科茨设计的劳恩路公寓（图51、图52）是英国较早期的现代集合住宅代表作品。该设计方案在伦敦展出，建成之后也在英国国内引起了很大反响。劳恩路公寓为四层楼高的 L 形建筑，主要交通组织的楼梯位于建筑转角处，采用了外廊式布局，采用框架结构体系确保室内平面的自由布置，每层可以容纳 8~10 户。建筑外墙面采取粉刷从而取代了以往传统的英国砖，造型比较简洁且没有多余的装饰纹样，以水平的外廊与垂直线条的楼梯间和玻璃幕墙之间的强烈对比来体现现代主义建筑的造型特征。劳恩路公寓也成为 30 年代后期至今的经典集合住宅作品。这栋建筑曾经接待过许多欧洲重要的现代派建筑大师，被视为英国现代集合住宅的重要作品之一。同样的设计手法也体现在科茨的另一个集合住宅设计作品恩巴西大院（图53、图54）当中，依旧采用外廊处理，朝向外街道的一侧有意识地运用连续带形长窗横贯整个立面，与窗下部分的墙形成虚实交错的节奏变化。建筑在转角处做了倒圆角的处理，凹凸交替的阳台玻璃窗作为介于墙体之间的中间层次再加上顶层的连续退台处理，使得建筑的整个外立面显得格外精致。对处于海边的高档公寓而言，恩巴西大院的住宅单元面积较大，在景观好的一侧布置卧室和起居室，而在内侧布置其他辅助用房。除此之外，科茨设计的帕拉斯盖特公寓（图55、图56），成功地运用错层手法，利用卧室和起居室对于层高要求的不同，在两层起居室高度内布置了三层卧室和辅助用房，且每隔三层设置一条公共走廊。同一时期，建筑师卢贝特金设计的伦敦海波因特公寓（图57、

图51　劳恩路公寓

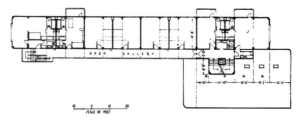

图52　劳恩路公寓平面图

图53　恩巴西大院

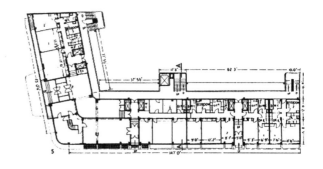

图54　恩巴西大院平面图

图55　帕拉斯盖特公寓

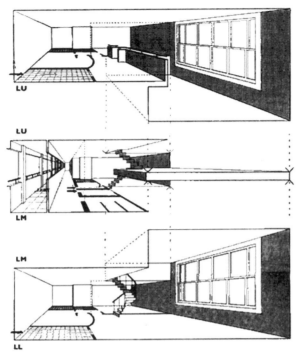

图 56　帕拉斯盖特公寓错层示意图

图 57　海波因特公寓

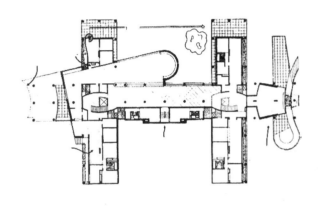

图 58　海波因特公寓平面

图 58）也是当时英国集合住宅的代表，该建筑是面向富裕阶层设计的高档公寓，由两座 9 层高的十字形单元并列组成，十字形展开的四翼分别是四户住宅单元，将楼梯和电梯都放置在核心位置以确保每户充足的采光和通风。相比"点"式集合住宅，这样的布局显得更加舒展且舒适，设计师采取动静和私密分区的方式，室内活动的流线也精心优化，同样也强调了每层水平线条和山墙处大面积实墙垂直线条的对边关系。无论是科茨还是卢贝特金，他们都是在受到来自欧洲大陆现代派建筑理论的直接影响下进行设计实践的。毫无疑问，英国从 20 世纪之初具有先进住宅经验的领先者——由于相对保守的传统和稳健的社会发展步伐——与第一次世界大战后欧洲大陆在各个方面的巨变相比放慢了节拍，从而转变为了后续的接受者。在"二战"前

集合住宅建设过程中，还出现了由富勒、豪尔和福尔沙姆设计的伦敦伊贝克斯公寓（图 59）和吉伯德设计的普尔曼大院（图 60）等一批集合住宅作品。在"二战"后积极重建的过程中，英国政府前后规划了数十个新城并批量建设住宅，其中绝大多数都采用集合住宅。伦敦金巷住宅区（图 61）的设计建造，标志着柯布西耶的城市规划理念也已经开始影响英国集合住宅的设计与建造。该项目采取

图 59　伊贝克斯公寓

图 60　普尔曼大院

的是多层和高层集合住宅相互结合的形式来表达，其中高层集合住宅的外墙采用了当时最为先进的金属和玻璃幕墙来塑造，在住宅单元的设计上高层采取的是一梯四户的形式，按照南北侧布置，而多层则采取的是复式的形式，每两层设置外走廊，且住宅单元的内部也设置楼梯。金巷住宅区反映出"二战"后初期现代主义集合住宅的主流，既满足了住宅大批量建设的实际需求，也对解决住宅短缺的问题收到了明显的成效。

图 61　金巷住宅区

图 62　平里柯丘吉尔花园住宅区　　图 63　圣雅各广场 26 号

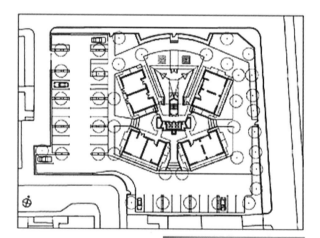

同一时期的先进集合住宅案例还包括了伯威尔设计的伦敦平里柯的丘吉尔花园住宅区（图62），这也是按照现代主义建筑理念规划设计的大规模集合住宅群案例。着重表达对高层集合住宅的垂直交通核心重视的建筑师拉斯邓设计了伦敦圣雅各广场 26 号公寓（图 63）和贝斯纳尔格林公寓（图 64）。马丁和贝内特设计的罗汉普顿住宅小区（图 65）。沃默斯利在谢菲尔德设计的公园山－海德公园住宅区（图 66）。史密斯夫妇设计的罗宾胡德居住区（图 67）：其特点是两栋超过百米长度的折线形高层集合住宅围合出大面积绿化并在建筑内设置了空中街巷，而从建筑外观上看更像是一座监狱。这些具有时代特征的先进集合住宅案例都反映出 20 世纪四五十年代集合住宅的发展水平和类型特点。在英国政府的大力支持和财政补贴之下，大规模的集合住宅建设潮一直持续到了 60 年代末、70 年代初期。由此可以看出，从 18 世纪 70 年代开始的工业革命，一直到 20 世纪 70 年代这漫长的两百年内，住宅短缺和不足的根本问题才最终得以解决。之后的集合住宅发展将集中体现在"质"而非"量"上，这样的转变也使得集合住宅的进化从此呈现出更多不同的新方向。

图 64　贝斯纳尔格林公寓

图 65　罗汉普顿住宅小区

图 66　海德公园住宅区

图 67　罗宾胡德住宅区

### 4.3.5　意大利

　　20 世纪初期，意大利在未来派建筑潮流的影响下对集合住宅的建设做出诸多理想设计规划，然而并没有实际建成的作品，其中最为直接反映出未来派建筑思潮的绘制方案来源于建筑师圣泰利亚，他在早期对集合住宅的设计做出过构想（图 68）。其特征是高层退台式集合住宅，观光电梯通过跨度不断增大的天桥与主体建筑联系在一起，建筑物尺度十分巨大，同样也充满纪念碑式的仪式感和体积感，这与戛涅绘制的工业城市的场景如出一辙。未来派创始人马里内蒂认为住宅应该是宽敞、通风良好的公寓，并且拥有能够每天快速洗澡的卫生间，住宅应该更像是一个巨大的机器，电梯不应该像一条孤独的虫子一样躲在梯井里，而应该裸露在建筑外侧，楼梯是没有用处的存在。这些对集合住宅的理解反映出建筑师们已经精准地意识到工业革命所带来的社会和城市的变化以及集合住宅与他们的密切关系，这比柯布西耶在《走向新建筑》当中提及对未来建筑的看法要早得多。与未来派同一时期的意大利集合住宅同样也受到了来自西欧等国家的其他艺术思潮的影响，其中也包括了分离派和新艺术运动。其具有代表性的就是米兰自由风格例子

图 68　圣泰利亚构想的未来派集合住宅

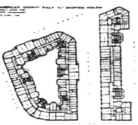

图 69　卡伯洛塔集合住宅

图 70　科莫公寓

图 71　默卡丹特公寓

的卡伯洛塔集合住宅（图 69）。该住宅位于米兰市区内，由两栋住宅组成，一栋为接近三角形的建筑沿着基地周边围合布置，另一栋则为八层高的长条形建筑。住宅的基本格局主要以卧室和起居室沿着街道外侧布置，楼梯间和其他辅助用房则布置在内侧，居中走廊成为住宅单元内的主要交通空间，这几点与传统城市公寓的布局方式相似。这种类型的集合住宅在意大利工业革命高潮时期被大量建造，而后续则逐渐被现代主义建筑所取代。以特拉尼为代表的意大利早期理性主义七人小组创作了许多集合住宅作品，其中最为著名的是特拉尼设计的科莫公寓（图 70）。其特点也是将立方体和圆柱体相结合，尤其是在转角部位的处理，有别于传统造型的加强处理，采取的是切除掉实体暴露玻璃圆柱体部位，以凹陷部分和顶层突出的直角来加强建筑体积感的方式来重新定义造型。立面的处理则采取水平方向延展的阳台和垂直方向上重复的窗户进行对比，形成和谐之感，从而体现出现代主义的建筑语言和传统建筑语言之间的差异性。除此之外，波托尼作为意大利现代派建筑大师的代表，在 1934 年设计建造的默卡丹特公寓（图 71）也是典型的现代建筑运动时期的作品。默卡丹特是一栋 6 层集合住宅，由两个一梯两户的住宅单元组合而成，单元的入口设置在底层沿街的一侧，两个楼梯则设置在住宅的内侧，有四间卧室的大面积户型和两间卧室的小面积户型，住宅内都设置了独立卫生间和厨房餐厅，这样的集合住宅配置和同时期的法国、德国现代主义集合住宅也并无二致。波托尼十分重视住宅的功能性和实用性，形式上则没有太多的构图讲究和含义，反映在他诸多的设计作品当中，其中包含了规模体量更大的法比奥·费兹集合住宅小区（图 72）。该住宅小区不仅运用了意大利早期住宅构件标准化的技术，而且还按照"最低限度住宅"的思想来设计，大到小区规划小到建筑设计的各个层面都采取的是平行或者是对齐的手法，在矩形地块上平行且对齐地均匀布置十栋集合住宅，由数百个住宅单元构成，住宅单元面积 20~45m² 不等，多为一梯三户。在规划上，各列住宅相互错落，确保形成空间上的交错和对比，同时利用楼梯间和阳台凹凸形成对比以及门窗洞口大小变化，表现出丰富异常的立面效果。在建造材料上，采取钢筋混凝土框架及混凝土填充墙，使用标准化钢制门窗以及木制百叶窗户以适应意大利的地中海气候。该集合住宅小区展现出了意大利在"二战"前的最高设计建造水平，并且到现在还一直被使用。七人小组当中的卢伊奇·费吉尼和吉诺·波利尼早期设计的现代派集合住宅作品伯洛莱托公寓（图 73），是向周边其他传统布置方式发起的一次挑战。该公寓采取的是一种沿纵深布局的方法，基地沿街面缩小从而扩大进深和后部的宽度，通过设置沿街道一侧的过街楼来开辟内部道路通向后方 10 层高的集合住宅，并且延展至最后方的花园；同时在地下一层设置了大面积车库以解决停车问题，在有效保障所有住宅单元的充分采光和通风的情况下设置内部院落以隔绝街道带来的喧嚣。这也是解决城市中心类似环境问题，缔造城市中心宜居环境的示范案例。在居住单元的设计上，考虑到居住者的功能需求，沿街道的多层住宅每层只设置一个单元，将辅助功能用房置于中间，为卧室和起居室获得更多的采光和通风。高层集合住宅每层的三个单元都围绕垂直交通核心进行布置，其中包含了两套入户交通流线，分别对应主人和佣人。立面

图 72　法比奥·费兹集合住宅

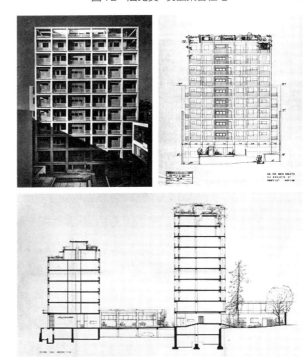

图 73　伯洛莱托公寓（含剖面图）

上采用的柱与梁的正交网格以达成建筑形式与结构
逻辑的高度统一。毫无疑问，这个作品是理性与逻
辑并存并精密联系在一起的集合住宅。除此以外，
由建筑师特拉尼在 1932 年设计的科莫人民大厦集
合住宅（图 74）也属于这种类型。在 1949 年意
大利成立了专门的住宅建设机构——"国家住宅
保障组织"（简称 INA Case），其主要是以收取工
人工资当中的税收作为建造基金，并在全国各个城
市批量建造面向工人阶级的集合住宅（图 75），这
种类型的集合住宅多以条形为主，采用行列式布
局，建筑与道路相互平行或相互垂直，周边也都留
有充足的绿地和广场，确保住宅区呈现出与以往不
同的空间特征。INA 住宅体现出来的住宅特征几乎
沿用了伯洛莱托公寓当中网格式的设计手法，每个
网格内是一户家庭且连续排列在一起，以表达出集
合住宅中重复式的数学美感，也是将"集合"的特
征表达得近乎贴切完美。意大利的城市化到了 60
年代已经进入快速时期，该时期在罗马设计建造的
卡萨利诺居住区就是规模巨大的集合住宅居住区，
占地 50 公顷，由多达 29 栋巨大集合住宅体量组
成，容纳户数为 3000 户，另外也适当配置了商业
设施、学校和办公楼等，相当于容纳上万居民的小
型城镇规模。住宅单元的类型也变得逐渐丰富，既
有两层和多层的集合住宅，同样也包含了 14 层高
且配备电梯的高层集合住宅。钢筋混凝土和预制
混凝土技术在这个时期也得到了大力发展和推广，
为确保每栋建筑的风格都是统一的，从一层到顶
层都采用定制且相同的开门和开窗，同时也降低
了造价并简化了施工。同一时期在罗马附近设计
建造的另一个大型居住区德西玛也是大型集合住
宅社区（图 76）的杰出代表。总体上来说，意大

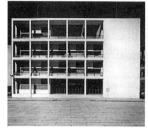

图 74 科莫人民大厦集合住宅

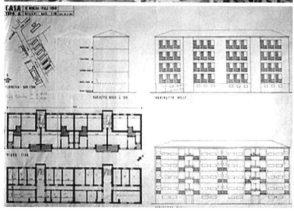

图 75 INA 保障计划集合住宅

图 76 德西玛大型集合住宅社区

利集合住宅的设计虽然从 20 世纪初期就已经开始
受到了西欧、北欧等国家的各种建筑思潮的冲击
和影响，尤其是受到了现代建筑运动思潮的洗礼，
但却又依然保持着自己的建筑特色而非简单地接
受。意大利建筑师无论是从"二战"前期的七人小
组，还是到"二战"之后的诸多建筑师，他们都是
通过自身的文化底蕴和独特的建筑创作为集合住
宅的发展赋予一抹亮色。

### 4.3.6 奥地利

在 20 世纪的 20 年代的奥地利，政府也十分
重视和鼓励现代集合住宅的建设，同期也聘请了一
大批优秀的职业建筑师来完成规划设计，主要以两
到三层的连立式集合住宅和大型公寓为建设对象。
奥地利建筑师洛斯，以形式追随功能和装饰即罪恶
为主要的设计理念，在奥地利留下了诸多好的现代
集合住宅设计作品，其中具有代表性的案例就是位
于维也纳的米开勒普莱茨集合住宅（图 77）。该集
合住宅有 7 层楼高，以坡屋顶的形式设计，同时
采取了经典的三段式构图，其中基座部分有三层楼
高，往上则是四层高的公寓，坡屋顶有两层楼高。
取消了额外的装饰，让其与周边的建筑之间形成强
烈的对比和反差，窗户和墙体的尺寸、比例都十分
和谐且匀称，构图感良好。同样，洛斯也还采取了
连立式集合住宅的阶梯化造型方式塑造了集合住宅
的又一个代表作赫堡住宅（图 78）。阶梯化造型已
经逐渐成为集合住宅塑造当中比较常见的手法，洛
斯在柯特 20 户住宅（图 79）的设计当中也尝试使
用了这一手法，将整个建筑的总平面以"E"字形
排开，三个相互平行的住宅单元体量在面宽的方向
上逐渐降低，分别为 5 层、4 层和 3 层，可以确

图 77 米开勒普莱茨集合住宅（左：1910 年；右：2015 年）

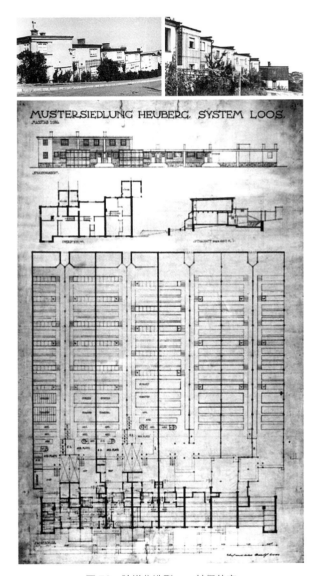

图 78 阶梯化造型——赫堡住宅

保临近的单元能够上屋顶进行活动，同样也为儿童创造了一个活动的空间。在空间塑造上，把阶梯造型从平面上推广到立面以及其他细部，确保整个体量呈现出十分复杂的空间形态和视觉效果，这也给后来的柯布西耶等人对集合住宅的设计予以很大的启发。在20世纪中期，奥地利维也纳所兴起的一种在城市中心附近集中设计建造的建筑群类型受到推广，这种类型称之为"大院"。这种"大院"式的集合住宅将人口高密度集中，具有良好的卫生条件和生活便利性，除了居住本身属性以外也加入了学校、商业配套、服务设施和绿化等功能，形成了一个相对封闭或者半封闭的小区空间。这种集合住宅的建筑形式也被赋予了一种乌托邦式的意识形态的含义。在当时，奥地利的瓦格纳学派的成员认为建筑应该用来改造社会，尤其是这种由内到外都显示出独立的特色，体现出它的隔绝于尘嚣且与世无争。然而虽然这种集合住宅类型看似封闭，实则大院内部的居民们多为劳动阶层且互帮互助，大院内有各种丰富的社团活动，且大院的尺度都很庞大。

这样的"大院"在当时的奥地利有很多，最早的是由贝伦斯领导下，1926年设计建造的威纳斯卡（图80）大院，然而最著名的是由埃恩在1927年设计建造的卡尔治·马克思大院（图81，图82），这也是"大院"类型集合住宅的巅峰之作。卡尔治·马克思大院拥有能容纳1382户住宅单元的巨大规模。长达1公里且占地约16公顷，其内部设置有幼儿园、图书馆、诊所、邮局和商店等设施，已经堪称是超级社区了。在平面布局上按照总平面三段分割，左右两侧围合状的组团是一个集合住宅的整体，中心绿地则是中间段。造型上整个大院宛如厚重的、窗墙比狭小的城墙，高达三层左右

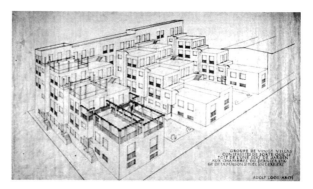

图79　柯特20户住宅

图80　威纳斯卡大院

的巨大拱门给建筑带来纪念性的体量感，更像是一座威武的城堡。在现代集合住宅的发展和普及历史进程中，还没有哪个集合住宅案例能和卡尔治·马克思大院相比拟，同时涵盖了社会性和政治性，也由此可见，使用价值和美学价值都已经不是集合住宅的唯一属性了。同样类似的"大院"还有1933年建成的恩格斯大院，这使得巨大尺度的集合住宅不再仅仅是城市空间的肌理，更是理想化居住模式的表达和体现。除此以外，由施密德和阿奇格设计的马蒂奥第大院（图83）也是该时期内代表性的大院型集合住宅，该住宅有别于卡尔·马克思大院，通过半圆形、钝角以及退台等处理手法弱化了住宅本身的体量感。由R.奥利和K.克利斯特设计建造的乔治·华盛顿大院（图84）也是当时规模较大的

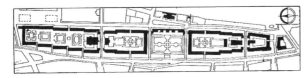

图 81　卡尔·马克思大院总平面图

图 82　卡尔·马克思大院

图 83　马蒂奥第大院

图 84　乔治·华盛顿大院

图 85　塞兹大院

大院型集合住宅，总共能容纳 1085 户住宅单元，然而不同于卡尔治·马克思大院，建筑师在设计上运用了诸如老虎窗、坡屋顶、三角形装饰等体现地方特色的建筑语言，使得建筑本身看上去更像是维也纳传统的城市多层住宅。H. 葛拉斯农设计建造的塞兹大院（图 85）则取消了原本封闭式的传统做法，通过设计巨大的半圆形广场来打破原有的街道空间，并且巧妙地通过半圆形广场将城市空间和集合住宅有机结合起来，两者之间显示出了良好的对话关系。大院型集合住宅的居住单元一般为 40~50m$^2$，且每户都设置有独立的卫生间，其卧室、厨房和起居室也都有良好的自然通风和采光。总之，这种大院类型的住宅在城市中占据了一席之地，并且为大型集合住宅的发展提供了一种可能，成为现代集合住宅发展进程中不可或缺的一环。

### 4.3.7 荷兰

荷兰由于是资本主义最早萌芽的地区，因此早在 20 世纪的初期就已经有了数百年的民主传统，并且相比于德国和奥地利等国家，荷兰并没有较强的社会主义思潮和社会阶级分化，因此整个集合住宅的发展并没有太注重意识形态。可以说，荷兰在现代集合住宅发展的进程中起到了十分重要的作用，也出现了诸多现代主义与集合住宅相互结合的成功案例。荷兰很早就开始关注城市规划，在1902年由建筑师贝尔拉格为阿姆斯特丹制定了南区规划（图86），在规划中采用了一种以"街坊"为城市组成单元的城市规划方法，这种"街坊"单元实际上是一种围合形式的大型集合住宅社区，长度约为100~200m，宽度为50m左右，高度为4层，由数以百户的居住单元和其他附属设施组成，其组织开发建设的机构就是在当时比较流行的住宅合作社。这种类型的集合住宅实际上与城市的发展有着密切的关系，维也纳的大院型集合住宅也是从阿姆斯特丹的经验基础之上发展起来的，两者之间有诸多相似之处。荷兰在1918～1923年间为解决住宅短缺问题，由政府投资建设了一大批平民公寓，也因此诞生了"阿姆斯特丹学派"和"风格派"两种不同学派的设计主张。"阿姆斯特丹"学派的代表M.克拉克，以尊重本土文化为基础，力求塑造简洁化的建筑样式，其代表性作品是埃根哈德集合住宅（图87）。该建筑在形式上借鉴了荷兰传统建筑的风格手法，采取了当地的坡屋顶形式和传统的转材料，利用砖的不同砌法和不同颜色砖的搭配，保持形体简洁的基础上塑造充满风土气息的现代集合住宅。同时也利用高耸的四弧形面的锥形尖塔和长椭圆形的角窗来彰显建筑的标志性特征，是现代集合住宅的经典案例。该集合住宅也是在政府资助下，针对劳动阶层，并充分注重建筑质量和居住健康等因素的成功案例。M.克拉克的另外一个作品是建于阿姆斯特丹的亨里埃塔·龙纳普莱因住宅（图88），该集合住宅的特点是将大体量化为

图86　阿姆斯特丹南区规划

图87　埃根哈德集合住宅

多个小体量的同时又试图反映出其独特的个性，采取四个独立的台形体量相互组合，每个体量内部能够容纳六户住宅单元，四坡屋顶和六根长长的烟囱赋予了集合住宅特殊的魅力。除此之外，M.克拉克在1920年设计的斯托林纳住宅（图89）展示出了与现代主义建筑不同的风格，通过长短不一的阳台搭配组合，弱化了长度近百米的巨大体量，使

图88 亨里埃塔·龙纳普莱因集合住宅

图89 斯托林纳集合住宅

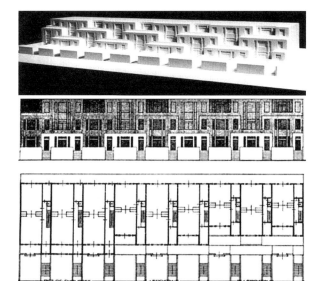
图90 谢文宁根退台式集合住宅

矩形立面变得生动有趣。M.克拉克对于现代集合住宅的发展所作出的贡献在于他积极探索将传统、历史以及时代潮流相互融合的可能性，丰富集合住宅形式的同时也对其他地区集合住宅设计提供了有利参考。

与之不同方向的"风格派"，采取的则是更为前卫和现代的观念，以抽象的几何形体作为建筑语言，其代表建筑师是奥德。因为"风格派"在创作中受到了法国立体派艺术的影响，强调的是对几何形态的塑造。代表作品谢文宁根退台式集合住宅（图90）就是运用几何形态，以立体构成的方式强调建筑的体积感，住宅在进深方向形成三次退台，同时设计锯齿形的交错空间，这种风格至上的做法尽管有着出色的形式特征，但难免会缺乏对实际功能需求的考虑。在这之后由于更加注重现实因素，奥德为政府设计了杜森狄肯集合住宅（图91），该项目摒弃了诸多风格派思想的痕迹，甚至也采用了以砖作为主要墙面材料，在规划上同样采取了"街坊"的形式，以对称的两组长条形构成扁长的矩形街区。由于街区比较狭长，因此建筑对于街道显得十分封闭，建筑内外部处理反差强烈，门窗的布置也是简单的重复，仅仅只是在转角位置做了重点处理，内凹的阳台依然有"风格派"的痕迹。在之后设计建造的马蒂尼思住宅小区（图92）则是等边三角形的构图，以单层坡屋顶的形式呈现，将寻找灵感的途径再次转回到传统建筑之中。在1924年，奥德再次设计了以抽象的几何形体作为造型手段的住宅作品胡克连立式集合住宅（图93）。建筑造型类似于英国在19世纪中后期建造的"泰恩式"集合住宅，在当中将一层和二层分属给不同的住户，以单跑楼梯直接入户二层且楼梯入口与一层入户并行，便于识别。住宅单元以最大限度提高空间利用率为基础，不同单元可以容纳不同规模大小的家庭。建筑立面以光滑的粉刷作为墙面，确保抽象形体以体现建筑外观的极其简洁。另外，在二层连续阳台的尽端处也采取了半圆收头以显示出设计师对于转角处一贯的重视。同样的处理手法也体现在基夫霍克居住小区（图94）当中，延续了同样简洁明快的设计手法，但降低了面宽，使一、二两层合为一户家庭使用。

到了20世纪30年代左右，荷兰集合住宅在建筑师布林克曼、范蒂因、范德夫拉赫等带领下，逐渐开始往高层集合住宅的方向发展并取得了很大的进步。1932年，三位设计师共同合作设计了荷兰第一座面向大众的高层集合住宅伯格波尔德（图95）。这座10层高的板状形居住综合体采取钢结构，每层含有八户居住单元，电梯和楼梯位于大楼一侧共同组成交通核心，每户住宅单元均占据一个面宽，可容纳一对夫妻和两个孩子的家庭居住，每户包含卫生间、厨房、起居室、卧室和通长的阳台。建筑外观直接反映出功能，以垂直交通和水平阳台的强烈对比，加上交通核心一侧的玻璃幕墙以清楚展示建筑内部的楼梯，外走廊的交通方式也能够有效减少每户分摊交通面积的比例和最大限度地利用钢结构的特性。然而这种外走廊形式的设计方式早在1919年的斯班根住宅区（图96）当中得以体现，这种做法实际上是突破连立式集合住宅在高度上的限制，同时也突破了公寓式多层集合住宅对垂直交通核心体系的依赖，通过地面和空中外走廊这两套公共交通的结合来实现现代集合住宅中有价值的创新。在1938年，以原本的伯格波尔德为原型，设计建造了另一座高层外走廊集合住

图91　杜森狄肯集合住宅　　图92　马蒂尼思住宅小区

图93　胡克连立式集合住宅　　图94　基夫霍克居住小区

图95　伯格波尔德集合住宅　　图96　斯班根住宅区

图97　利班综合体

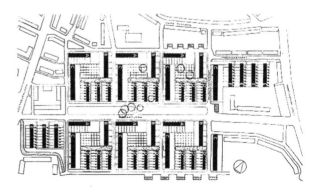

图98　克莱因德里耐小区

宅——普拉斯兰。该住宅采取了钢筋混凝土结构，对伯格波尔德进行了改进，采用了不同大小的住宅单元，取消了通长式的阳台形式，由于混凝土面板的使用也使建筑本身更有整体感。"二战"结束后，以青年建筑师范登布鲁克和贝克马为代表，设计建造了诸多高层集合住宅，利班综合体（图97）就是其中的代表作。虽然形体上几乎是伯格波尔德和普拉斯兰的翻版，但利班综合体把多座高层集合住宅在城市的尺度上组织在一起，颠覆了前面两者孤立的状态，同时吸取了柯布西耶在"居住单元"思想当中的一些观念，更加注重集合住宅作为包含服务设施、绿化配套等多种功能的系统化职能，初步实践了现代主义在城市规划上的理想化状态，以不同的尺度系统来构建城市和个人之见的和谐关系。同时，在高层之外，1956年设计的克莱因德里耐小区（图98）则采取低层的"视觉组团"式布局，每个组团内涵盖三到四种不同类型集合住宅以形成完整的居住小区。由此可见，对新型集合住宅的发展，荷兰建筑界始终处于引领时代和潮流的前沿位置。

## 4.3.8 美国

在远离战场且人口迅速向城市集中的社会环境下，美国集合住宅的发展和欧洲等国有所不同，在当时独立式住宅比集合住宅更加流行。原因在于：人口密度低但国土面积十分宽广；不同于历史悠久的欧洲城市，美国城市周边不断扩展的空间十分大，即使是像芝加哥这样的超大型城市，其发展历史也只不过两百年左右；同时汽车的普及也改变了人们的生活方式，并且汽车的价格能够满足普通工人阶层的购买能力，居住者完全有条件借助便

利的交通搬迁到郊区的独立式住宅居住；美国民众更倾向于居住独立式住宅，据统计表明，全美有三分之二的居住者拥有带院落的独立式住宅；美国的住房政策和商业运营模式更加利于独立式住宅而非集合住宅。也正是因为这些原因，导致美国集合住宅的发展一直按照自己的方式在运营，并非像欧洲国家那样丰富多样地发展现代集合住宅，也是直至30年代后期，伴随着密斯·凡德罗和格罗皮乌斯等一批优秀的欧洲现代派建筑大师逃亡到美国，才使得新的思想被带到美国，促进了集合住宅在美国的变化和发展。

20世纪20年代前后的花园式公寓在美国红极一时，受到了低收入阶层的欢迎和追捧，其中比较有代表性的就是1922年由托马斯设计建造的城堡花园公寓（图99~图101）。该公寓由12栋多层集合住宅组成，两列并置在长方形基地上，以之间的绿化带保证两列之间的距离，每一层共有两个住宅单元，分别是三卧室间和两卧室间，起居室和餐厅也都十分宽敞并且设有佣人用的房间和卫生间，每个房间都拥有直接的通风和采光，除楼梯以外也设置了电梯，这与同时期的欧洲集合住宅相比更加舒适和宽敞。可以看出，这种花园公寓式的集合住宅是居住需求、土地政策、消费能力、经济条件等诸多因素的共同产物，而欧洲集合住宅则更像是社会福利，乃至技术层面和意识形态层面相互作用的产物。由于城市中心土地昂贵，新建公寓价格不菲，其中就不乏豪华公寓的例子，1928年设计建造的圣雷蒙公寓（图102）就具有代表性。该公寓是双子塔楼形式的高层公寓，总共27层，复式形式的住宅单元是设计的亮点，每个居住单元均占据两个楼层面，下层是大面积的起居室和餐厅，还

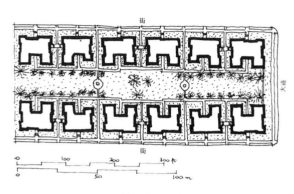

图 99　城堡花园公寓总平面

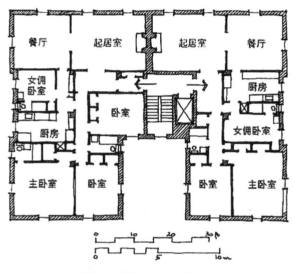

图 100　城堡花园公寓单元平面

图 101　城堡花园公寓内景

设置了一般公寓当中不常见的书房和早餐室，每间卧室含佣人用房都有独立的卫生间，每个居住单元面积达数百平方米，总房间数约二十间，其规模和样式并不比独立式住宅逊色。这样的豪华公寓主要吸引富裕阶层的居住，迎合了随着经济增强而富裕起来的工业新贵们的品位，一时之间包含纽约、芝加哥在内的大多数城市陆续建设了一大批豪华公寓，直到 30 年代后期美国现代派建筑师审美倾向的注入才使得集合住宅的面貌发生了转变。

伴随着"二战"带来的再次人口增长，美国人口数量再创新高，从而刺激了住宅的需求和建设，仅在 1949 年《住宅法案》出台的一年以内，建造住宅数量高达 125 万套，从 1946 年至 1960 年之间的"购房革命"，其中独立式住宅 1400 万套，同一时期的集合住宅建设量为约 200 万套。然而美国对于集合住宅建设最为显著的特点体现在高层集合住宅类型发展的多样化。集合住宅体现的方式往往是通过每一层的公共走廊联系分散的住宅单元和垂直交通来联系上下楼层，这样的布局方式不仅

集·住

集合住宅与居住模式

影响到了居住单元的布置，而且还决定了建筑物的形体。一般情况下，高层集合住宅的核心是电梯，公共走廊联系住宅单元并通向电梯，以此产生了四种不同类型的组织方式：走廊型、核心型、复合型和多核心型。走廊型集合住宅（图 103）主要体现在多个住宅单元的相互串联这一基本结构上，必须要经过其他住宅单元才能达到垂直交通核心，根据走廊位置的不同可以细分出内走廊型和外走廊型，两者也都各有利弊。其中板式高层集合住宅是最受现代派建筑青睐的类型，不仅是因为其非常有利于住宅单元的平面布局，而且其结构的布置和施工也都非常方便，更重要的是长方体的造型和现代派的美学思想完全一致。在"二战"结束后的一段时期内，长方形的板式集合住宅几乎成了一种被公认的"国际式"形式，当然其缺点就是形体相对单调，且对后面建筑的采光、通风以及视线会造成一定程度的遮挡，从而造成居民之间的相互干扰。许多建筑师在这个时期都对"国际式"集合住宅形式进行了广泛的探索，其中也不乏缩短走廊，或者是曲线形、折线形、梭形走廊等样式的实践，推动了走廊型现代高层集合住宅的发展。核心型集合住宅则表现为住宅单元的相互并联以及住宅单元与电梯核心垂直联系的特征。当每层住宅单元的住户数量超过三户及以上时就会呈现出辐射状布置的平面，诸如圆形、正方形或多边形。而由于面宽并不大，使得核心型集合住宅会比板式住宅要小许多，显然可以在保证容积率的同时又能够避免行列式集合住宅的诸多问题。相反，它的居住单元的舒适程度就很难和板式集合住宅相媲美，采光和通风的质量也会相对下降，尤其是会有一部分住宅单元的朝向存在不佳的问题。这种类型的高层集合住宅，其代

图 102　圣雷蒙公寓

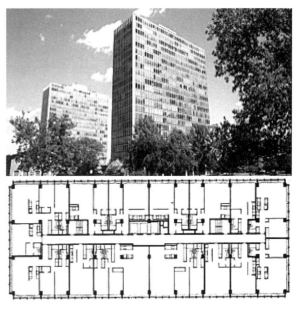

图 103　走廊型集合住宅

表就是芝加哥的玛丽亚城（图 104），建于 1960 年，由两座高达 60 层的双子塔组成，16 个近似圆形的开间构成了标准层平面，垂直交通位于核心，外圈环形走廊联系各个住宅单元，容纳户数为 896 户，主要面向住户为中、高收入阶层。同时

图104　玛丽亚城

图105　湖点塔

在垂直方向上也进行分段式划分，3～18层为车库层，20～60层为居住层，将停车场设置在楼层中，创新地解决了停车的问题，外观受到半圆形阳台出挑的影响，看上去更像是一颗饱满的玉米，该集合住宅的视觉冲击力强，充分体现出了现代核心型高层集合住宅的特点。复合型集合住宅的案例属芝加哥的湖点塔（图105）最具代表性。这是一栋高68层，能容纳900户居住单元，总建筑面积为16万 $m^2$ 的超高层集合住宅，其标准层的平面为三翼风车形，几何中心依然是垂直交通的核心，各翼中心皆是走廊，两侧则对称排列住户单元，充分体现了走廊型的侧翼和集中垂直交通核心布置的复合型布局特点，可以适应多样化的住宅需求。多核心型则被视为结合了走廊型和核心型两者的优点，在走廊型的基础之上将大的垂直电梯核心分散为多个小的垂直电梯核心。既避免了长走廊带来的通风和采光的问题，而且也因为走廊服务的住宅单元减少而降低了住户之间相互干扰的问题。

　　在这些欧美国家推行现代集合住宅发展的进程中不难看出，各国集合住宅建设发展基本上可以被分为第一次世界大战结束至第二次世界大战开始的前期阶段，以及从第二次世界大战结束至20世纪70年代前后的后期阶段。前期体现出来的是现代主义建筑思潮的形成，其中包含了"一战"进程中，各个国家的住宅租房管理制度的实施以及战后逐渐发展起来的社会福利制度，国家层面在解决住房问题当中扮演着重要角色，不仅大力推行集合住宅建设，同时也给现代派的建筑师提供了很多发挥的机会。在这样的机会当中，建筑师根据各个国家的具体情况，设计创造出了各种不同类型的，多种多样的集合住宅，同时也可以看出创新成为这一时期的主要特征，并且不断形成各种住宅风格，显著性地改变了集合住宅的发展方向，也为后续集合住宅的发展打下坚实基础。后期所体现出来的则是现代主义建筑思潮的普及，伴随着需求的强劲以及经济的复苏，技术和材料的突破也使得集合住宅的建设可以不断尝试各种新类型，从关注缓解居住问题转移到关注集合住宅设计的精细化。

很显然，在现代集合住宅的普及与发展的进程中，有几个不容忽视的关键点。其一，国家的作用是不容忽视的，从现代集合住宅产生最初的不干预，到普及时期的制定法规加以管理以及到后续积极地推广建设，国家在现代集合住宅发展中的作用是积极而显著的，这也与集合住宅的社会政治经济地位有密切关系。其二，诸如两次世界大战这样的重大的历史事件，其通过社会、国家、政治、经济、文化等多方面元素的综合影响，对于集合住宅的发展起到了促进作用。其三，建筑师的作用和功劳是决定性的，也是集合住宅呈现出不同特色和类型的最直接影响因素。无论是各种类型的组织还是不同规模的建筑展，都无疑是众多建筑师努力的成果，建筑师的创造性和研究构筑了完整的现代主义思潮，推动了现代集合住宅的设计与建造，成为一股十分强有力的潮流并左右现代集合住宅的发展。他们是时代的先行者，敏锐地感受社会的变化，并且倾注全力地去改造它们，现代集合住宅既是现代社会对建筑师影响所产生的结果，同时也是建筑师改造社会的最有力武器，这是贯穿在现代集合住宅发展和普及进程中的。其四，各个国家之间的相互联系，杜绝了单一国家的独立性发展，以形成整体发展的姿态来紧密联系各国建筑思潮和各个历史事

件，相互影响和相互学习、借鉴，共同促进现代集合住宅的发展。总体来讲，这是现代集合住宅进化的一个过程，也为后来集合住宅的加速发展储备了条件。

## 4.4 现代主义建筑大师的贡献

从 20 世纪 20 年代的现代建筑运动开始直至70 年代，可以清楚地看到现代主义的建筑思想在逐渐形成并成为占据主导地位的建筑思潮，同样现代集合住宅的发展也受到了来自社会日益变化和建筑思潮日益全面的双重影响。从战争爆发导致集合住宅建设停顿到战后对于集合住宅的需求高峰可以看出这段接近 60 年的时光是集合住宅飞速发展的时期，当中也少不了几位现代主义建筑大师的积极探索和对集合住宅发展做出的贡献。

在柯布西耶"住宅是居住机器"的口号带动下，现代主义建筑师响应了他的建筑思想理念，通过了几十年的建筑运动，极大地改变了城市当中集合住宅的面貌并且直到现在也依然影响着我们的居住和生活环境。柯布西耶的建筑作品中有一大半都是住宅，在这当中又有将近一半是集合住宅，同时集合住宅还出现在其做的大量城市规划的方案中，尽管这当中的方案只有很少部分最终得到实施，但其传递的设计思想依然广泛传播到了世界各地的城市规划中。从多米诺住宅体系开始，柯布西耶开始着手对集合住宅设计方案的思考，两个半开间的混凝土结构，楼梯布置在其中一个半开间中，采用矩形方柱、现浇空心密肋楼板以及大放脚的基础，以平屋面的方式呈现，檐口上有用于种植绿化的檐沟，屋顶由外部向内部汇水且通过内部排水管排

水。该体系可以作为独立式的住宅亦可以通过多栋并列排布组成集合住宅。然而，多米诺体系绝不仅仅只是一个孤立的方案那么简单，而是意味着观念的转变。这一观念的产生与柯布西耶自身的求学经历以及实践经验是密不可分的，究其原因可能包含了：建筑师洛斯对于装饰的态度，建筑师佩雷对于钢筋混凝土的探索，戛涅对于工业城市理论的考量，柯布西耶对艾玛修道院氛围的解读以及对所处巴黎居住环境的感受，彼得·贝伦斯在建筑工业化领域的影响，穆特修斯从英国住宅当中获得的指导经验，德意志制造联盟对于大规模生产和标准化制造的启示，以及工业生产所发展的速度等。这也因素造就了多米诺体系作为柯布西耶塑造集合住宅的单元原型，并且像骨牌一样排列开来，在集合住宅的设计中不断予以应用。柯布西耶的集住理念在其著作《走向新建筑》中得以体现，传达了他的住宅设计思想。

《走向新建筑》中提到：其一，住宅对象正在不断大众化，住宅所服务的对象已经由原来的分散小农变为更新的社会群体，即大众的工人和所有城市居民，一切新的设计也都必须要以这些社会角色的需求为首要目标。其二，住宅问题已经不断社会化，柯布西耶强调一切活人的原始本能就是寻找一个安身之所，社会各个勤劳的阶级都应该拥有自身的居所，换言之，住宅问题就是社会公平的一种标志，建筑上的革命才能化解整个社会的革命。其三，住宅的类型已经不断创新化，摒弃原有百病缠身的住宅类型转而实行新型住宅的变革才能真正解决住宅问题，他认为住宅创新的出发点是使用者的需求，而功能的需求决定了平面的生成，平面又决定了空间和形式。因此，以大众需求为基础且理性

分析得出的结果并不断复制的时候，一种创新型的住宅类型也就诞生了。除此以外，技术的进步也使得人们从沉重的墙体盒子里解脱出来，建筑师可以有更多的材料选择和建造手法来对住宅进行创新设计，更多的建筑类型由此被区别和创造出来。其四，住宅建造变得日趋产品化，住宅被日益大众化之后伴随着需求数量的增长，符合经济规律的前提下可以像机器一样被批量生产出来，其中包含了人工材料取代了天然材料和机械化的生产过程，以及安装和建造过程的不断标准化，在柯布西耶看来住宅不再是温暖的家园而是居住的工具，并且认为这样的工具是健康而美丽的。其五，住宅所赋予的美学也在不断时代化，即使在注重住宅是居住的机器的情况下，依然不可忽视的便是其形式，以新的工程式的美学取代以往复古主义的美学，更加注重的是体块、表面、平面以及基准线，这也受到了立体主义和其他流行艺术风格以及哲学思潮观点的影响。而柯布西耶所创造出来的工程式的美学包含着某种数列、比例、体型和材料搭配上的秩序。尽管《走向新建筑》一书所关注的重点并非住宅建筑，但现代集合住宅是柯布西耶批判旧建筑体系的重点和宣扬新建筑精神的突破口，是柯布西耶在住宅建筑上实施探索的总结。在实践方面，柯布西耶做出了诸多尝试，其主要体现在对居住单元组合以及集住社区营造等方面。多米诺体系本身就被看作是一个独立式的骨架，当将其运用到集合住宅领域时亦可由单元组合而生产出更长更大的建筑且仍然保持着居住单元的基本结构。柯布西耶在其最早的"别墅大厦"（图106）方案中将整座建筑看作别墅的叠加和集合，且每个单元都有两层空间和巨大的空中花园，单

元之间的联系靠一条水平的公共走廊，垂直交通则被置于体块的中间部分。经历过这个探索阶段后，柯布西耶在 1924 年左右尝试将住宅单元的形体进行组合试验，以一个标准的立方体作为一个独立房间，另外设置一个标准体的 1/2 作为配件。这个试验中反映出了各种不同居住单元的组合，既有两个标准体和 1/2 标准体的组合，底层架空且有外置的楼梯；也有两个标准体和 1/2 标准体的组合，但是底层也被充分利用了且室外楼梯被移进了室内。这种水平相邻、每两组都相互垂直且在垂直方向上也都进行单元集合的尝试在 1925 年设计的"花园城"（图 107）方案中得到了验证，有点类似于两层带有空中花园的单元垂直地堆叠起来且集合住宅在其水平方向上也得以延伸，同时围合形成了带有院落的空间形态，柯布西耶将这样的集合住宅形态称之为"峰房"（图 108）。这种试验性集合住宅除了方窗和水平的带形窗户之外，其他部分都被墙体占据，也没有装饰细节，这种试验性集合住宅忽略了诸多细节，而只是关注单元的简单复制和组合。柯布西耶设计并真正建成的集合住宅案例是佛叶住宅社区（图 109）。其中包含了两种不同形态的集合住宅，其中一种是类似于峰房样式的组合型试验住宅，另一种是有三个单元相互并列的连立式集合住宅。无论是花园城还是佛叶住宅社区，柯布西耶在这些案例中对于集合住宅的设计始终带有一丝别墅情节，也充分回应和佐证了其在"新建筑五点"当中所提及的观点，然而这五点更多的是适用于别墅而非集合住宅。直到 1930 年设计的日内瓦光明公寓（图 110），柯布西耶才真正开始注重集合住宅居住单元的设计，其最大的变化就是对垂直交通部分的重视。在日内瓦光明

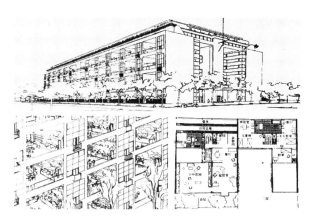

图 106　别墅大厦（外观、居住单元、首层 / 二层平面）

图 107　"花园城"峰房居住区方案

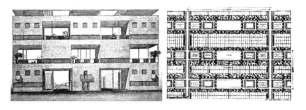

图 108　"峰房"集住形态（住宅类型、总平面图）

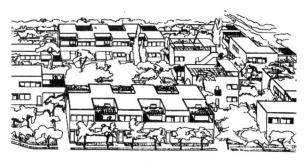

图 109　佛叶住宅社区

公寓的设计当中，柯布西耶取消了以往的水平长廊，而采取每层只连接四户单元的短走廊，设置两个垂直交通楼梯且彼此各不相连。为确保住宅更加实用，楼梯的一侧设置了采光井和电梯，实际上整个建筑是由两个楼道并列而成，在外观上利用水平线条来贯穿整个建筑。同样的处理手法也运用在了1933年设计的莫里特门公寓（图111）。

随后，柯布西耶对于居住单元的设计也在不断发生变化，也采取了以三层交叉空间和走廊居中的住宅单元去取代以往的复式单元，这样巧妙的设计既保持了原有住宅单元的有利之处，同时也克服了原本只能单向布置居住单元和南北两侧采光不均衡的弊端。水平的长廊被隐藏在了内部且每隔三层才设置一条，这是柯布西耶在苏联设计竞赛中看到类似方案并加以改进而得到的，这样的设计手法最初在瑞士苏黎世的出租公寓（图112）当中得以实现，"二战"结束后的马赛公寓更是将这样一种类型的住宅单元普及推广，成为构成"居住单元"的基本原型。柯布西耶也曾经在《当局不知情》的文章中比较过中心楼梯为核心的短走廊型集合住宅和多户长走廊型集合住宅的利弊。柯布西耶认为一梯多户的住宅单元会造成居民安置数量太少且楼道出入口太多的局面，倘若有汽车驶入则会造成人车混乱从而带来危险。取而代之的是采取水平长走廊的方式，称之为"街道"形式，可在有电梯的集合住宅中集中安置2500~3000人不等，同时配合以公共服务设施形成聚合形式的大型居住单元，即使两个居住单元之间距离较远，也可以通过车辆交通衔接，最重要的是将建筑物的底层部分架空使得人车分行。不难看出，柯布西耶对于集合住宅的考虑包含了城市和交通等多重影响因素，并在这个基础之

图110　日内瓦光明公寓（外观、主入口、阳台）

图111　莫里特门公寓

图112　苏黎世出租公寓方案

上，提取出居住单元最为解决城市系统中住宅问题的最优解。他也曾将居住单元看作城市之海中航行的庇护船（图113）。随着柯布西耶对集合住宅中"居住单元"思想的逐渐成熟，他先后完成了苏黎世工人住宅方案（图114）和巴黎住宅群No.6（图115）等重要作品。

集·住

集合住宅与居住模式

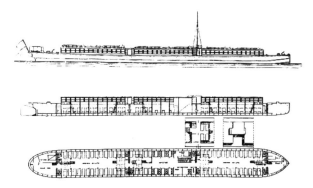

图113 庇护船构想（立面、剖面、平面）

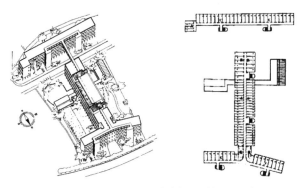

图114 苏黎世工人公寓（全景、楼层平面）

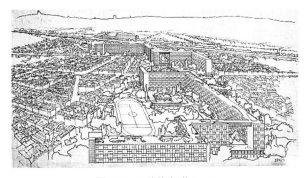

图115 巴黎住宅群 No.6

柯布西耶在集合住宅领域的贡献除了大量设计方案和著作以外，也不乏大量的城市规划中涉及的对于集合住宅的探索和创造，诸多的概念性想法也都是在城市规划中率先提出，然后再实施到建筑方案当中并加以研究。柯布西耶遵循了之前所提及的戛涅的"工业城市"规划思想，并且充分认识到

了"工业城市"理念中平面和分区的价值，也吸取了建筑师佩雷的"塔城"概念和美国摩天大楼的经验。柯布西耶大多是从整体形态的角度来考虑，根据形态可以细分为两种不同的类型，即连续型集合住宅和独立型集合住宅。两者所反映的是对待集合住宅建筑形态的不同策略，当集合住宅的数量级别达到城市级别时，以连续型集合住宅所采用的水平绵延式的布局来协调城市与建筑之间的关系会更加合适，反之独立型集合住宅则应对规模体量较小，相对独立且自成一体的居住需求。追溯现代集合住宅的发展历程，连续性集合住宅最早的尝试是1914年多米诺体系集合住宅。在19世纪时，英国连立式集合住宅在处理数量多的居住单元时，往往是根据地形来决定建筑物的长度，并采取多排水平阵列的方式布置，促使建筑空间的趋同且单调；同一时期的巴黎公寓应对数量多的住宅单元时，采取的是尽量沿着基地的边界来围合布局，将内部形成围合院落，因此相对来说比较封闭。柯布西耶在面对大量住宅单元时，将其水平并联在一起，在绵延到一定长度的部分形成直角并转弯，并不断推演下去。这种连续型集合住宅充分考虑了采光、通风、交通和景观等元素，建筑蜿蜒布局形成的空间一方面可以丰富城市空间形态，另一方面也可以增加绿化和道路布置的面积，可以说充分结合了英国连立式集合住宅和巴黎公寓两者的形态和空间处理手法，回应了更大尺度的城市格局。"一战"结束后的"300万人现代城市"规划方案中就采取了这种连续型的设计方式。虽然柯布西耶试图将这样一种规划设想运用于巴黎城市中心改造中并引发争议，但是柯布西耶在访问南美时，以此方式对乌拉圭的蒙地维的亚、巴西的圣保罗、阿根廷的布宜诺

图116 阿尔及尔"炮弹规划"

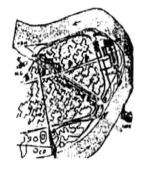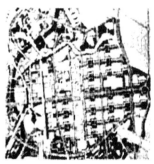

图117 连续型集合住宅
（左：安特卫普规划，右：柏林规划竞赛）

图118 笛卡尔摩天大楼

斯艾利斯做了城市规划。这些规划中所涉及的连续型集合住宅得到了充分的发展，甚至与高速公路结合在一起，屋顶是高速公路的路面，下面是多层集合住宅且绵延数十公里。在阿尔及尔的"炮弹规划"（图116）当中，已经将集合住宅的平面变化为自由线条状，与高速公路连成一体且连接不同的城市。其中也包括了安特卫普规划和柏林规划（图117）。然而遗憾的是，这种超越当时社会承受能力的规划理念并没有得到实施，既有意识形态方面的原因，也有战争方面的原因，而欠发达的第三世界国家则是由于经济能力的原因导致无法实施。但是不可否认，这些集合住宅的设想充分体现了柯布西耶以及其他建筑师和规划师的共同努力，虽然没有实现，但是对未来城市和集合住宅的产生带来了很大的影响。

与连续型集合住宅未能实现的命运不同，独立型集合住宅融合了"居住单元"思想，最终在马赛公寓项目中得以实现。柯布西耶曾在塑造 Y 字形高层集合住宅笛卡尔摩天楼（图118）时，将底层架空，5m 高，设置机动车道，屋顶设置为花园，采取标准层用于居住和办公的方式对独立型集合住宅提出了设想，甚至也考虑过地下可以通地铁。这样一种典型的"居住单元"形式很快就频繁出现在了 1935 年法国梅洛考特城市规划、1935 年的捷克斯洛伐克的紫林谷规划、1935 年的法国凯勒芒棱堡居住单元规划、1936 年的巴黎 1937 规划、1942 年的阿尔及尔规划等诸多大型城市规划当中。这种独立型集合住宅规划比以往连续型集合住宅规划具有更好的适应性，能够确保适应于不同的城市或环境，在技术和经济上实施的可能性也就更大。1952 年最终建马赛公寓（图119、图

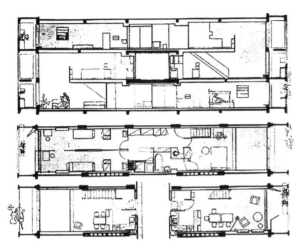

图 119　马赛公寓居住单元平面

图 120　马赛公寓（主入口、屋顶、架空层、走廊）

120），可以容纳人数为 1600 人，建筑长 165m，宽 24m，高 56m，建筑为板式住宅，采取东西朝向，长轴为南北向的布局。为实现设想的人流和车流分开进入公寓而采取建筑底层架空的方式；为丰富户型，柯布西耶设置了 3~8 人不同单元形式的户型，总共 337 套公寓。采取每两个单元为一组以"互"字形相互交错布局，塑造出了两层高 4.8m 的起居室，单元开间 3.66m，每三层设置

一条公共走廊确保公寓通过五条走廊连接各户。在中间层的 7 层和 8 层设置公共服务和各种商业服务设施，屋顶设有托儿所和健身、休闲设施。马赛公寓作为柯布西耶居住单元思想成功的典范，在其受到广泛关注之后，在法国南特又建成了一座与马赛公寓十分相似的居住单元，并紧接着在法国洛林的布里埃森林、德国柏林、斐米尼的维舍特又建成了三座居住单元，这也是柯布西耶现代集合住宅设计的巅峰（图 121~ 图 124）。柯布西耶对自身设计现代集合住宅的图示做过总结并指出几种居住建筑的体形：进退形、Y 形、盾形、板形、台阶形以及自由线形。这些形式都在其城市规划和建筑设计中出现过。除此以外，花园城市中的独立式住宅、传统城市公寓以及现代建筑的居住单元，这三点是柯布西耶所提及的住宅建设策略。由此可见，从 1914 年的多米诺住宅体系到 1952 年的马赛公寓居住单元，柯布西耶的思想变化轨迹成为现代集合住宅发展进化的见证。

和柯布西耶一样，格罗皮乌斯对于现代集合住宅的发展也有举足轻重的作用。早在 1906 年就已经设计了第一件集合住宅作品——玻美拉尼亚地区工人住宅区（图 125）项目，并且后续又提出了自己关于标准化制造的构想和基本理念。其一，现代建筑中最早提出以住宅工业化作为目标，迎合时代的需求和发展就必须要以最好的材料、工艺以及低廉的价格来形成工业生产，这在住宅建造上的优势也是无可比拟的。其二，提倡良好比例和简洁实用，批判华而不实的浪漫主义，并认为工业化生产和市场竞争是解决忽略居住者要求而一味追求利益这一问题的方法。其三，建筑师应该充分把握技术层面和艺术层面的内容，并且明确认为工业化生

产的基本原则是分工，设计者、制造商以及销售者在住宅制造的过程中都有各自不同的作用。其四，强调创新住宅类型的必要性，这个时代背景下的住宅模式必须要与现代工业生产的原则统一，而绝不是为了体现私人住宅修建的独特性。为了实现这些理念，格罗皮乌斯将住宅细分为不同部件并在工厂中生产，以标准的尺寸来确保配件之间的通用性。在住宅的类型上，他认为集合住宅有着规模和数量上的优势，且集合住宅的形式可以通过合乎逻辑的完全重复来达到某种统一性。他在包豪斯期间曾不断宣扬其住宅工业化的思想，并研究出一套"系列住宅单元"，并最终成为魏玛郊区建设包豪斯居住区教师住宅的原型。他认住宅区与城市之间应该存在互动关系，应该在城市规划层面对其加以重视，最终这一想法在1926年包豪斯从魏玛搬迁至德绍之后的托腾工人阶级住宅小区（图126）中得以实现。该项目基地由一块扇形和矩形组合而成，通过三条放射形的道路把基地分割成三块，道路网格陆续汇集于基地的中心，扇形地块的道路环状平行，与矩形地块内的道路形成环形的路网，按照街道两侧平行布置两层连立式的住宅且每家都有一个后院。这种互动关系的表现被认为是德国民居的一个传统并在后来被政府大力推广。住宅方面则采用砖墙和钢筋混凝土梁混合结构，以砌筑的横向隔墙作为主要支撑，并用钢筋混凝土梁将其联系起来，充分考虑了施工的方便和经济性，建筑平行布置是为了更加方便吊车能够在轨道上平行移动而设计的。

在1927年，格罗皮乌斯离开包豪斯，主持设计建造了丹默斯托克住宅小区（图127）。项目也是以简洁的面南背北的东西长条形住宅群为主要

图121　南特公寓　　　　图122　洛林布里埃森林公寓
（1952）　　　　　　　　　（1957）

图123　柏林公寓　　　　图124　斐米尼—维舍特公寓
（1958）　　　　　　　　（1960）

图125　玻美拉尼亚地区工人住宅区

图126　托腾工人住宅区

集·住
集合住宅与居住模式

格局，采取不同层数的设置形成起伏的轮廓线，同时聘请了多位建筑设计师以不同的手法设计建筑细部，从而改变空间的单调性。整个小区并没有明确的中心也没有封闭，但交通组织上却十分方便且明晰，手法更加纯粹和成熟，算得上是现代集合住宅建筑类型的典范。在住宅的单元设计上，采取一梯两户的对称式户型设计，可以在山墙方向上根据需要任意延长，与总体规划相互呼应。房间大小也都根据家具布置进行设计，确保其紧凑实用且没有额外的空间浪费，充分显示出了单元设计的技巧。随后在柏林西门子住宅区（图 128）的设计当中也采用了同样的手法协调各因素之间的相互影响。该住宅区集合住宅为五层混合结构，由一梯两户的多个居住单元并列组成，建筑依然采取简洁的形态并全部粉刷成白色。这种住宅外观的手法被现代建筑师广泛使用并成为现代主义集合住宅的标签。在比较独立式住宅和集合住宅方面，格罗皮乌斯认为独立式住宅能够把室内外的环境紧密衔接起来，每一户即每个家庭可以得到最大限度的独立性和灵活性；反之在建设过程中的成本相对较高，也正是因为密度低需要更加宽广的土地，从而使得城市面积不断被扩大，交通通行距离也就被拉长了。而集合住宅则相对减少了家庭和住宅的独立性，一部分功能和空间被压缩并通过社会层面的服务来集中供给，这样城市可以提供更加高密度的建设，也可降低交通成本。因此，他认为二者在复杂的社会当中适用于不同阶层的要求，独立式住宅更加适合中产及以上阶级的社会阶层需求，而集合住宅则更加适合于中产阶级以下的社会阶层，通过公共设施达到很好经济效果的同时提高建筑密度以节省时间成本和通行距离的效果也会更加明显。此外，格罗皮乌斯也曾

图 127 丹默斯托克住宅小区

图 128 柏林西门子住宅区

研究过集合住宅当中密度、层数和空间三者之间的关系，他认为在密度一定的情况下层数越高则建筑物之间的距离就越大，当建筑层数到达一定限度时，空间增大所带来的边际效应就会减弱，当密度同时发生相应变化时，其边际效应就会发生更加复杂的变化。在现实情况下，还需要充分考虑基地、施工、经济性、材料以及道路设施和结构等多种因素问题。综合这些基础因素，他认为在当时的德国，3~4 层的集合住宅不合理，既没有体现出高层集合住宅的优点也没有反映出独立住宅的优点。在当时高层集合住宅还依然是比较新的集住类型的前提下，格罗皮乌斯认为 10~12 层高层集合住宅

为最优选择，并在斯潘多哈赛尔霍斯特住宅小区方案（图129）中设计了一种12层的板式高层集合住宅。除此以外，"最低限住宅"的问题也是格罗皮乌斯着重研究的对象，他主张国家积极干预和提倡集合住宅的标准化建造，目的是满足人所需的最基本、最低限度的空间、光照、通风和温度，以便在不感觉住房拥挤的情况下，充分满足生活所需。除了格罗皮乌斯以外，建筑师克莱因也在1928年制定了系列最低标准住宅单元（图130），其中最为突出的代表性案例就是莱比锡的巴德杜伦堡住宅项目（图131）。最低限住宅研究对于集合住宅有着十分重要的意义，因为其主要针对大众集合住宅，某种程度上促进了新的住宅单元类型的产生和不断优化，是与工业化和标准化紧密相关的集住类型。遗憾的是，代表工业化、现代化和工人力量的高层集合住宅受限于代表农村化、民族主义以及大资产阶级利益的独立式村社住宅形式，在二三十年代的德国并没有被真正采纳。然而在格罗皮乌斯离开德国并任教于哈佛大学期间，其集合住宅设计思想通过其建筑教育陆续传播开来。不同于欧洲传统城市空间的束缚，广阔的土地为人们提供了更多开敞的生活空间，汽车的普及使其成为大众性的交通工具，通信工具的便捷也改变了人们的交往习惯。因此，"最低限标准"住宅并非美国住宅问题关注的焦点，其问题是更加关注住宅的质量和综合性。在这样的背景之下，格罗皮乌斯所关注的是多层住宅以及住宅构件的预制和工业化生产，研究开发了能够大批量生产建造的"组装式住宅体系"（图132），只要在场地上预先铺设好基础和各种管道，就能将预先生产好的零件到现场组装，预制构件的真正目标就是将建造和生产过程分离，这也算是

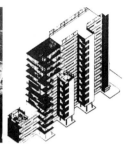

图129　斯潘多哈赛尔霍斯特住宅小区及12层板式
高层集合住宅

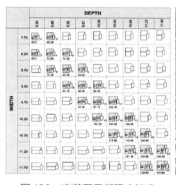

图130　克莱因最低限度标准　　图131　巴德杜伦堡
住宅单元　　　　　　　　住宅区

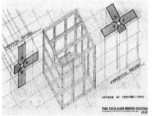
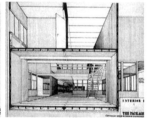

图132　组装式住宅体系

预制装配式集合住宅的先河。50年代中期，格罗皮乌斯完成的《整体建筑总论》与《新建筑与包豪斯》是其对住宅几十年的研究和总结，也成为现代集合住宅发展的重要参考资料。

在现代集合住宅的成就上，柯布西耶创造了"住宅居住单元"，格罗皮乌斯推进了"居住区规划"，"最低限住宅"的建设以及住宅的标准化和装

集·住

集合住宅与居住模式

配化，同样作为现代主义建筑大师的密斯，其主要的成就在于高层集合住宅和住宅单元的通用空间。相比格罗皮乌斯对于大规模住宅区的关注和重视，密斯更加关注建筑本身，倾向于从技术层面来看待集合住宅的设计。密斯注重建筑平面的灵活布局，提倡框架式的结构体系来实现不同需求的隔断划分，适应不同功能需求。密斯的集合住宅设计开始于 1925 年的柏林非洲大街集合住宅（图133），设计十分简洁，除了窗户之外没有其他装饰，外墙所使用的是清水砖墙，与此同时密斯对新型砖块的尺寸也有深入研究，这也是回应他对于建筑符号应该真实而独立的思想观点。同年，在斯图加特魏森霍夫区举办的住宅建筑展览会上，密斯设计的集合住宅成为现代集合住宅乃至建筑历史上的里程碑作品（图 134）。该集合住宅采取钢框架结构，除了厨房和卫生间等固定不动之外，使用活动的隔墙处理自由且灵活的平面，通过划分演变出多个不同的户型。在建筑形式的处理上更加强调水平方向的线条，取消了水平方向的窗间墙，留下纤细的隔墙痕迹。在严格控制墙与窗的尺寸和比例关系的同时取消附加装饰物，保持阳台栏杆到顶层雨棚的统一和精致，整个建筑统一为白色的基调，已经显现出"少即是多"的端倪。密斯对于寻求"流动空间"的尝试也体现在试验性连立式住宅方案的提出，将正方形的住宅单元排列起来且保证每个单元的四周是由分户的墙和围墙封闭起来，内部围合成院子且所有房间也都指向于该院子。同样采取框架结构且由柱子支撑，除了卫生间和入口留有部分墙体之外，其他部分都依靠家具来界定功能和空间。然而真正对于高层集合住宅的实践已经延续到了"二战"结束之后的 1946 年，他设计的第一个

图 133　柏林非洲大街集合住宅

图 134　斯图加特魏森霍夫集合住宅

图 135　芝加哥海角公寓

高层集合住宅作品芝加哥海角公寓（图 135）。该住宅高 22 层楼，T 形的平面，由于战后钢材的短缺，采取钢筋混凝土结构取代了原本钢框架结构和玻璃幕墙，大楼结构布置简洁且垂直交通集中布置，平面功能十分清晰。建筑外观强调垂直方向的线条，注重比例和尺寸匀称，没有任何多余装饰且平整光洁。按照"少即是多"的理念，取消了阳台

的设置，以水平长窗取代阳台起到休息、观望和晾晒的作用。密斯最终在湖滨路 860～880 号公寓（图 136）当中实现了钢框架玻璃摩天楼方案，两栋 26 层高的公寓楼都采取矩形的平面，规则布置的柱网，五开间三进深，位于平面中心的核心交通由一对电梯和楼梯组成，两栋塔楼相互垂直布置，底层用长廊连接，每层 8 户住宅单元的标准层，单元内的厨房和卫生间均靠走廊一侧布置，建筑外墙的长边留给起居室的活动空间，由于没有隔墙和房门，并没有区分卧室和起居室，以家具的摆设示意各个功能区域的用途。以此方式，密斯赋予了集合住宅单元类型以新的概念，建筑结构不仅和平面功能相结合，外观也很好地反映了结构的特征。柱子的相互交替、钢结构的不透明性以及由整个窗间柱的玻璃反射相互交替，达到了建筑形式和内部空间的完全统一。密斯以此方式对现代集合住宅的演绎，将高层集合住宅设计推到了新的高度。密斯认为，建筑取决于实际但建筑的真正活动范围在于其精神意义。同样的手法，在密斯后续设计的一系列高层集合住宅中都有体现，其中包括了芝加哥国民广场公寓、芝加哥湖景路 2400 号公寓、底特律拉菲亚特公园住宅区高层集合住宅、纽瓦克的柱廊公寓大厦等（图 137～图 140）。这些高层集合住宅的问世对后来诸多现代建筑师产生了影响并相继效仿。这些不断被设计建造的高层集合住宅也改变了世界三分之二的城市天际线，足以证明密斯对于现代高层集合住宅的贡献。除此以外，湖滨公寓的双塔型高层设计也是后来诸多双塔型建筑设计参考的原型。

现代集合住宅的发展离不开几位现代主义建筑大师的贡献，柯布西耶对居住单元的构思并且通

图 136　湖滨路 860~880 号公寓

图 137　芝加哥国民广场　　图 138　芝加哥湖景路　　　　公寓　　　　　　　　　　2400 号公寓

图 139　底特律拉菲亚特公园　图 140　纽瓦克柱廊　　　　集合住宅　　　　　　　公寓大厦

过探索城市与集合住宅之间的关系，推动现代主义建筑思想和集合住宅之间的结合。格罗皮乌斯不仅推动了现代集合住宅建设的工业化和标准化，也以现代主义的理念和手法探索集合住宅小区的规划和设想，对于最低限住宅的研究也不可忽略，与此同时对高层集合住宅的开创性研究也对后来产生了影响。密斯则以流通空间的理念，在强调框架结构体

集·住

集合住宅与居住模式

系的基础上给予住宅平面空间布局更多的可能性，创造了独特的高层集合住宅风格并妥善处理了其与城市之间的关系，具有广泛示范作用。

## 4.5 国际组织的作用

现代派建筑师的国际组织（CIAM）在现代集合住宅的发展演变过程是也起着十分重要的作用。在CIAM成立之初的三次重要会议，其主要内容都是围绕集合住宅问题展开的。第一次会议（1928）主要针对建筑的表现，建筑标准化、卫生、城市化、基础教育以及建筑师与政府的对话等六个议题展开讨论，对集合住宅未来的发展达成了共识并指明了方向。会议认为：其一，集合住宅作为现代主义建筑的重要组成部分，与社会、经济以及政府之间保持着十分密切的关系；其二，彻底否定了分散而个体化的建设方式，对集合住宅的标准工业化建造达成共识；其三，在城市化问题上也将居住作为城市的首要功能。第二次会议（1929）则以"最低限住宅"为主题并且组织了作品展，会议聚焦"最低限住宅"的概念把住宅问题和住宅设计定义为现代主义建筑的核心地位，引起了建筑师的关注和研究。会议中的报告包含了社会学、设计方法、住宅法规以及结构原理，在这之后的半个多世纪，集合住宅的发展也都是以此次会议的理论框架为基础的。第三次会议（1930）围绕"合理地块开发"展开，通过这次会议，高层集合住宅受到了重视且高层集合住宅的优越性也得到了肯定。CIAM的三次会议使得集合住宅的研究成为系统而具有组织化的工作，使得集合住宅的发展涉及经济学和技术科学、从社会学到艺术学等多个不同领域，集合住宅的普及也使包括建筑师在内，政府、公众乃至其他社会组织更加重视。除了国际会议以外，在现代集合住宅发展的进程中，三次载入史册的重要住宅展览会也十分重要。其一为1927年的魏森霍夫住宅展（图141、图142），来自4个国家的16位建筑师参加并完成了6栋集合住宅的设计建造，其设计师分别为密斯、贝伦斯、奥得、柯布西耶、斯塔姆和弗兰克。这次展览将新的建筑艺术在工业改革时代的推动下融入集合住宅当中，让

图141　1927年魏森霍夫住宅展鸟瞰

（密斯——设计栋）　　　　（贝伦斯——设计栋）

（奥得——设计栋）　　　　（柯布西耶——设计栋）

（斯塔姆——设计栋）　　　　（弗兰克——设计栋）

图142　魏森霍夫住宅展——集合住宅

集合住宅的设计成为建筑师的专利被不断推广。其二为 1932 年的维也纳奥地利制造联盟住宅展（图143~ 图 145），基本上延续了魏森霍夫住宅展的思想和风格，更多的建筑师接受现代集合住宅的思想，其中包括了法国的吕尔萨、荷兰的里特维尔德、德国的哈林以及美国的纽特拉等一批优秀的现代主义建筑师。其三为 1957 年的柏林国际住宅展（图 146、图 147），这是"二战"后集合住宅的一次最为集中的展示，可以称得上是现代集合住宅乃至现代建筑发展达到高潮的标志之一。建造地址在被战火摧毁的柏林汉莎区，参与设计建造的国际知名建筑师有格罗皮乌斯、阿尔托、贝克马、尼迈耶等。这次住宅建造盛会中，建筑师们秉承现代主义建筑的基本理念，把标准化和工业化作为解决住宅问题的关键手段，建筑类型也更加丰富，其中包含了高层点式、高层板式等前几次展览会中所未曾出现过的形式。这次展览会的影响力遍及了世界各地，在世界范围内被无数集合住宅作品相继效仿，

（吕尔萨——设计栋）

（哈林——设计栋）

（纽特拉——设计栋）

（里特维尔德——设计栋）

图 145　奥地利制造联盟住宅展——集合住宅

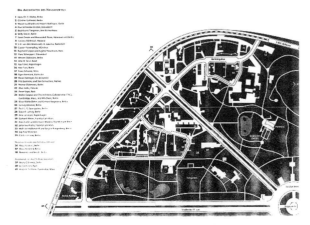

图 146　1957 年柏林国际住宅展总平面

（格罗皮乌斯——设计栋）

（阿尔托——设计栋）

（贝克马——设计栋）

（尼迈耶——设计栋）

图 147　柏林国际住宅展——集合住宅

图 143　1932 年奥地利制造联盟住宅展鸟瞰

图 144　奥地利制造联盟住宅展模型

无数城市面貌因此被改变，并且直至今日仍然发挥着巨大作用，这也成为集合住宅发展和进化进程中具有重大意义的事件。

## 4.6 现代集合住宅的变化

现代集合住宅发展到"二战"结束之后，整个西方世界也都处在集合住宅建设的黄金期，尤其是在 60 年代前后，世界主要发达的资本主义国家的国民生产总值平均每年的增长率都高达 5% 以上，到了 70 年代各国经济的发展也都达到了空前的繁荣，经济规模总量和社会生产能力也都扩大了数十倍。从经济上来看，伴随着社会的繁荣和工资水平的提升，生活质量也有了极大的提高，这个阶段主流的经济学理论认为，以提高工资和社会福利水平为重点，创造更丰富的购买力以及扩大终端消费来促进经济长期且稳定的发展，同时大量的生产和消费等是该阶段的主要特色。在这样一种主流经济理论的影响下，各国相继建造了大批面向社会的中低收入人群的集合住宅，住宅也不只是维持生存所需的必须空间，建筑师也变得更加关心居住者的精神需求而不仅仅只是生理上的需求。换句话说，"住宅是居住的机器"这句口号已经变成过去，人们更需要的是居住的安全和舒适。大规模拆除和重新建造的模式被对住宅的更新和改造的重视所代替。从科技的发展和影响上来看，第二次工业革命的科技革命也给建筑设计开辟了新的路径，科技发展不断颠覆人们长久以来的常识和生活习惯，集合住宅的设计概念也完全超越了现代主义建筑学理论的范畴；另外，新科技成果也不断在集合住宅当中得到应用，太阳能和以计算机技术为支持的智能化住宅也不断在集合住宅领域得到发展。从文化层面来看，包括哲学、艺术学、历史学、文学、社会学等各个领域和建筑学的相互交织，以后现代的名义对近两百年来工业革命所产生的历史价值和现代化进行反思。除了经济、科学以及文化层面的影响以外，人口增长的减少和人口结构的转变也影响到了集合住宅的发展，其中就包括了老龄化社会的转变和可持续发展理念的逐渐形成。毫无疑问，曾经现代集合住宅发展当中那些影响因素都在陆续发生变化，预示着需要新型的集合住宅来适应不断变化的新形势。

对于新形势的审视，现代集合住宅曾经出现过几种不同的发展动向。其中包含了理想主义的集住构想、对居住者的更加重视、新形式主义的倾向、对生态与能源的重视、多区域文化的交流和影响、住宅的更新和再生等。

在理想主义的集住构想方面，1959 年，日本建筑师丹下健三与美国麻省理工学院的学生合作完成了较早的理想主义集合住宅方案设计（图 148），设计当中的巨大剖面呈 A 字形，高度超过百米，长度超过千米，住宅单元以阶梯状的方式排列在 A 形斜撑的外侧，内部设置道路和公共活动空间。每组住宅单元都由两座巨大的单体围合而成，且都坐落在海湾当中。设计采取以公路桥和不同的供应管线与外界相互连接，构成一个半自主的居住社区，

图 148　东京湾概念规划方案

方案借鉴了柯布西耶在阿尔及尔规划当中的一些概念，通过这种巨型结构的集合住宅单元创造出新的建筑空间以解决城市下道路和建筑物之间的冲突。这种概念构思也延续到了东京湾的规划方案中，其主要目的是利用巨型结构把建筑、桥梁以及道路建在更加宽广的海湾，以改变人类千百年来生活在陆地上的传统。除此以外，英国在泰晤士河入海口设计建造的海上炮台堡垒方案也和丹下健三的东京湾规划方案如出一辙。除了在体量上的设想，浪漫主义建筑师赖特完成了对于超级摩天大楼的设想，在矶崎新完成的科技工程基础上，将居住空间投射在大海、地下、沙漠、山脉乃至空中等领域。伦敦的阿基格拉姆小组完成了对可变化居住模式的设想，以"插接式城市"（图149）的方式将居住单元自由移动和灵活组合。"新陈代谢"运动的主要成员黑川纪章设计建造的东京中银舱体大楼（图150），以140个正六面体居住"舱体"的组合实现了"插接式城市"的设想，居住单元各种设备齐全且可以满足基本的生活所需。建筑像有生命一样实现了人与环境之间的共生关系这一构想。伴随着信息科学和计算机技术的发展以及网络和虚拟现实技术的进步，都使集合住宅的各种理想化设想成为可能。

　　在对居住者的更加重视方面主要体现在对特殊人群的关注，其中包括了老年人、残疾人以及其他特定群体。摒弃标准化建造当中服务对象的局限性，充分考虑特殊人群在生理体征、生活模式以及心理需求等方面的不同，将更多的精力放在妥善解决特殊人群的设计需求中。荷兰阿姆斯特丹的"德里霍芬老年人之家"（图151、图152）就以老年人这一特殊群体为考虑对象，在集合住宅当中专门为老年人群量身设计，其中包括了55套夫妇居住

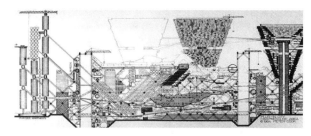

图149　插接式城市示意图

图150　东京中银舱体大楼

图151　德里霍芬老年人之家鸟瞰

单元，171套单身老年人居住单元，一个慢性病护理康复中心，服务人员宿舍以及公共活动中心，同时也为老年人的日常活动提供更多的交往场所，包括为老年人精心设计的交往座席以及屋顶动物园等。然而除了老年人群以外，在庞大复杂的社会人

群中还有丁克家族、单身人群、三代同堂、单亲家庭等不同的特殊人群，因此集合住宅对特殊人群需求的关注既体现出了集合住宅发展的进步，也是对使用者需求尊重的回归，无论是从功能还是形式上都重新确立了住宅使用者的主导地位。

在新形式主义倾向方面，主要体现在几种不同建筑思潮对于集合住宅形式的影响和呈现上，其中包含了"新理性主义""后现代主义""新现代主义"等。英国建筑师狄克逊在 1976 年设计建造的圣马克思路连立式集合住宅（图 153），以传统的英国三角形山墙面做造型，采取当地特有的黏土砖饰面，其山墙顶部勾勒出白色阶梯状的轮廓以及高低错落的连续排列，让人联想到工业革命之初的英国小镇，也体现出集合住宅对于历史文脉和地方特色的尊重以及建筑与文脉之间的关联。西班牙建筑师波菲尔所设计建造的拉瓦雷住宅区（图154），以古典主义的建筑样式为原型，塑造了一个犹如宫殿般的集合住宅区，建筑师大量采用了古典主义的建筑符号，以剧场、宫殿、凯旋门三栋建筑构成的住区使人联想到古罗马露天剧场的雄伟场景，该作品也体现了建筑语言可以在集合住宅的设计建造过程中被自由使用。美国建筑师摩尔则将古典主义的怀旧和现代主义的简约相结合，塑造了西柏林提加尔港住宅（图 155）和瑞典马尔摩住宅区（图 156）。在建筑形式上，采取矩形通风体来塑造通风烟囱并以此塑造屋顶，以砖墙饰面，塑造仿木制分格窗户、精雕细琢的窗台窗檐、精致的阳台栏杆以及分色的腰线和墙面等细节，同时根据地形环境需求营造出丰富多样的形体和街道尺度。虽然展现出的是古典主义的内容，其设计手法却都是现代的，每户的功能也都与现代生活相适。建筑师史

老年人居室

公共活动室

集会场所

种植休息平台

走廊和入户

娱乐室

图 152　德里霍芬老年人之家内景

图 153　圣马克思路连立式集合住宅

图 154　拉瓦雷住宅区

坦利·台格曼设计的潘萨可乐公寓（图 157），受到了波普文化影响，将古典符号拼贴和现代主义形体组合在一起，呈现出消费时代背景下华丽喧嚣的娱乐效果。建筑师阿尔多·罗西设计的格拉拉公寓（图 158），从传统长廊中提取形态，以极其简单抽象的造型配合单调且重复的洞口和墙体，营造出冰冷严肃之感，展现出新理性主义的形态特征。同样，建筑师昂格尔斯设计的利特街住宅（图 159）也通过对传统住宅形态特征的提取和归纳，以抽象的几何形体创造出具有历史感的集合住宅，以多变的细部和变化来传达建筑内容的丰富性。在多种带有其他"主义"标签的风格样式相继活跃的情况下，现代主义仍然有诸多的拓展空间，比如打破僵硬方盒子的形式，采取更加丰富的空间形态进行组合的建筑作品蒙特利尔 67 住宅，总共有 158 个居住单元，其中含有 15 种大小不同的居住户型，按照三维方法搭建起来，最高处有 12 层，以工业化的方法将基本体块单元现场预制墙体拼装成房间，然后以吊车进行吊装并用螺栓固定，其内部依靠倾斜和水平的道路组成三维空间交通体系，每户都在各自独立空间的下层屋顶享受到空中花园且不被干扰。该项目为当时中等收入人群提供了一个既有私密性又具有识别性的集合住宅，整个建筑从远看像一座小山，该项目也突破了人们对传统集合住宅认识的局限性。虽然存在造价过高的问题，但是蒙特利尔 67 住宅（图 160）所带来的启发却是巨大的。在这之后，英国建筑师布朗设计的亚历山大路住宅区（图 161）充分发挥出了阶梯式集合住宅的潜力，在实现高密度居住的同时，在底层高密度和高层高密度之外找寻到了一种有效解决环境和密度之间矛盾的方法。该住宅因为背靠铁路而导致环

集合住宅与居住模式

图 155　提加尔港住宅

图 156　马尔摩住宅区

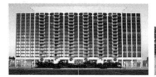

图 157　潘萨可乐公寓　　　图 158　格拉拉公寓

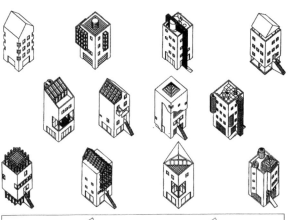

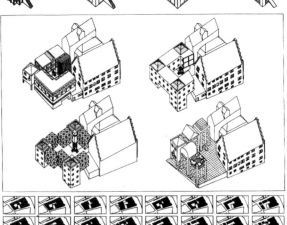

图 159　利特街住宅

104

境不佳，为解决噪声带来的影响而创造性地设计了两条长达千米的住宅，其建筑形式模仿了连立式集合住宅，以层层后退的方式且采取一、二层为一户，三、四、五层为一户，六、七层为一户的垂直分配，确保每一户都能从逐层后退中得到屋顶花园以及更充足的光照和视野，同时也能保持足够的私密性。对于环境，现代集合住宅除了体现在对由实体的建筑、道路以及绿化所组成的硬环境的处理以外，也还反映在对由交往空间、活动空间以及文化习俗等软环境的处理。在这方面做得比较成功的案例是由日本建筑师桢文彦设计建造的代官山集合住宅（图162），在这个前后历经25年总共6期的集合住宅项目中，以居住、商业办公为主，兼顾小型餐饮、店铺以及展示、集会和交往场所，可以称得上是一个初具规模的城市综合体了。为了创造出具有生活气息的都市居住场所，桢文彦将建筑作为城市环境的基本构成元素且十分注重整体的环境效应，为此将住宅与转角广场、下沉式庭院以及步行平台有机结合起来，建筑造型采取简洁明快的几何形体并在各个水平方向进行延伸以营造出宜人的街巷空间。设计师所关注的是建筑的立面与街道空间的相互作用，塑造出宽敞且多路径的平台和楼梯以解决立面丰富多变的效果，同时也使其成为商业店面和住宅区域之间的缓冲区域，确保公寓部分的个性和私密性。除此以外，日本建筑师安藤忠雄所设计的六甲集合住宅（图163）也是成功将对环境的重视和形式创新相互结合在一起的代表案例。在倾斜角度超过60度的山坡上，采取退台阶梯式设计，同时以混凝土梁柱结构营造出日本传统木构架的意象，并在坡道和各处山体空间中挖掘出供居住者使用的趣味场所，混凝土塑造出的建筑质感与绿色植

图160　蒙特利尔67住宅

图161　亚历山大路集合住宅

图162　代官山集合住宅

图163　六甲集合住宅

被相互呼应，仿佛从山体里生长出来一般，简单的方盒子在安藤忠雄的设计里传达出了浓厚的文化气息和特殊内涵。类似的新形式主义的集合住宅设计作品在当时的世界范围内有许许多多，可以看出现代主义集合住宅的发展进入六七十年代以后非但没有走向衰亡，反而受到其他风格的影响和部分批判，获得了释放，变得更加多元化。

在对生态以及能源的重视方面，伴随着住宅数量的巨大增加，对于能源的消耗也变得十分巨大。在70年代的工业发达国家，有数据表明民用建筑所消耗的能源大约占据了全部消耗的三分之一，而电力的消耗也占据了全部消耗的四分之一。数据显示，在西方国家一户110m$^2$的单元住宅内一年所消耗的能量相当于4吨标准煤，其中包含了采暖、空调、供热水、照明、电视、厨房以及洗衣。随之而来的能源危机也使得各国政府相继出台各种政策鼓励和补贴低能耗住宅的建设，并采取了多种措施降低能源的消耗。其中主要的措施有围护

结构性能改善、主动式太阳能的利用、被动式太阳能的利用以及太阳能的发电等。其中也包括了住宅墙体、屋顶、窗户以及地坪等内在围护结构的热工性能改善。1978年设计建造的日本野菊台集合住宅（图164～图166）是日本第一栋以应用太阳能技术为目标专门设计并建造的低能耗集合住宅。该住宅采用钢筋混凝土结构，总共有2238m$^2$，可容纳18个居住单元，每户为81m$^2$。不同于一般的板式集合住宅，为确保每户都能享受到充分的日照且减少对相邻建筑的遮挡，建筑采取锥台形设计，该体型利用倾斜的墙面布置大面积集热器，同时减小外墙面积以降低散热量。除此以外，在这栋建筑中还植入了许多低能耗设计，其中包括了外墙、屋顶和地板采用保温隔热材料，门和窗户都采用密封构造和双层玻璃，在地下设置有蓄水池，采暖可以直接利用集热器的温水而制冷可以直接利用热水驱动发动机制冷，整个住宅更像是一个能量搜集和加工的机器。事实上太阳能技术在现代集合住宅当中的推广大幅度地减少了对其他不可再生能源的消耗，同时也减少了环境污染，这种对集合住宅后期发展模式的反思使得人们意识到不能凌驾于自然之上而更应是和环境的和谐共处。除了对能源的注重以外，还有很多关注生态的体现，其中也包括了对水资源的控制，提高淡水利用率，减少对水资源的污染和浪费。与此同时，也有大量关于新型环保建筑材料的研发，建筑垃圾对环境影响的评估等。在这些新型环保意识的基础之上，更多可持续的集合住宅被设计建造，乐观地想象未来生态集合住宅将成为现代集合住宅的又一次进化。

在多区域文化的交流和影响方面，主要体现在不同文化环境背景影响下集合住宅的文化性表达

图 164　野菊台集合住宅鸟瞰

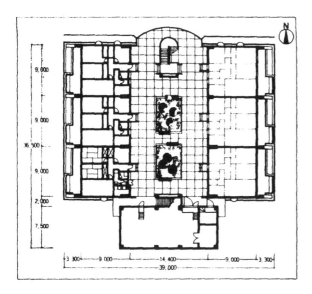

图 165　野菊台集合住宅一层平面图

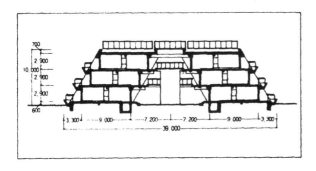

图 166　野菊台集合住宅东西侧剖面图

和展示。以欧洲文化为基础的现代集合住宅文化随着工业化的全球性传播，其文化也被带入到了不同国家和地区，文化之间的相互渗透在所难免，新的建筑形态的传播和旧的当地民众生活习俗之间的结合催生出了许多能够代表地方特色的集合住宅作品。葡萄牙建筑师阿尔瓦罗·西扎主张将现代主义和葡萄牙本土文化融合在一起，他设计建造的马拉古埃拉社会住宅区（图 167、图 168）就是文化融合型集合住宅的代表作品。该住宅没有采取现代主义板式多层的建筑样式，而是在充分尊重当地居民生活方式和建筑传统的前提下，以天井和隔墙来构成集合住宅的主要元素，以聚落式的布局来塑造低层高密度的集住群体，在尺度和形态上与周围环境相互协调并且延续了长达 20 年的建造过程，展现出一种住宅与城市发展的新型模式。印度建筑师查尔斯·柯里亚将印度本土文化与西方文化相互融合，在总结出关于印度城市存在相似等级体系的前提下设计出了一套对于住宅问题的设计理念，其代表作品是干城章嘉公寓（图 169）。该公寓是主要面向高收入阶层的高层集合住宅，采用错层的手法并设置两层通高的空中花园，并对当地的气候条件、生活习俗乃至景观方面也予以了充分的考虑。

　　在住宅的更新与再生方面，伴随着住宅数量的基本饱和大批低标准、质量差、功能单一以及环境单调集合住宅的出现，住宅的新建变得并非最为重要，住宅的修缮和更新已经成为社会所关注的重点话题。在原本"拆旧建新"观念的驱使下，人们意识到简单的拆除不仅破坏了原来城市的社会结构、人文环境以及经济关系，而且也产生了诸多其他社会问题。建筑师所面临的更多任务是住宅的改造，修复和再生，基地也不再是以往那样一块空地

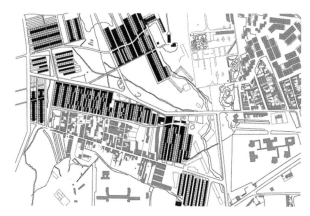

图 167　马拉古埃拉社会住宅区总平面

图 168　马拉古埃拉社会住宅区集合住宅

图 169　干城章嘉公寓

统乃至外部环境等进行全面修复和改造亦会大大增加居民对原有住宅的归属感，同时也提升了居住区域内的生活气氛，增强居民对原有住宅的认可。

　　除了之前三次载入史册的大型国际住宅建筑展之外，1987 年的柏林国际建筑展（IBA）远远超过之前几次的规模，其中包含了新建项目 104 项，改建项目 68 项，到 1987 年展览举办时大部分项目也都完成，其中涌现出很多对集合住宅发展有深远影响的建筑作品。不同于前几次展览会集中在特定区域内，这次展览的作品分散在城市的各个地点，并且充分考虑了社会、经济、政治、历史和城市之间的关系，重视对城市的批判性重构以及实现城市内包含居住建筑在内的结构元素，并使其相互合理化。奥地利建筑师克里尔设计的劳奇大街住宅群（图 170~ 图 172）就是此次展览中受注目的作品之一。该住宅群由 9 栋住宅组成，沿着长方形地块展开分离的对称式排列布局，中间围合形成长方形的绿地以体现出古典主义的秩序感，中轴尽端由两侧塔楼和月牙形中间部分组成，中央入口处设置了盘旋而上的楼梯并在入口上方放置了能够体现异域浪漫气氛的铝制男子半身雕像。外墙采取红砖和白色粉刷的搭配以体现出传统与现代的对比。这些设计也都充分反映出建筑与视觉艺术的结合，超越了以往现代主义功能至上的几乎单调的几何美学，展现出一种与众不同的集合住宅美感。在意大利建筑师格雷高蒂设计建造的卢茨奥大街住宅（图 173）当中，设计师试图把不同年代的建筑语汇融合在一起，叙述城市的发展历史。项目由五排平行的四层公寓组成，其间距离不大且具有良好空间感的庭院，沿街道一侧五排公寓的端部被连接在一起，只开了两个三层高的洞口作为与街道的联

而是现存的建筑或者是社区，同样居民的参与也成了改造成功与否的不可缺少条件。在改造的过程当中，建筑师更多的是关注如何通过技术手段来提升已有住宅的居住品质，这远远比新建同样的住宅要复杂。这也就意味着现代集合住宅的发展模式由原本的"建设—破旧—拆除—新建"转化为"新建—破旧—改造—再生"。在原有住宅基础上，对其室内布局、外立面、节能、交通体系、厨卫系

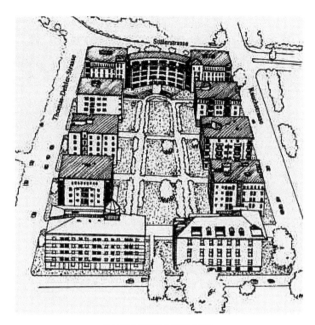

图170 劳奇大街住宅群

Robert KRIER, Wohnanlage an der Rauchstraße, Berlin-Tiergarten, 1983-1985

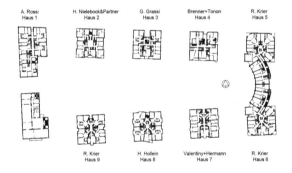

图171 劳奇大街住宅群——各住宅栋平面

图172 劳奇大街住宅群入口处

图173 卢茨奥大街住宅

图174 城市别墅

通，充分将内部围合保护起来，实现了城市中低层高密度的规划思想。建筑形式上，在入口上方和建筑两侧附以深灰色金属网格作为饰面造型，与两侧高起的砖面转角形成强烈对比，另外住宅内部粗糙的粉刷墙面也与入口处金属构架以及转角处的砖面形成对比，在完成色彩和质感对比的基础上展现出空间的相互咬合。美国建筑师泰格曼设计的城市别墅（图174）也充分体现出了异国流行文化元素对集合住宅塑造的影响。建筑为一栋容纳6户的三层楼高小型集合住宅，采取坡屋顶老虎窗的而设计，戏剧性地将其一分为二并在中轴线的位置设置了单跑楼梯，在中庭两侧的墙面上绘制了棋盘格图案，并且与入口处的红色钢架采取相同的尺寸，给人以施工现场脚手架的错觉，这些暧昧的空间塑造手法是设计师的蓄意表达，在丰富了住宅的建筑语言的同时也全面展示了最先锋的建筑思想。美国建筑师艾森曼设计的考奇大街住宅（图175），将集合住宅作为城市复兴的标志，以住宅作为载体呈现出柏林分裂这段历史记忆。建筑平面上以两套不同的轴网将建筑叠加在一起，一套以城市为基准，而另一套旋转了3.3度以靠近柏林墙及边防所的18世纪建筑遗址为基准，通过这样的方式建立起与历史之间的联系，并以3.3m高的灰色混凝土底层高度回应原本柏林墙的高度。设计师希望通过制定属于自己的内在秩序并以此同城市的复兴与发展产生对话。建筑师佩奇尔依然遵循现代主义的步伐，完成了斯奇罗街住宅（图176、图177）设计。建筑外观采取三艘并列小船的形式，以白色墙面和绿色基地相互交错，以奇特的造型来满足充分的日照要求和景观需求并与环境建立了良好的对话关系。可以看到，现代主义建筑师摒弃不能适应时代需求的教条，转而以更新的方式关心居住者、环境以及城市的需求。

现代集合住宅的发展逐渐由原来的批量建设转化为了一种市场"选择"。社会的变迁和时代的变化使得在现代主义建筑思潮指引下成长起来的集合住宅必须发生转变，也就是说集合住宅的发展也面临着社会的选择，只有适应了社会的发展和变化才有可能继续向前发展。应对这些变化，集合住宅的发展也在寻求自身的变化，这与建筑师的努力是密切相关联的。现代集合住宅的探索呈现出几个特点：其一，受到社会和不同建筑思潮的影响，集合住宅的发展变得更加多元化。其二，面对社会提出各种新的要求，集合住宅的发展为解决这些社会问题而变得更加创新化。其三，伴随着社会进步和交流沟通的越发频繁，人们生活水平提高的背后是对

图175　考奇大街住宅

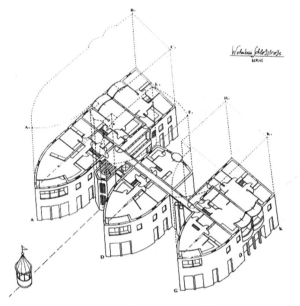

图176　斯奇罗街住宅草图

图177　斯奇罗街住宅模型

住宅要求的趋同，在各国建筑师相互分享经验的背后则是集合住宅发展的趋同化。其四，不仅要满足最基本的各项居住要求，更要满足其他诸如节能、环保、文化、改造更新等要求，集合住宅的发展变得越发综合化。几次具有历史性的住宅展全面反映出现代集合住宅发展的历程，体现出集合住宅的发展和社会的变化息息相关，这既是一次总结也是为未来集合住宅的发展提供的选择。

由此可见，现代集合住宅的普及与发展从18世纪末期到20世纪末期，经历了一个长达两个世纪的发展历程，诸多的转变期和历史事件促使集合住宅的发展几经波折。作为一种满足人们居住需求的产品和建筑类型，集合住宅无论是在建筑理论、形式风格还是建造技术和材料等方面都有着显著的进步和发展，集合住宅的每一步发展也都受到各种社会因素的制约与影响。

很显然，现代集合住宅是18世纪末英国工业革命的产物，在借鉴英国传统农村与城市住宅形式的基础之上不断被改造而形成，以连立式集合住宅为主的18世纪出现了诸如"背靠背""泰恩式"在内的多种集住类型。然而促成现代集合住宅产生的主要原因包含了人口增长和集聚，生活方式的转变，城市化和土地的紧张，建筑技术的进步以及建造方式的进步，设计者的创新以及公共卫生问题的国家层面干预等。而在这之后的普及与传播更是让集合住宅的发展延续到了其他国家，其中也涵盖了一批优秀建筑师的尝试和研究以及美国在高层住宅当中技术层面的突破。不断进化后的现代集合住宅，随着两次世界大战对各国社会的深刻影响，现代主义建筑思潮也最终成为主导性的建筑潮流，诸多建筑师也都开始积极地对集合住宅展开研究和实践工作。人口的变化，城市化的变化，生活水平的提高，建筑师的作用，国家的干涉，以及经济技术的作用使现代集合住宅得到空前的发展与普及。最后，随着人口结构的改变，经济增长方式的转变，科技的进步以及文化和建筑思潮的不断反思，现代集合住宅呈现出更加多元化的特征，这些变化让集合住宅变得更加成熟。现代集合住宅的发展和普及无疑是时代和社会发展的产物，在不同的发展阶段也都有着不同的影响因素并且表达出来的特点也都不同，必须认清哪些因素对其发展起到至关重要的作用，才能把握住集合住宅发展的方向和本质。

## 参考文献

[1]  Norbert Schoenauer.*6000 Years of Housing*[M]. Rev&expand.ed.NewYork；W.W.Norton& Company.Inc，2000.

[2]  柯卫，江嘉玮，张丹.结构理性主义及超历史技术对奥古斯特·佩雷与安东尼·高迪的影响[J].时代建筑，2015.

[3]  （英）彼得·柯林斯.现代建筑设计思想的演变[M].第二版.英若聪译.北京：中国建筑工业出版社，2003.

[4]  （英）尼古拉斯·佩夫斯纳.现代设计的先驱者—从威廉·莫里斯到格罗皮乌斯[M].王申祜，王晓京译.北京：中国建筑工业出版社，2004.

[5]  （德）汉诺·沃尔特·克鲁夫特.建筑理论史：从维特鲁威到现在[M].王贵祥译.北京：中国建筑工业出版社，2005.

[6]  （瑞）W·博奥席耶.勒·柯布西耶全集[M].牛燕芳，程超译.北京：中国建筑工业出版社，2005.

[7]  （意）L·本奈沃洛.西方现代建筑史[M].邹德侬，巴竹师，高军译.天津：天津科学技术出版社，1996.

[8]  （法）勒·柯布西耶.走向新建筑[M].杨至德译.南京：江苏凤凰科技出版社，2016.

[9] 罗小未 . 外国近现代建筑史 [M]. 第二版 . 北京 : 中国建筑工业出版社, 2004.

[10] 刘先觉 . 密斯·凡德罗 [M]. 北京 : 中国建筑工业出版社, 1992.

[11] Eric Mumford. *The CIAM Discourse on Urbanism*[M]. 1928~1960. London；The MIT Press, 2002.

[12] (美) 查尔斯·詹克斯 . 后现代建筑语言 [M]. 吴介祯译 . 台北 : 田园城市文化事业有限公司, 1998.

[13] 周静敏 . 世界集合住宅 : 新住宅设计 [M]. 北京 : 中国建筑工业出版社, 1999.

[14] 李振宇, 邓丰, 刘智伟 . 柏林住宅 - 从 IBA 到新世纪 [M]. 北京 : 中国电力出版社, 2007.

[15] 日本建筑学会 . 现代集合住宅的再设计 [M]. 胡慧琴, 李逸定译 . 北京 : 中国建筑工业出版社, 2017.

**图片来源**

图 1：《都市の住態—社会と集合住宅の流れを追って》, P13

图 2：https：//twitter.com/BurakBoysan2/status/1190521297585000448

图 3：https：//architectona.wordpress.com/type/image/page/3/

图 4：https：//www.awhouse.art/dom-ino

图 5：https：//www.awhouse.art/dom-ino

图 6：《De esthetiek van Maison Dom-ino》

图 7：https：//www.gaudidesigner.com/fr/casa-mila-_1055.html

图 8：http：//www.aod.cn/mi-la-gong-yu.html

图 9、图 10：https：//docplayer.it/135294553-Documento-del-consiglio-di-classe.html

图 11：https：//travellingfoodtographer.wordpress.com/tag/las-ramblas/

图 12：https：//www.assawsana.com/portal/pages.php？newsid=146789

图 13~ 图 15：https：//www.penccil.com/museum.php？show=10959&p=490504414159

图 16、图 17：https：//www.lyon-france.net/2014/06/mur-peint-lyon.html

图 18：http：//bagcheearchitects.com/portfolio/001/

图 19：https：//slideplayer.com/slide/13511962/https：//en.wikipedia.org/wiki/Old_Law_Tenement

图 20：https：//www.flickr.com/photos/31129802@N03/3787384433

图 21：http：//ancestorsiwishiknew.blogspot.com/2016/08/

图 22：https：//misfitsarchitecture.com/2016/01/29/architecture-misfit-20-edward-t-potter/railroad-flat/

图 23：https：//la.streetsblog.org/2018/02/27/yimbyism-and-the-cruel-irony-of-metropolitan-history/

图 24：https：//commons.wikimedia.org/wiki/File：Stuyvesant_Apartments_July_3,_1934.png

图 25~27：https：//www.pinterest.com/pin/337488565822541814/

图 28：https：//www.pinterest.es/pin/431290101796807845/

图 29：https：//www.goethe.de/ins/pl/pl/kul/mag/20814957.html？forceDesktop=1

图 30：https：//www.pinterest.com/pin/318348267390653574/

图 31：https：//andrewlainton.wordpress.com/2017/02/page/4/

图 32：https：//medium.com/@social_archi/the-frankfurt-kitchen-eea432b56bfc, https：//www.schachermayer.de/a/die-frankfurter-kueche/

图 33：https：//commons.wikimedia.org/wiki/File：Siedlung_Georgsgarten_Treppenh%C3%A4user.jpg, https：//www.pinterest.es/pin/442971313338767397/？send=true

图 34：https：//www.pinterest.com/pin/554927985306408152/；https：//www.flickr.com/photos/98803345@N06/9505002727

图 35：https：//www.pinterest.pt/pin/218635756880137905/

图 36：https：//www.urbipedia.org/hoja/Edificio_de_apartamentos_en_Kaiserdamm_25

图 37：https：//www.uni-kl.de/FB-ARUBI/gta/hugohaering/werk5.html

图 38：https：//kenchikuchishiki.jimdofree.com/2017/08/18/%E6%9C%89%E6%A9%9F%E7%9A%84%E5%BB%BA%E7%AF%89/

图 39：https：//www.arkitektuel.com/romeo-juliet-apartmani/；https：//twitter.com/agua_architects/status/905020219030212612

图 40：https：//es.wikiarquitectura.com/edificio/edificio-residencial-romeo-y-julieta/#romeo-y-julieta-plantas

图 41：https：//www.novinky.cz/cestovani/nemecko/clanek/vizionari-a-prukopnici-architektura-design-a-reformace-221141

图 42：https：//journals.openedition.org/insitu/11102

图 43：https：//twitter.com/loouisfernandes/status/570230857690177536

图 44：http：//hiddenarchitecture.net/apartments-rue-des-amiraux/

图 45：https：//www.pinterest.com/pin/352406739572692476/

图 46：https：//gogonews.cc/article/2125888.html

图 47：https：//blogs.letemps.ch/christophe-catsaros/2020/05/08/ce-que-les-villes-doivent-aux-bombardements/

图 48：http：//www.memoire-viretuelle.fr/outils/cartes-et-plans/

图 49：https：//www.architecture.com/image-library/RIBApix/gallery-product/poster/la-butterouge-garden-city-chatenaymalabry-flats-on-avenue-albert-thomas/posterid/RIBA101819.html？tab=print；https：//www.architecture.com/image-library/RIBApix/image-information/poster/la-butterouge-garden-city-chatenaymalabry-one-of-the-postwar-block-of-flats/posterid/RIBA101846.html

图 50：https：//sdcresidencelesbruyeres255ruedestalingrad93000bobigny.wordpress.com/；https：//www.grandemasse.org/？c=actu&p=Filiation_Atelier_Architecture_CANDILIS；https：//docplayer.fr/71133161-Patrimoine-moderne-economie-energie.html

图 51：https：//archidose.blogspot.com/2005/08/isokon-flats.html；https：//en.wikiarquitectura.com/building/the-lawn-road-flats-isokon-building/

图 52：https：//www.urbipedia.org/hoja/Edificio_Isokon

图 53：http：//www.embassycourt.org.uk/tours/book-a-tour-may-2010/；https：//property.mitula.co.uk/property/to-rent-embassy-court

图 54：http：//www.embassycourt.org.uk/history/embassy-court-%E2%80%93-plans-and-construction/

图 55：https：//acgthhoesibh.wordpress.com/2019/02/20/32-palace-gate-1939-wells-coates-london/

图 56：https：//planejamentoemsecao.wordpress.com/casos-de-estudo/movimento-moderno/palace-gate/

图 57：https：//www.themodernhouse.com/past-sales/highpoint-north-hill-london-n6-2/；https：//www.hamhigh.co.uk/property/modernist-marvel-a-socialist-dream-and-a-slice-of-history-1-4938997

图 58：https：//acgthhoesibh.wordpress.com/2017/12/13/highpoint-i-1935-berthold-lubetkinlondon/

图 59：http：//adrianyekkes.blogspot.com/2017/07/

图 60：https：//streathampulse.wordpress.com/2009/09/04/pullman-court-streatham-hill/

图 61：https：//aplust.net/blog/chamberlin_powell__bon_cpb_golden_lane_the_city_londres_reino_unido__/idioma/es/

图 62：https：//municipaldreams.wordpress.com/2014/05/

图 63：https：//modernism-in-metroland.tumblr.com/page/58

图 64：http：//dromanelli.blogspot.com/2018/01/denys-lasdun-keeling-house-1955.html

图 65：https：//utcaeskarrier.eu/Articles

图 66：https：//www.anothermag.com/art-photography/7074/five-good-things-rainbow-bargains-to-brutalist-car-parks

图 67：https：//mireiaples.wixsite.com/proyectarciudadlondres/robin-hood-gardens

图 68：https：//www.icmimaritasarim.com.tr/modern-mimari-akimlar-nelerdir.html

http：//www.yidianzixun.com/article/0lixBulf

图 69：笔者根据相关资料收集

图 70：https：//zh-cn.facebook.com/ilcontephotography/posts/palazzo-novocomum-by-giuseppe-terragni-1927-1929como-italy-roberto-conte-2018/1161234490718012/

图 71：https：//www.flickr.com/photos/milan_lera_insc/29094239973/in/photostream/

图 72：https：//www.flickr.com/photos/pernodfils/2628036414/in/photostream/；https：//www.architettura-aaci.polimi.it/wp-content/uploads/2016/10/Presentazione-LPCA-Gambaro-Poletti-Iannetti.pdf

图 73：https：//sarrenschiff.tumblr.com/post/104331106001/figini-e-pollini-edificio-per-abitazioni-e

图 74：http：//www.generaliarchives.com/en/the-city-is-a-big-home-for-a-big-family-leon-battista-alberti/；https：//www.visitmodena.it/it/immagini/Inacasaprogetto.jpg/image_view_fullscreen

图 75：http：//antiriilaria.altervista.org/petervector.html；http：//www.artandarchitecture.org.uk/images/full/e6a37827cd8cb31c44c314221737921b95a566cf.html

图 76：https：//medium.com/@reale/quartiere-incis-a-decima-roma-moretti-95fbdbc88086；https：//sbeltrami.tumblr.com/image/166027672698

图 77：https：//www.plataformaarquitectura.cl/cl/795858/adolf-loos-entre-el-silencio-y-el-rescate；https：//es.wikipedia.org/wiki/Looshaus

图 78：https：//www.werkbundsiedlung-wien.at/hintergruende/siedlerbewegung；https：//www.geschichtewiki.wien.gv.at/Heubergsiedlung《Università degli Studi di Napoli Federico II》，P91

图 79：https：//www.europeana.eu/de/item/15508/ALA371

图 80：https：//craace.com/2019/02/18/artwork-of-the-month-monument-to-ferdinand-lassalle-by-mario-petrucci-1928/

图 81：https：//hiddenarchitecture.net/red-vienna-i-karl-marx-hof/

图 82：https：//hiddenarchitecture.net/red-vienna-i-karl-marx-hof/

图 83：https：//www.vienna.at/der-waschsalon-bietet-historische-stadtspaziergaenge-durch-wien/6301367

图 84：https：//commons.wikimedia.org/wiki/File：George_Washingthon_Hof_von_oben.jpg

图 85：https：//www.bostonglobe.com/2020/03/13/opinion/maybe-more-us-should-live-public-housing/

集·住

集合住宅与居住模式

图 86：https：//www.paolofusero.it/wp-content/uploads/2017/01/5g_amsterdam_berlage.pdf

图 87：https：//www.apollo-magazine.com/amsterdam-school-architecture/；http：//buttes-chaumont.blogspot.com/2016/11/het-schip-part-1-workers-palace-in.html

图 88：https：//amsterdamse-school.nl/objecten/gebouwen/de-dageraad-（oorspronkelijk-plan）/；https：//www.flickr.com/photos/jpmm/4327407749

图 89：https：//nl.m.wikipedia.org/wiki/Bestand：Michel_de_Klerk_（1884-1923），_Afb_5293FO002968.jpg；https：//nl.wikipedia.org/wiki/Bestand：Michel_de_Klerk_（1884-1923），_Afb_5293FO002971.jpg

图 90：https：//images.lib.ncsu.edu/luna/servlet/view/all/who/Oud，%20Jacobus%20Johannes%20Pieter/what/Architecture/when/Modernist/；https：//www.pinterest.fr/pin/319403798571025021/？d=t&mt=login

图 91：https：//www.cca.qc.ca/en/search/details/collection/object/359976

图 92：http：//www.recuperoperiferie.unina.it/dicristina.html

图 93：https：//www.architecturalrecord.com/articles/14119-women-of-the-bauhaus-catherine-bauer-wurster

图 94：https：//hu.pinterest.com/pin/484770347367462593/

图 95：https：//www.urbipedia.org/hoja/Edificio_de_apartamentos_en_Bergpolder

图 96：https：//www.architecturalrecord.com/articles/3051-glory-of-spangen-social-housing-complex-restored

图 97：https：//wederopbouwrotterdam.nl/artikelen/winkelcentrum-de-lijnbaan；http：//fotos.serc.nl/zuid-holland/rotterdam/rotterdam-32965/

图 98：http：//www.doyoucity.com/proyectos/entrada/2268

图 99：笔者根据相关资料收集

图 100：笔者根据相关资料收集

图 101：http：//www.archnewsnow.com/features/Feature41.htm

图 102：https：//www.newyorkitecture.com/san-remo/

图 103：笔者根据相关资料收集

图 104：https：//commons.wikimedia.org/wiki/File：Marina35.jpg

图 105：https：//www.chicagotribune.com/columns/ryan-ori/ct-biz-lake-point-tower-rejects-deconversion-ryan-ori-20191004-dw5pia4dhbfw3owzc6f2nescsi-story.html

图 106：《勒·柯布西耶全集》

图 107：https：//relationalthought.wordpress.com/2012/10/11/1254/

图 108：http：//panoramarchi.fr/？p=318；http：//search.lecorbusier.com/corbuweb/morpheus.aspx？sysId=13&IrisObjectId=5672&sysLanguage=fr-fr&itemPos=30&itemSort=fr-fr_sort_string1%20&itemCount=215&sysParentName=&sysParentId=65

图 109：https：//www.pinterest.com/pin/324399979395239349/

图 110：http：//www.galinsky.com/buildings/clarte/index.htm；https：//divisare.com/projects/396645-le-corbusier-giovanni-amato-immeuble-clarte；http：//caminarbcn12-13p.blogspot.com/2013/06/la-clartewalden-7.html

图 111：https：//intramuros.fr/design/news/oscar-niemeyer-et-le-corbusier-au-patrimoine-mondial-de-l-unesco/；https：//wyborcza.pl/5，140981，16847220.html？i=12&disableRedirects=true

图 112：《勒·柯布西耶全集》

图 113：《勒·柯布西耶全集》

图 114：http：//www.fondationlecorbusier.fr/corbuweb/
morpheus.aspx？sysId=13&IrisObjectId=5845&s
ysLanguage=en-en&itemPos=68&itemSort=en-
en_sort_string1%20&itemCount=215&sysParent
Name=&sysParentId=

图 115：http：//www.fondationlecorbusier.fr/corbuweb/
morpheus.aspx？sysId=13&IrisObjectId=5794&s
ysLanguage=en-en&itemPos=58&itemSort=en-
en_sort_string1%20&itemCount=215&sysParent
Name=&sysParentId=65

图 116：http：//www.fondationlecorbusier.fr/corbuweb/
morpheus.aspx？sysId=13&IrisObjectId=6259&s
ysLanguage=fr-fr&itemPos=193&itemSort=fr-fr_
sort_string1%20&itemCount=216&sysParentNam
e=&sysParentId=65

图 117：笔者根据相关资料收集

图 118：https：//www.pinterest.co.kr/pin/51115862
6438168941/；http：//www.le-corbusier.org/corb-
uweb/morpheus.aspx？sysId=13&IrisObjectId=57
52&sysLanguage=fr-fr&itemPos=51&itemSort=fr-
fr_sort_string1%20&itemCount=215&sysParentN
ame=&sysParentId=65

图 119：https：//davidhannafordmitchell.tumblr.com/
post/102579539943/acidadebranca-aurasalvaje-
le-corbusier

图 120：http：//www.moderndesign.org/2012/04/le-
corbusier-cite-radieuse-marseille.html

图 121：http：//fondationlecorbusier.fr/corbuweb/
morpheus.aspx？sysId=13&IrisObjectId=5266&
sysLanguage=fr-fr&itemPos=62&itemSort=fr-fr_
sort_string1%20&itemCount=79&sysParentName
=&sysParentId=64

图 122：http：//www.fondationlecorbusier.fr/corbuweb/
morpheus.aspx？sysId=13&IrisObjectId=5228&sy
sLanguage=en-en&itemPos=59&itemCount=79&s

ysParentId=64&sysParentName=

图 123：https：//www.archdaily.com/88704/ad-
classics-corbusierhaus-le-corbusier

图 124：http：//www.fondationlecorbusier.fr/corbuweb/
morpheus.aspx？sysId=13&IrisObjectId=5230&s
ysLanguage=en-en&itemPos=57&itemSort=en-
en_sort_string1%20&itemCount=78&sysParentN
ame=&sysParentId=64

图 125：笔者根据相关资料收集

图 126：https：//keup.wordpress.com/2019/04/01/
bauhaus-1926-1933/；https：//www.bauhaus-
dessau.de/en/architecture/bauhaus-buildings-in-
dessau/dessau-toerten-housing-estate.html

图 127：http：//www.doyoucity.com/proyectos/
entrada/7385；https：//www.karlsruhe-erleben.
de/en/media/attractions/Dammerstock-housing-
development；https：//web1.karlsruhe.de/
Ressourcen/Dammerstock/

图 128：https：//en.wikiarquitectura.com/building/
siemensstadt/

图 129：《Il territorio dell'architettura》；https：//zh.m.
wikipedia.org/wiki/File：Reichsforschungss
-iedlung_Haselhorst_im_Bau_1931.jpg

图 130：https：//www.researchgate.net/figure/Method-
of-the-successive-increments-Example-of-
comparison-and-evaluation-of-several-plan_
fig2_227077488

图 131：https：//www.researchgate.net/figure/The-
Gross-Siedlung-of-Bad-Duerrenberg-in-
Leipzig-View-of-the-area_fig3_227077488

图 132：http：//arc.salleurl.edu/arqpress/index.php/
paginas/ver/1305

图 133：https：//www.tumblr.com/search/afrikanischer；
http：//architectuul.com/architecture/the-
municipal-housing-development

图 134：http：//hanniagomez.blogspot.com/2019/09/

weissenhofsiedlung-stuttgart-1927.html

图 135：https：//www.promontoryapartments.org/
history；https：//teresayabarsterling.blogspot.
com/2019/08/promontory-apartments-chicago.
html

图 136：https：//explore.chicagocollections.org/image/
artic/85/z89363d/；http：//www.skyscrapercentre.
com/complex/936

图 137：https：//chicago.curbed.com/maps/mies-van-
der-rohe-chicago-architecture

图 138：https：//www.redfin.com/IL/Chicago/2400-N-
Lakeview-Ave-60614/unit-411/home/13366280

图 139：https://think313.org/transformational-projects-
coming-to-lafayette-park-neighborhood/

图 140：https：//www.apartmentratings.com/nj/newark/
colonnade-apartments_973482053607104/

图 141：https：//czumalo.wordpress.com/2016/04/03/
u3v-fsv-cvut-pamatky-velke-prahy-prednaska-
5-dubna-2016/cliff-house-5/

图 142：笔者根据相关资料收集

图 143：https：//www.architektur-aktuell.at/news/
wohnen-a-lavantgarde-in-der-wiener-
werkbundsiedlung

图 144：https：//www.domusweb.it/en/archite-
cture/2013/01/02/werkbundsiedlung-vienna-
1932.html

图 145：笔者根据相关资料收集

图 146：http：//kalamloves.blogspot.com/2012/05/
hansaviertel.html

图 147：笔者根据相关资料收集

图 148：https：//lapisblog.epfl.ch/gallery3/index.
php/20140709-01/tange_kenzo_projet_pour_
la_baie_de_tokyo_1960_09；https：//www.
tangeweb.com/works/works_no-22/

图 149：http：//almudenasalasfarga.blogspot.
com/2015/11/plug-in-city.html

图 150：笔者根据相关资料收集

图 151：https：//www.hertzberger.nl/index.php/en/
news2/311-ovt-radio-about-the-closure-of-the-
drie-hoven

图 152：http：//hiddenarchitecture.net/de-drie-hoven/

图 153：https：//www.pinterest.com/
pin/654851602045636091/

图 154：https：//art.branipick.com/tag/stadium/；https：
//www.designboom.com/architecture/ricardo-
bofill-postmodern-housing-complex-paris-les-
espaces-dabraxas-france-03-07-2017/；https：
//www.archdaily.com/795215/ricardo-bofill-why-
are-historical-towns-more-beautiful-than-
modern-cities

图 155：https：//www.moorerubleyudell.com/zh/
projects/tegel-harbor-housing

图 156：https：//www.moorerubleyudell.com/zh/
projects/potatis%C3%A5kern-housing

图 157：https：//www.multifamilybiz.com/news/6162/
waterton_associates_acquires_264unit_
pensacola_pla...

图 158：https：//aeworldmap.com/2018/10/24/
gallaratese-ii-apartments-milan-italy/

图 159：https：//eleywong.tumblr.com/post/
148594044024/deseopolis-ritterstrasse-housing-
project

图 160：https：//www.mtlblog.com/news/what-a-
dollar1150000-apartment-looks-like-in-
montreals-habitat-67；https：//blog.belairdirect.
com/unique-homes-canada/

图 161：https：//twitter.com/aa_estate/status/
1030780281131814917；https：//placesjournal.
org/article/the-modern-urbanism-of-cooks-
camden/？cn-reloaded=1；https：//medium.
com/@tombishop72/london-fever-beautiful-
kilburn-31e4392bb3d4

图 162：https : //note.com/uddesign/n/nc66bd
7a4d4c6；https : //kuaibao.qq.com/s/201803
19G0G2SS00？refer=spider；http : //hillsidete
rrace.com/about/story/

图 163：笔者自摄

图 164：东京调布市太阳能住宅楼，世界建筑，1/1983，
P62

图 165：东京调布市太阳能住宅楼，世界建筑，1/1983，
P63

图 166：东京调布市太阳能住宅楼，世界建筑，1/1983，
P63

图 167：https : //portuguesearchitectures.wordpress.
com/siza-vieira/1977habitacao-social-quinta-da-
malagueira-evorapt/

图 168：https : //voirenvrai.nantes.archi.fr/？p=6936；
https : //planosdecasas.net/clasicos-de-
arquitectura-quinta-da-malagueira-alvaro-siza/

图 169：https : //tallerasl.wordpress.com/2017/05/12/
programa-viviendas-a4/；http : //dome.mit.edu/

handle/1721.3/57994

图 170：https : //m.blog.naver.com/ywpark5293/
221566892533

图 171：https : //m.blog.naver.com/ywpark5293/
221566892533

图 172：https : //www.zhihu.com/question/20627671

图 173：http : //f-iba.de/fotos-block-647-197-198-
204-224-234-235-236-luetzowufer-luetzowstr-
hiroshimastr-tiergartenstr-reichpietschufer-
hitzigallee-sigismundstr-kluckstr-magdeburger-
platz/

图 174：https : //tigerman-mccurry.com/project/urban-
villa

图 175：https : //eisenmanarchitects.com/IBA-Social-
Housing-1985

图 176：https : //hu.pinterest.com/pin/5644
27765796453212/

图 177：https : //www.pinterest.es/pin/4846999
78638124139/

集·住
集合住宅与居住模式

贰 集住的乌托邦

# 1

## 乌托邦源起

乌托邦一词，源自托马斯·莫尔撰写的著名小说《乌托邦》，其中所描述的是一个现实生活中所不存在的理想型社会，该词是根据拉丁文"乌有之乡"一词改造而创造出来的新词语，更多的是描绘理想型的社会生活场景。在 19 世纪工业革命影响下的社会环境中，伟大的人类成就与尖锐的社会矛盾相互交织的现实环境中，西方世界相继出现了不少思想家和改革家，他们各自对未来社会做出设想，针对设想做出各种各样的方案并企图以此变革来推动社会向着更加理想和谐的方向发展。然而由于种种想法都超出现实甚至是脱离现实，因而在当时背景下所做出的诸多努力都落空，最终被附之以"乌托邦"思想的称号。由此可见，乌托邦的出发点是基于理想主义的思想描绘出理想型的城市发展模式、建筑建设模式以及居住模式等，并以此为指导对社会的各个方面实施变革。在早期众多理想主义的实验当中，包含了许多乌托邦式的集合住宅改革设计方案，其中影响较大的是法国的傅立叶和英国的罗伯特·欧文，其思想和实践当中不乏对集住模式的描述，不仅可以了解当时人们对于理想居住住宅的要求，而且可以通过其政治理念来深刻理解集合住宅的社会属性。早期理想主义者的思想以及他们的努力也深刻地影响了后来的城市规划和住宅设计理念。

乌托邦思想早期在集合住宅当中的表达主要体现在逃离城市范围的乡村集住营造。罗伯特·欧文在 1817 年提出的"联合村"（图 1）概念方案就是这种乡村集住营造的理想型表达。该方案占地约 500 公顷，由 1200 个居民单元组成，在以农业和工业为主要劳作方式的前提下，以集体居住的方式，将住宅群体围绕着方形广场进行布局。住宅由四栋四层左右住宅构成，其中包含了三栋提供给三岁以下儿童的家庭居住的单元，以及一栋给其他年龄儿童的家庭居住单元。除此以外，在广场中央还设置了若干栋公共型建筑，特别是公共食堂、幼儿园、图书馆、学校以及成人聚会场所。对此布局，理想主义者欧文认为，集中总体布局与安排，更加有利于居住和生活，有助于全体居民的食物烹饪，有益于孩子们的培养和教育；确切地说，一个平行四边形在形式上对集体家庭的布局也大有好处，形状的四条边更有利于包容成人宿舍或其他寄宿公寓；穿过平行四边形的中心线也可以实现良好的空气流通和日照以及交通组织，每户居住单元只需要打开门窗就可以获得温暖而纯净的空气。同时也做出关于早期空调装置的设想，以单个炉子供应多户居住单元的方式确保省事和省钱。这种乌托邦设想也与英国当时农场庄园如出一辙，形态上也有着惊人的相似，由此也可以看出早期集合住宅乌托邦式设想是以传统农庄形式为基础，再加上对社会制度的构想而形成的产物。欧文方案的意义在于推动了工厂型住宅的建造和集体居住模式的发展。不可否认，这样的设想也包含了某种社会福利的思想，在 20 世纪现代建筑运动当中诸多集合住宅的设想都

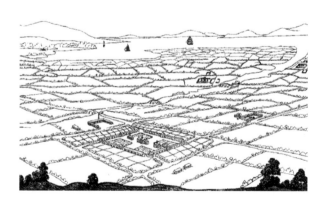

图 1 "联合村"方案

能找到这个方案当中的一些影子。和"联合村"的特点相近，1825 年欧文在印第安纳州买下一块土地并带领一部分追随者建立的"和谐村"（图 2）也是乌托邦理想型集合住宅的实验案例，虽然最后也因为种种原因而最终失败，但对于突破传统居住观念的束缚和发现新生活方式的潜力等方面，指出了集合住宅发展的可行性方向，具有很重要的意义。

　　和欧文不同，傅立叶提倡用思辨的方式先为其乌托邦设想构建理论框架。他反对独立式住宅的居住模式，认为独立式住宅是非社会性的并主张集合式的居住模式，认为集合式的居住模式更能够集中提供服务以及促进居民的社会交往。傅立叶也曾提出一个观点：一栋住宅的建筑单体就是一个基本的城市单元并能够为居民们提供基本的生活所需。这个观点在一百年之后，与柯布西耶在马赛公寓当中所做的如出一辙，可见乌托邦式的理论框架也最终以集住模式得以呈现。人类正处在由野蛮社会（barbarism）向文明社会（civilization）转型过渡的进程中，而后经历保证社会（guarantee）并最终走向和谐社会（harmony），傅立叶的这些理论与建筑师格罗皮乌斯日后遵循的社会发展理论也是非常相近的。傅立叶认为当人类社会进入保证社会（图 3）以后，城市也将会由不同功能的同心圆区组合而成，而在和谐社会中，人们终将会集体化生活，在称之为"共营村庄"的住宅体系中居住生活。这个名为"共营村庄"（图 4）的巨大型建筑能够容纳约 1600 人，400 户规模居住，建筑也被划分为几段并逐渐缩小尺寸，由二楼的街道构成主要交通部分以达到建筑的各个居住单元，而车辆则在地面层通行以确保人车分流。在居住层分区方

图 2　"和谐村"方案

图 3　保证社会社会场景

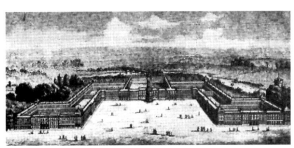

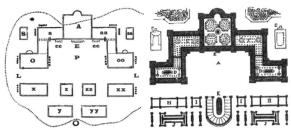

图 4　"共营村庄"鸟瞰图、总平面图、平面图

面，青少年和儿童居住在较低的夹层区域，较高楼层区域由成人居住，而屋顶层则给客人居住。生活确保集体化，饮食则是集中供应。这种形式的"共营村庄"受到包括法国在内的一些殖民地实验建筑的推广，在美国就建成了40个左右，其中最著名的是位于马萨诸塞州的布鲁克农庄。而在法国，傅立叶乌托邦设想最为成功的案例是位于吉斯的集合居住建筑群，建于1871年，称之为法米里斯泰尔（图5~图9），是企业家让·巴蒂斯特·高定为其工人们建造的集合住宅。该住宅并没有完全采取傅立叶设想当中的集体生活模式，而是以传统家庭作为基本的生活单元。在建筑造型上，采取三栋带有采光中厅的居住类主体建筑并以品字形排列开来，诸如餐厅、学校、浴场、游泳池、幼儿园甚至煤气站等辅助性建筑则围绕居住建筑群周边环绕布置，三栋住宅之间以街廊相互连接。在布局方面，建筑物的整体呈矩形，中间为巨大的中厅且中厅上覆盖有坡面以及透明的采光玻璃顶，住宅单元则围绕中厅布置在建筑物的外围，而住宅的入口处由面向中厅的出挑走廊进入。在矩形建筑物的四角布置有楼梯供垂直交通，每层可大约容纳24户家庭单元居住。每户为两进深，入户门不是直接开向走廊而是由两到三户住宅单元共用一个小门厅。每户居住单元约2~3个房间且每户都有储藏室。除居住功能以外，盥洗室和卫生间属于共用部分，布置在靠近街廊的角落位置，建筑物共五层（含屋顶层），地下一层为地下室，总共可以容纳400户家庭的居住生活，其规模与傅立叶所设想的"共营村庄"理念十分吻合。

不同于当时的其他住宅，法米里斯泰尔具有几个特点：其一，提倡以集合居住作为基本理念的

图5　法米里斯泰尔

图6　法米里斯泰尔航拍照片（含总平面）

图7　法米里斯泰尔内景

居住方式，所有设计均以集合居住为基础并充分体现出来；其二，有完整的统一规划，从主体建筑到辅助设施以及各个居住单元的布置，都需要精心周密的安排；其三，保留家庭作为基本生活单元，没有盲目追从傅立叶设计方案，满足现实需要；其四，从使用功能、交通组织、结构、采光通风以及给排水的技术处理等都表现出集合住宅的特征，建

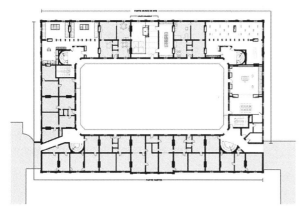

图8　法米里斯泰尔平面图

图9　法米里斯泰尔剖面图

筑设计形态完整且已相当成熟。

　　法米里斯泰尔是建筑历史上十分著名的集合住宅实例，并对后续城市发展和规划产生了积极的影响。除了欧文和傅立叶之外，19世纪涌现的诸如圣西门、卡贝、乔戈·瑞普等一批乌托邦主义者，对于现代集合住宅的发展也都起到了推动作用。首先，在居住理念上，突破了以往的独居模式，以集合居住的模式来解决居住问题。在工业文明逐渐取代农业文明的进程中，人与人之间的关系变得更加紧密，因而集住模式取代独居模式实际上正是这种社会变化的反映而并非偶然。之所以称之为乌托邦，只是因为在当时的社会背景之下，要求取消家

庭和财产而实施集体化生活还不太现实，这只是乌托邦主义者心中的理想形式，虽然在理念上已经突破了人们的想象空间，但却又不得不将想象力局限于当时历史条件之下。乌托邦主义者试图将家庭的功能抽离并分解出来，让孩子们集中抚养，饮食集中应对等，以此简化家庭的功能，这样的设想就居住而言体现出集居模式的优越性，然而事实证明在实践中家庭仍然作为最基本的居住单元而存在，单个家庭的全部活动也需要住宅来容纳。乌托邦主义的设想确实走得长远，但在实践过程中也作出了一些修正。其次，乌托邦主义的设想在当时也只是作为解决住宅问题的一种方案，因为乌托邦主义活跃的年代也正是住宅问题最为严重的非常时期，不仅仅是数量少的缺少，更是居住品质的低劣和居住条件的低下。在乌托邦主义者看来，经济制度直接决定了住宅的诸多方面问题，资本家对工人的极度剥削使得工人阶级的贫困从而影响到了工人阶级的住宅问题。他们也还认为，城市也是造成各项住宅问题的主要原因，因而将集住模式的试验地转向人们所怀念而向往的，且没有住宅问题的乡村。在当时，他们所做出的设想是由各方企业家或慈善家牵头为工人以及工人家属建造集合住宅，并把住宅建造在远离城市的工厂附近，以此来避免城市所带来的种种弊病。也正是借鉴了企业家为工人建造住宅的做法，许多乌托邦主义者们曾经也都是企业主，他们在企业中推行这样的做法并深知其中的利弊，并且也把这种做法上升到社会福利的高度，亦对后续福利性集合住宅的发展有着十分深远的影响。

　　乌托邦主义者的设想某种程度上推动了集合住宅类型的进化和发展。"联合村"的方案就规模而言在当时也远远超过了城市住宅，并且考虑了各

种不同的组合方式。"和谐村"的方案则将原来独立的 4 栋单体连接起来，原本开敞并作为出入口的四个角也被建筑物所代替，同时也增设了原来方案没有的平台层且建筑物高于周边环境。建筑的形式也更加强调构图，受到宫殿和城堡建筑类型的影响，出现了中轴线以及对称式的布局。可见集合住宅的塑造不仅借鉴了历史上的住宅原型，同时也在向其他类型的建筑学习。前面讲到的卡尔·马克思大院等 20 世纪的集合住宅优秀案例就反映出乌托邦主义者的设想，也是一种新的建筑类型，更关键的是充分表现出"集住"的特点。

然而，现代集合住宅所关注的并不仅仅只是风格、空间、功能、结构、材料等内容，由于集合住宅自从工业革命以来首先是作为解决社会问题而存在，因此它不单纯只是建筑学的范畴，更涉及经济、政治、文化等层面的因素，并在这些因素的共同作用下得以变化和发展，不同年代背景也会面临不同社会问题。住宅问题从现象上来看，最主要表现为城市当中的住宅缺乏，但并不是普遍的缺乏，而是集中在社会的中下层阶级，尤其是城市中的工人等体力劳动者们；从经济学角度来看，住宅问题可以视为市场上需求与供给的不平衡，且这种不平衡具有周期性的波动特征。当需求大于供给时，住宅缺乏，住宅价格也会因此上涨，当价格上涨到一定程度时，住宅市场的投资回报率也将得到提高，这时也将吸引到更大量的资本投入从而导致住宅建设量的再次上升。然而住宅建设周期较长，期间会表现出住宅缺乏和价格上升的特征，直到住宅的供给量得到缓和，随着住宅供应量的增加，其供给需求差距就会减小，从而使得价格下降，随之而来引发资金的不断流出，建设量也就减小。住宅建设时

间较长也会给不断增加的供给带来滞后的效应，这会进一步加剧价格的跌落和资金的流出，直到供应量的减小。西方国家的经济学家们对于住宅建设的长期监测证明，长周期的住宅建设所引起的滞后效应会放大波动幅度，从而使住宅缺乏的现象表现得十分突出，这种周期性变化直接关联到宏观经济的走势。

事实上，到目前为止，世界上绝大多数发达的资本主义国家，遍及北美、北欧、西欧以及日本等国家和地区，住宅缺乏的问题已经基本得到解决。就社会层面而言，也只存在小部分人群还未得到最终解决，住宅问题的焦点已经从量转向了质，更多的是体现在对个性化需求、文化需求以及其他社会问题的关注等方面，对于新时代背景下乌托邦形式的集住模式的理解和体现也有所改变。

从现代集合住宅发展的进程中可以看出，住宅已经不再是紧缺的奢侈品，而是和食物一样已经成为能够得到充分补给和供应的基本生活消费品，现代派的一批建筑师们已然在对"最低限"集合住宅的实践中找到了解决住房问题的答案。国家住房制度的完善在解决住宅问题当中也起到了积极和关键的作用，尽管在任何国家和制度体系下住宅问题仍普遍存在。我们应该清楚地认识到，住宅问题的解决需要依赖社会的进步和发展，住宅数量上的增加首先要满足社会成员的基本需求。在工业化和城市化的背景下，经济生产力水平、社会环境以及土地资源的利用等因素都要求我们把集合住宅作为解决住宅问题的居住建筑类型，并以不同的住宅建筑类型来满足不同人群的生活和工作需求，这一点已经做到了。比如对少数高收入人群采取独立式住宅，人数众多的中等收入阶层则采取相对密度较

低的集合住宅，对低收入人群实施高密度的集合住宅建造。一种是降低建设密度，而另一种是通过技术的手段来减少高密度的问题，这样两种方法都在集合住宅的建设中得到了深入研究和广泛应用，前者就是连立式集合住宅，而后者则是公寓式集合住宅。

乌托邦主义之所以被称之为乌托邦，是因为其关注到了除建筑本身以外的其他社会层面的核心问题并寻求理想的解决方案，在现行的社会体制和历史背景下由于暂时无法实现因而被冠以理想主义之名。然而伴随着时代的发展，人们对于集合住宅背后所隐含的政治、历史、经济、文化等因素的深刻理解，乌托邦集住模式的推广和普及已经变得不再理想化。对于新型集住模式的挖掘和推广，我们应该在现有社会背景下挖掘更多的发展路径和可实施方案，期待集合住宅的又一次飞跃。

## 参考文献

[1] （意）L. 本奈沃洛. 西方现代建筑史 [M]. 邹德侬，巴竹师，高军译. 天津：天津科学技术出版社，1996.

[2] （日）土方直史. ロバート・オウエン [M]. 研究社，2003.

[3] （日）石井洋二郎. 科学から空想へ [M]. 藤原书店，2009.

[4] Charles Fourier. *Socialism 1.0: The First Writings of the Original Socialists, 1803-1813* [M]. London: Independently published, 2020.

[5] （美）查尔斯・詹克斯. 后现代建筑语言 [M]. 吴介祯译. 台北：田园城市文化事业有限公司，1998.

[6] 日本建筑学会. 现代集合住宅的再设计 [M]. 胡慧琴，李逸定译. 北京：中国建筑工业出版社，2017.

## 图片来源

图 1：http : //fedoracittaideale.weebly.com/filosofia.html

图 2：https : //www.trendsmap.com/twitter/tweet/1187428544307257344

图 3：http : //baikalarea.ru/kraeved/architektura/a6805.htm; https : //mundonoesis.home.blog/2019/09/25/charles-fourier-y-el-origen-del-utopismo-socialista-moderno/

图 4：https : //medium.com/@bagelboy/make-america-bohemian-again-de846e35d757; https : //www.peacebiennale.info/blog/plan-dun-phalanstere-charles-fourier/; https : //commons.wikimedia.org/wiki/File : Plan_d%27un_phalanst%C3%A8re_d%27apr%C3%A8s_Fourier.jpg

图 5：http : //sgel28.over-blog.com/2018/08/jean-baptiste-andre-godin-inventeur-du-familistere.html

图 6：笔者根据相关资料收集

图 7：http : //zamarat.blogspot.com/2015/03/; http : //jeanpierrekosinski.over-blog.net/article-le-familistere-godin-a-guise-123664674.html

图 8：http : //www.frenak-jullien.com/portfolio/familistere/

图 9：http : //www.frenak-jullien.com/portfolio/familistere/

# 2

集住衍变

## 2.1 "合作居住"的居住模式

现代集合住宅的发展在由量向质的转变过程中，体现出对精神生活的向往和追求。这一趋势反映出，单纯以解决居住功能为目标的结果型居住模式已经不能满足人们对住宅的要求，甚至是对这种单一的居住方式产生了排斥和抵触心理，在现代集合住宅的基础之上，人们也已经开始探索和追求更适合的居住方式和生活模式，集合住宅也正在发生衍变。

正如住宅的本质所传达的那样，它从来都不是单一的设计建造行为，它具有包含建筑学、规划学、环境心理学、人类学、社会学、经济学、法学等多种学科类型在内的综合属性。如同前文所介绍的一样，集合住宅一直扮演着满足人们生活需求，缓解社会阶级矛盾，体现规划设计理念，乃至展示人类文明与智慧等重要角色。然而批量化建造的时代已经一去不复返，伴随着时代的进步，人们对于居住的需求也正在发生质的改变。以往为解决生存问题而存在的居住模式已经在此基础之上有了更深层次的意义，早期乌托邦主义是为了实现理想化的共同居住而提出集住方式的变革，而在当下，乌托邦理想主义的集住模式也有了新的定义。基于住宅的社会属性，其关系到居住者、设计者、建造者、开发者等诸多社会成员，住宅建造已经不再单单只是由一方提供另一方接受的供给模式，更加多元化的住宅供给方式也在萌芽并普及，"合作居住"是居住模式发展到一定程度的必然产物。

希腊时期的哲学家柏拉图，也在《理想国》当中描绘过期待充满公平与正义的理想社会模式，英国人托马斯·莫尔也在《乌托邦》一书中对这种理想模式予以回应，并在此基础上初步描绘了合作居住的生活场景（图 1）。"合作居住"最早起源于 20 世纪 60 年代的欧洲国家丹麦，追根溯源的话亦可追溯到西方社会发展中影响深刻的乌托邦理想主义。合作居住（Co-housing）最早是以社区的形式出现，在丹麦称之为 Bofellesskaber，为"居住在一起"的意思，而后由丹麦逐渐传向其他北欧地区。"合作居住"实际上是一种以居民自发且自觉参与设计和建造并共同管理的居住模式，在

图 1 托马斯·莫尔设想的乌托邦场景

社区布局当中兼顾了公共性的社区交往以及私密性的个人居住两个方面需求（图2）。

丹麦是合作居住社区运动的先驱，建筑师扬·古兹曼霍耶在1964年对合作居住模式进行了第一次尝试，在哥本哈根市郊区一个名为哈雷斯科的小镇购买了土地并进行了设计（图3）。项目由围绕公共设施用房以及游泳池在内的12座住宅单元组成，但在当时因为周边居民的反对而最终以失败结束。

合作居住社区在发展期初，一般由20~30户左右组成，整个社区内也都包含了公共设施和私人住宅，私人住宅与传统居住模式基本相同，公共设施主要包括户外空间、广场、院落以及公共用房等部分，属于居民们共同所有，居民共同生活和管理社区并通过各种社区活动加强邻里间的相互交流。"合作居住"产生的背景，归结为当时人们正面临解决工作，子女以及家庭三者之间的平衡问题，由于夫妻双方都有工作的需求且离婚率居高，以及人们对于单独居住所导致的孤独越发反感，在当时的工薪阶层最先提出渴望新型居住模式的选择。归根结底，合作居住模式的诞生，其社区开发的深层动机就是为当时的核心家庭（Nuclear Family）创造一个牢固的社交网络集合体。恰好这样一种社区模式具有很大程度上的固定性，并且具有安定、温暖、和谐、真诚等氛围，满足了成员个体对于新尝试的需求与渴望。这种模式也在后续传播到了加拿大、美国、澳大利亚、新西兰以及日本、韩国等国家，其影响力遍及世界。

图2　合作居住社区生活场景

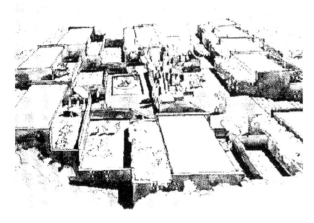

图3　哈雷斯科小镇早期合作居住社区设想示意图

## 2.2 "合作居住"的特点

"合作居住"的最大特点是，由居民组织参与住宅开发的规划与设计，以营造强烈的社区感为出发点，对社区公共设施和居住单元进行着重塑造，其中也包含了居民管理和决策等社区事务。不同于一般集合住宅的建设和居住模式，"合作居住"社区所产生的背景和核心特征决定了其社区内设计需要采取一些特殊的方式和特别的设计要素，社区内的居民相比一般集合住宅的邻里而言，更加渴望彼此之间的深入了解。一般社区当中，设计和参与要素对居民间互动和交往活动的影响并不会构成社区设计的决定因素，而对于"合作居住"来说，这种设计和参与所带来的结果是尤为重要的。在半个多世纪以来，随着理念的传播开来，不同的合作居住社区在规模、选址、所有权形式以及设计事项等方面都会有着一定程度的差异，其社区集住形态也在不断地完善和发展。

## 2.3 "合作居住"的空间布局

针对其规划、空间布局以及建筑规模等方面进行了总结归纳，并将其分为四个不同的演化阶段。

阶段一，集中在 20 世纪 60~70 年代，主要采取丹麦传统低密度社区排布的方式进行布局，住宅设计也朝着合理规划单元和多公共设施的方向演变。其代表案例是思凯雷普内社区（图 4），该项目建成于 1973 年，共 33 户居民。项目采取松散式布局，确保住户均朝南并留有开阔的空间，其中公共设施包含了网球场、足球场、游泳池、儿童游戏区以及公共用房等，将公共设施集中布置并被围合在若干个住宅组团当中，停车场集中布置在社区北侧，社区内部采取步行交通方式。同样采取这种布局方式的还有萨特丹梅社区（图 5）、诺伯海德社区（图 6）以及美国最早的合作居住社区穆尔共享社区（图 7）等。由于当时人们对于合作居住的理念还不确定，对私人单元面积的保障以及能否从公共用房中获益等方面还存在疑虑，该阶段社区的公共用房面积较小，仅 140m² 左右，公共设施也没有那么集中而是分散在几个组团当中，停车区域

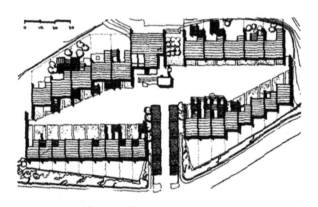

图 5 丹麦萨特丹梅 - 合作居住社区 - 平面示意图

①Det lille fælleshus
②Det store fælleshus

图 6 丹麦诺伯海德 - 合作居住社区 - 平面示意图、鸟瞰图

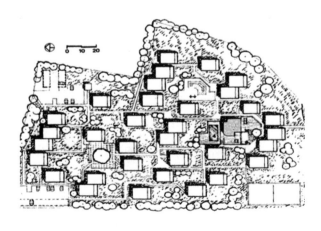

图 4 丹麦思凯雷普内 - 合作居住社区 - 平面示意图

集·住

集合住宅与居住模式

也都集中布置在社区周边的地块并采取步行的方式和住区相连接。

阶段二，随着合作居住概念的推广和普及，合作居住也突破原来只是以自用住房为主的建造方式，吸引了更多不同阶层、不同收入水平以及不同家庭构成的人员加入进来，并在之前的基础之上产生了合作型和租赁型两种不同的合作居住社区。为此，丹麦政府也出台了法律以确保低收入人群通过合作所有制募集资金，也是以国家补贴的方式，并通过严格控制住房规模和限制预算等手段使合作居住变得可支付，推动其顺利进行。在这种发展的基础上，合作居住的设计方式也受到了影响，最直接的变化就是住宅单元逐渐变小而公共空间的面积则相对扩大了。20 世纪 70 年代建成的合作居住住宅，其平均住户的面积约为 98~155m²；80 年代建成的，其平均住户面积约为 65~116m²。除此以外，建筑的布局也由原来松散分布在共享空间周围转向沿着街道、广场等区域整齐排列布置。其代表性案例是 1981 年建成的丹麦哥本哈根附近的楚斯兰德社区（图 8），该项目有 33 个居民单元组成，建筑被排列成为 L 形，由此形成两条狭长的步行街道，并将公共设施和用房置于转角处。每户面向共享的步行街道，另一侧留有相对安静的后院，停车场则集中安置在场地的一端，同时将诸如厨房和洗衣房等社区共享设施布置在一定区域内，确保社区居民往返于停车空间、公共设施以及住户之间，这种往返型设计也增加了邻里间互动的机会，在考虑步行尺度和人车分流的前提下也为社区提供了更加安全舒适的环境，从而鼓励和激发了居民之间的交往。这个阶段还完成了许多优秀的建成案例，其中包括了哥本哈根的廷加登社区一、二期

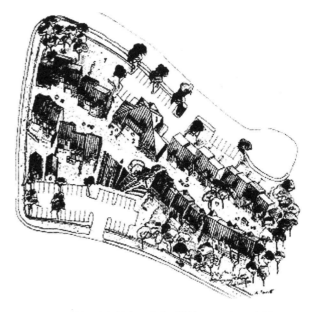

图 7　美国穆尔共享 - 合作居住社区 - 平面示意图

图 8　丹麦楚斯兰德 - 合作居住社区 - 平面示意图

（图 9）；依布斯加登社区（图 10）等。

阶段三，在社区居民的人数已经减少将近过半的情况下，公共设施的比重却在增加，更多资源也向公共设施集中，相对而言，居住单元的面积减少到 70~74m²/户，趋于刚好满足基本休息、睡眠和个人隐私的需求，而公共用房的面积已经追加约 930m²。该阶段的住房规模以及居住者家庭类型变得更加多样化，合作居住也不再是昂贵而奢侈的住房选择。不同于以往分散或并置型的住宅类型，建筑更趋向于整体型，将公共用房和个人居住单元集中在同一栋建筑当中，当中也会采取一些诸如走廊、街道等进行连接，与此同时公共用房中也增加了更多功能用途，如音乐室、摄影暗房等。建筑师扬·古兹曼霍耶起初构想的法鲁姆项目（图 11）就是针对此类型而设计，但最终由于一些经济和法律问题没有得以实现，但俨然是该阶段设想的雏形。该项目将 44 户住户单元和公共空间以一条玻璃覆盖的走廊联系起来，并将减少的近 25% 的居住单元用于公共空间的建设。该设想最终在 1981 年设计建造的杰斯托贝特社区（图 12）当中得以实现。该项目是由铸铁车间翻新并改建而来，将娱乐活动区域置于车间单坡屋顶之下，住户单元则分布在两翼，大厅一端设有烹饪就餐等公共活动区域，其中居住单元面积约为 38~127m²/户，匀出近 15% 的面积用于社区公共空间的营造，这充分展示出这个时期将公共用房和私人用房集中布置的布局特点。1984 年建成的杰斯特鲁普·萨沃瓦基特社区（图 13~ 图 15）也是这种类型的杰出代表，社区以一条 L 形玻璃屋盖整合整个步行街区，21 户居住单元分布在步行区域两侧，使得步行街道全年充分被使用，鞋子、衣物、桌椅以及涂鸦等

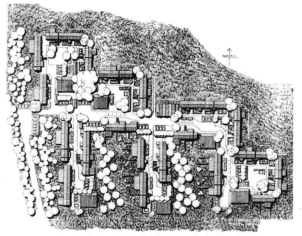
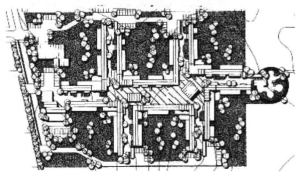

图 9　哥本哈根廷加登 - 合作居住社区 - 平面示意图
（上：1 期，下：2 期）

图 10　依布斯加登 - 合作居住社区 - 鸟瞰图

图 11　法鲁姆项目－平面示意图

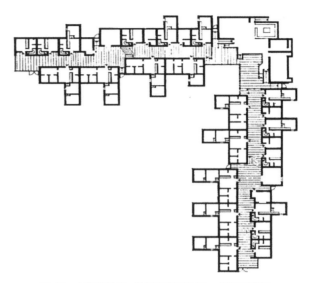

图 13　杰斯特鲁普·萨沃瓦基特社区—平面示意图

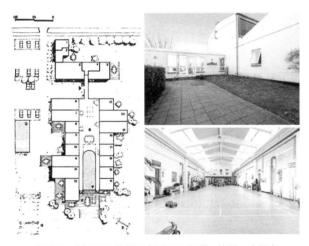

图 12　杰斯托贝特社区（平面示意图、外景、内景）

图 14　杰斯特鲁普·萨沃瓦基特社区—玻璃覆盖区、廊下空间

图 15　杰斯特鲁普·萨沃瓦基特社区鸟瞰图、外观

原本属于私人的空间转而变为公共空间的装饰。此外，沿街也都布置有洗衣间、车间等公共设施用房，根据不同的情况亦可作为办公室或者客房使用。紧挨街道的住户门一侧，玻璃隔墙设置百叶窗户或窗帘，在保证私密性的前提下增加邻里间的交往机会。这种设计最关键的是可以保证丹麦北部寒冷气候条件下的室内非正式社交活动的常年进行。玻璃屋盖下的空间不仅成为孩子们嬉戏玩耍的区域，也是家人邻里间畅谈交流的地方，同时也可以满足就餐、储藏以及厨房等多功能需求。许多合作居住社区也都陆续采用这种玻璃覆盖街道或者庭院的方式建造，其中有基尔社区和德伏斯特社区（图 16）等。

阶段四，城市邻里街区（The Urban Neighborhood）的理念已经逐渐涌入合作居住社区的营造当中，将前几个阶段的营造模式结合在一

图16 基尔社区屋顶覆盖内景（左）、德伏斯特社区街道
内景（右）

图17 艾格巴耶尔加德居住区布局示意图

图18 奥斯特霍杰居住区布局示意图

起，形成规模更大的街区，同时容纳住宅、贸易以及商业服务等设施，将其与旧的居住社区结合在一起，以新的方式重塑旧的邻里模式，在原有模式上不断扩大，成为该阶段合作居住社区的主要特征。在1985年，针对艾格巴耶尔加德和奥斯特霍杰这两座相邻城市的规划和设计竞赛当中（图17、图18），提出了以探寻市郊住房和规划新途径的命题。当中涉及了诸如：a. 学校、商店设施和住宅一起沿着街道设置并且面向公共广场和公园开发，公共广场亦可作为儿童的活动场地；b. 住宅应该包含不同类型和多种所有权，其中有多层住宅、独户住宅、租赁住宅、合作社住宅以及私人所有住宅，老年人以及残障人士亦可与其他住户混合居住而非独居；c. 居住单元被分为若干小组团，每个组团户数在20～50户之间且围绕绿地建造，保证开敞性的同时设置公共用房；d. 街区内的商业和托儿所等设施应该设置在步行范围可达内；e. 通行交通应设置在住区中的次要位置，强调住区内的步行交通，而居住单元则主要集中在中央街道附近等几种合作居住社区的革新理念。最终该竞赛由建筑师扬·古兹曼霍耶和安格勒斯·科洛姆赢得，并在城市中分阶段建设新住宅社区。社区体量大，分

48个居民管理的合作居住社区，每个社区也都与中央步行街道相连接，这个方案的落成也标志着合作居住社区的概念已经完全被纳入更大规模的地区发展总体规划当中。城市邻里街区无疑是一次大尺度的集住试验，该项目在1990年建成的第

集·住
集合住宅与居住模式

一阶段当中，包括了 11 个合作居住社区（其中 6 个是非营利所有制租赁社区，3 个是私人融资，2 个是合作社出资），共 300 个居住单元。在乌托邦理念被提出以来，这是世界范围内第一座理想社区的尝试。

合作居住社区发展到目前，已经产生了多种住宅形式和布局模式。当中有独栋的单户式住宅，有联排连立式集合住宅，有围绕院落的散布式住宅，有根据厂房或是学校等改扩建的住宅，也有高层集合住宅，而大多数合作居住社区采用的是组团形式的布局模式。在合作居住社区的整体布局当中，建筑之间的空间承载了包含休憩、组织交通、玩耍、聚会等在内的诸多日常交际活动，因此合理的建筑布局在社区营造中十分重要。经过几十年的发展总结，合作居住社区的布局根据公共自由空间的排布（图 19）主要分为四类：①广场型，围绕一个公共广场或院落为主要空间布局；②街道型，住栋沿着公共步行街道布局；③广场 + 街道型，将步行街道与院落或广场相结合布局；④街道覆盖型，通过玻璃或其他轻质材料将社区屋顶连成整体进行布局。而合作居住社区的布局根据公共设施用房的建筑位置分布（图 20）主要分为四类：①综合中心型，公共设施用房作为社区内的中心，属于单核心布置；②分散式中心型，社区内包含多个公共设施用房；③按组排布型，根据多个社区组团布置多个公共设施用房；④按栋植入型，将公共设施用房和住栋用房合并并根据楼层划分。选择何种公共空间布局和公共设施用房布置需要根据具体项目的场地、规模以及周边环境等多个因素来决定。除了对布局的考量，合作居住社区在设计当中还需要充分考虑其他诸如机动车的停放、步行交

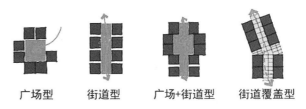

图 19　合作居住社区布局类型（公共空间排布）

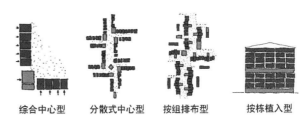

图 20　合作居住社区布局类型（公共设施用房位置）

通的组织、公共用房和住户用房之间的衔接、儿童友好环境的营造、过渡和共享空间的设计等设计因素。在北欧兴起的合作居住社区，迎合了人们的生活需求，拉近了人们心理之间的疏远感，是一种强调人与人互相合作而产生的新型居住模式。北欧模式的普及开来也预示着这种居住模式具有强大的生命力，在发展的过程中不断进化和完善，成为现代集合住宅和社区规划发展的一种新的趋向和潮流。更重要的是，这种以乌托邦为原型的居住模式已经打破了长久以来以工业革命为根基的居住格局，以更加朴素的居住状态回应人们对集住模式的需求，同时也实现了集住模式由技术层面向精神层面的转移。"合作居住"是对集住模式注入的强心剂，更是对集合住宅未来发展途径的积极补充。尽管合作居住社区已经受到关注，但其种类却依然很难被界定，按照所在地可以将其分为城市、城郊或者乡村的合作居住社区；按照可持续性可以将其分为农业型自我可持续型或非可持续型；按照所有权形式可以分为所有型、部分财产共有型或者私有型；根据

居住人群的不同可以分为混合年龄居住型、老年人居住型、自组织理念型等。

## 2.4 "合作居住"的发展

在荷兰、瑞典等与丹麦在社会、政治、经济以及文化背景都很相近的国家，是以丹麦的合作居住社区为范本实施建造的。在荷兰，建立合作居住社区（称为 Central Wonen）的最初目的也是为了增强社区感和促进社会的交往，而在瑞典，建立合作居住社区（Kollektivhuser）则是为了减轻妇女们的家务负担和改善双职工家庭的生活条件。在不同国家的不同背景下，合作居住社区扮演着社会中间结构的角色，确保最基本居住成员能够共享社区资源。可见，它不仅营造了良好的居住生活环境，减轻了住户们的生活负担，而且帮助了弱势群体，从而巩固了社会的关系。此外，合作居住社区也被认为是克服市场对妇女以及单亲家庭家长排斥的有效解决手段，并且可以提高家庭和儿童们的生活质量，毕竟最早的社区是基于社区化和女权主义思想的乌托邦社区。而之所以最先始于北欧国家，这和北欧地区具有近两百年的传统集体住宅模式（Collective Housing Model）和理念社区（Intentional Communities）模式作为设计基础必不可分。集体住宅模式和理念社区模式通常被认为是在建造新的社会秩序和家庭模式，而合作居住社区的居住者们希望在既有社会当中，保持私密性和自住权的前提下，通过创造相互支持的社交网络和分担日常生活事物来确保家庭的更加稳固和持久延续。此外，北欧国家也一直支持文化进步和倡导社会责任，故而合作居住社区也受到社会各界金融、

政策以及法律层面的援助和支持，因此也使得合作居住逐渐成为一种主流的住房模式选择。丹麦目前已经有超过 1% 的人口居住在合作居住社区中，荷兰已建成 100 多个合作居住社区项目，瑞典也已建成 40 多个这类社区。在这种模式的普及影响下，其他国家也陆续开展，拓展出更多的类别并相继完成了诸多建成案例。

基于对社区交往以及邻里关系的需求，美国在 20 世纪 80 年代初期开始实施合作居住模式并发展至今。从集合住宅的发展历程可以看出，美国对于创造试验性社区的营造有着十分悠久的历史，从 18—19 世纪的乌托邦理念村至今，美国已经相继完成了试验性社区的建设 500 多个。麦卡曼特和杜雷特在丹麦考察后并于 1988 年著书《合作居住：一种当代自建住房方式》，这也是美国关于合作居住概念的第一本著作，同时也促进了合作居住模式在北美的广泛推广和发展。1991 年在完成第一个合作居住社区穆尔共享社区之后，标志着这种模式在北美地区开花结果。北美（含美国、加拿大）也在借鉴北欧模式的基础之上，融入了诸如开发商主导、伙伴关系、居民主导、新建和改建、采购等更加多元化的发展内涵，同时也更加注重环境保护对社区的影响。虽然在规划和功能等方面都与北欧模式相近，但北美在开发、管理以及传播等方面有更多突破和创新。在北欧国家，大都以社会住房的方式并交给非营利性机构开发建设，而基于经济和法律等政策的差异，美国在开发模式方面有所不同。其开发类型主要包括：（1）工程模式，通过两年或更长的时间，成员定期会面并共同商讨社区规划策略和社区设计建造，社区内住宅同时建造并在完工后成员一齐搬入；（2）地块模式，北美地区

的主要开发模式，各住户单元分别进行设计和建造，开发团体在购买整块土地的基础上，预留公共设施场地，将其他土地分割成若干份，各户指定购买并自行建造住栋，最后共同出资建造公共用房；（3）混合模式，介于工程模式和地块模式之间，将社区分为若干组团，并将社区居民按组团分成若干团体，每个团体负责开发其中一个组团；（4）扩张模式，开发最初基于几户居民，而后随着新住户的加入社区逐渐扩大。除此以外，对一些原址实施改造或者翻新的改建型合作居住社区也十分普遍。居住者既不搬迁也不重新建造，而是将原有隔断或是围墙拆除，重新处理，用作共享庭院并建造公共设施，这种模式也经常被用于北美一些回收旧工业、商业楼房的再生开发计划中，在为市区和近郊破旧景象注入活力的同时也为合作居住社区的建设开辟了新的思路。

由于一般居民并不具备与建造开发相应的专业知识，势必在独自开发建造的过程中耗费精力和资金，在北美陆续成立了一些专业开发合作居住项目的公司，帮助居民团体实施社区建造和管理。这种类型的公司不仅熟悉社区开发的各个环节，而且能够为项目提供整套社区开发服务以及根据居民需要设置的特定服务环节。该公司的业务范围包含用地选择、土地买卖、资金筹集和使用以及住房建造和配套设施完善等，几乎涵盖了社区建设的全部。而社区团体在项目进行中与该公司之间属于雇佣关系，公司为团体提供技术和施工服务。在信息化时代，诸多现代媒体的发展也为合作居住社区提供了更广阔的信息传播和推广平台，客户能够迅速通过网络了解并查询到关于社区项目的情况，包括其建造地点、建设状态以及参与要求等。美国的全国非营利机构"美国合作居住协会"（The Cohousing Association of the United States）通过互联网、会议以及定期出版物等方式对那些对合作居住模式感兴趣的人群提供信息服务和咨询帮助，该协会也将全国范围内的合作居住社区资源整合起来，让民众能够快捷地查询到各项目的现状和进展情况。合作居住社区在美国的发展已经遍及 37 个州的 110 多个社区（图 21），其中约有几千名居民居住其中，加拿大也已经有近 30 个。

直至 20 世纪 90 年代，澳大利亚在霍巴特完成了第一个合作居住社区的建造，名为 Cascade Cohousing（图 22）。尽管澳大利亚的公共生活也有悠久的历史，但是公共团体的偏远化使之成为一种被大众所逐渐忽视甚至是边缘化的生活方式，而

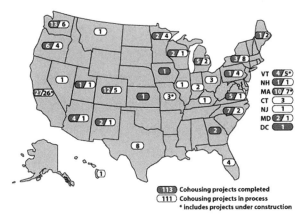

图 21　美国合作居住社区项目分部
（截至 2008 年）

图 22　澳大利亚首例合作居住社区项目
—Cascade Cohousing（1991 年）

非主流的住房选择。由于土地资源丰富，使得低密度的郊区居住得到了扩张并逐渐加强了高度私有化的社会文化，而战后在澳大利亚所长期占据主导地位的生活态度是基于中产阶级的价值观和自由资本主义设想，这些普遍存在的文化使得合作居住社区在澳大利亚的发展相对缓慢。

欧洲国家当中，英国合作居住社区的发展始于 20 世纪 90 年代，截至 2015 年，英国累计建成的合作居住社区案例有 21 个，超过 60 个合作居住社区也正在计划和建设中。就规模而言，多在 10~40 户之间，其类型多为包含单身、夫妻、有孩子等家庭的混合型社区，也有部分针对 50 岁以上年龄阶段或者是专门为女性设计建造的合作居住社区。基于北欧的影响，英国合作居住模式已受到人们普遍认可。在 2004 年新建成的合作居住社区斯普林希尔（图 23~ 图 25），是英国合作居住社区的典型项目之一。该项目的发起人戴维·迈克尔在提供项目用地的基础上召集社区成员，并同时连同社区成员共同建立公司开发土地。其社区设计布局和特点也基本沿用了北欧模式当中的类型，集中包括了禁止车辆入内并采取人车分流，车辆停放在基地边缘的停车区域内；室外设置社区居民共享的公共空间；公共用房位于基地的核心位置，其中包含了诸如工作室、公共餐厨以及娱乐室的功能；制定了共享车辆和购买有机食品的计划。该项目还在生态可持续的方面取得了很好的成效，采取了一些被动式节能的技术和手法，将水资源利用系统也创新性地使用其中，以确保更加高效和节约。同时，通过小规模地使用微型发电技术，降低社区内电力和燃气的能耗，以此降低对自然生态的负担和居民们的经济支出，以便满足居民们的生态

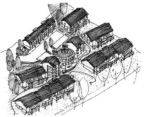

图 23　英国合作居住社区——斯普林希尔（模型、草图）

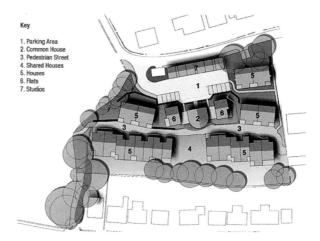

Key
1. Parking Area
2. Common House
3. Pedestrian Street
4. Shared Houses
5. Houses
6. Flats
7. Studios

图 24　斯普林希尔总平面图

图 25　斯普林希尔（街区、外观）

和经济需求。除此以外，英国还建成了集合生态、平价和合作居住于一体的"低影响可支付型居住社区（LILAC）（图 26）"，项目由一群对生态村落感兴趣的人群集结并发起，以生态环保、节省开销和社区营造三点为目标，并且在开工以前做了大量的案例分析和实地调查，已达到预期。生态方面，使用了稻草垛和木板等本土环保型材料，先由工厂预

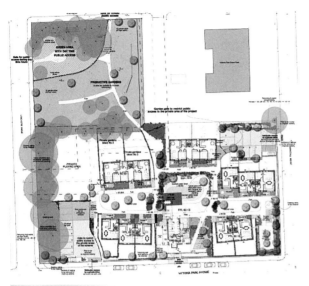

图26　英国 LILAC 合作居住社区项目（平面、外观）

制再进行现场装配，以便配送和安装过程中减少碳的排放，运用太阳能光伏板和带热回收的机械型通风装置和高效燃气锅炉以及太阳能热水器，已达到减少能耗和降低碳排放的目的，同时以减少停车位设置的方式限制汽车的使用以减低污染排放。开销方面，LILAC 项目以严格的生态低碳策略来减低房屋建设的开销，并且同时采取了"共同业主协会（MHOS）"的开销模式，该协会通过采取一系列的运作保证住宅价格的持续和稳定。

社区建设方面，LILAC 所采取的是居民自治的方式，形成了涵盖全体成员以及以问题解决为导向的社区制度，并通过这项制度来营造社区和组织社区各项活动。此外，居住者们需要通过协商形成民主制度，并共同制定和执行社区内的各项规章以确保解决冲突和调解意见。以公共住房作为社区的活动中心并成为与外界联系的重要媒介，不仅为社区内部服务同时也兼顾社区以外的其他活动。英国合作居住社区的特点主要体现在：（1）以居民为主体建立合作居住有限公司，从前期筹划到购置土地直到社区建设完成的每个环节均由公司组织完成；（2）基于政府的积极配合和协助，政府针对基地进行评测，并提供适合用作社区建造的土地给建房者选择，同时在建造过程中给予帮助，委派专人与居住社区成员进行沟通并提供技术和专业支持，使建造能够符合相应政策要求；（3）对参与过程的重视，诸多其他社会组织也参与到社区营造的过程中，以便吸引更多对合作居住感兴趣的人士参与其中，同时也还设计了部分卡片、海报和周边产品，用作合作居住社区居住理念的宣传和推广；（4）对社会效益的关注，和美国一样，通过设立社交网络和网站等方式积极宣传，以互动的方式了解社会对此的关注程度和意见反馈，并以此推动居住模式在社会大众中的认知。同时，市政部门也会通过组织展览和宣讲会等方式对居住模式进行普及。

德国的合作居住社区的建设开始于约 20 世纪 90 年代初期，其建筑包含了联立式、双拼式以及多层式等多种集合住宅类型，同时也包含了新建建筑和旧建筑的改造。而根据其组织形式的不同，在德国将合作居住社区分为投资者型、合作社型以及共同体型三种模式。①在投资者型合作社区当中，组织成员往往只是进行房屋租赁而并非拥有私人产权，基于德国良好的房屋租赁市场氛围和法律保护，租房者的利益可以得到保护，严格限定了租金的增长以此确保租户的居住权利，这种类型的合作社区取决于能否找到合适的投资人愿意为项目出资，并充分满足投资者和居住者之间意愿的平衡关系。②合作社（Cooperatives）是一种历史比较悠久的个人互助形式。在中世纪，继英国之后德国于1862年成立了住房合作社，而合作居住社区的合作社属于一种特殊形式的合作社。这种模式的特点是，以个人的方式购买建房合作社的股份而将身份转化为社员，然后以社员集资为资金基础，为所有社员建造租金低廉并可永久居住的住宅。该模式当中，合作社住宅属于全体社员的共同财产，而社员只需要承担与自身所持股份大小相等额的债务风险。而作为共同财产人，社员拥有建设过程中的各项发言权并向合作社支付类似于房租的使用费，同时享有永久居住权。关键是，住宅使用费的高低直接取决于房屋面积大小、状况以及个人所缴纳的股份金额数量，社员所入股的股份金额越大，则相应缴纳的月使用费就越低。数据表明，到2011年为止已经有约500万人居住在2000家住宅合作社型集合住宅中，截至2016年，共有220万个家庭居住于住宅合作社型集合住宅中。到目前为止，德国大约有1/3的住房是由住房合作社建造完成的。③共同体型所提供的则是能够成为个人私有财产的住宅建造模式，一般为多层集合住宅。该类型中，居住者对自己居住的居住单元享有完全的财产权，同时按照协议居住者对共同体住宅中的公共空间也具有一定份额的财产所有权。

针对三种不同模式的建造，其运作过程基本类似，主要分为以下几个阶段：①寻找合作对象并确定合作团体，其中也不乏以个别协会牵头发起

合作居住，基于共同的理念和价值观，协会成员也比较容易达成一致并形成合作组织。合作居住属于先有组织而后建房的特殊形式，近些年来随着合作居住的兴起和发展，也出现了不少由投资者、建筑师或是专门的建筑项目投资管理人发起的合作居住。在寻找合作对象的过程中，首先需要明确合作居住组织的规模、组成性质以及建设主题等；其次要找到合适的建造地点或实施改建；再者要了解各成员的资金状况并进行评价；最后则是确定好设计师来进行初步方案设计，以及联系相关单位，初步检测方案设计能否符合城市规划要求。②完成规划和建筑设计，其中还包含了联系各专业人士协助完成有关法律、金融、财务、保险等问题的咨询。在德国，规定了共同体模式的合作居住组织的法律形式为市民权利协会，且该协会具有法人资格，可以签署合同。在购买土地或现有建筑的基础上完成包括水电、暖通以及景观在内的深入设计，然后在方案设计的基础之上绘制住宅分配图，并由建造管理局签署财产分配声明，确定居住单元的财产归属，并将声明公正以及入地籍册登记，随后申请建造并拿到建造许可。③实施建造。在协定好付款方式的基础上，开设专款账户并按期支付分步产生的建造费用。居住者在建造过程中和设计师密切协商并参与方案深化设计，以满足自己的生活方式和使用需求。监理由建筑师或专门项目管理人担任以确保建造顺利进行。④建造成果验收后的居民入住。此阶段的市民权利协会转变成为房屋所有者共同体，并保留合作社的形式。入住后由房屋所有者共同体选择物业管理或者由居民自组织管理。

针对不同类型的合作社区，其融资渠道也不相同。投资者型合作社区当中，由于投资者一般都

持有雄厚的资金，对于居民来说也就没有资金的压力。合作社型合作社区的资金主要来源于社员所缴纳的社费以及以建房合作社为主体申请的金融机构贷款。共同体型合作社区的资金则为自有资金和金融机构的贷款，而为确保项目顺利进行，个人自有资金的比例需占到总投入的 20%~25%，而金融机构的贷款类型包括了抵押贷款、人寿保险贷款以及建房储蓄贷款等。

除此以外，在满足一定条件下，合作社区也可以申请各国或地方政府的资助或补助。德国，作为合作居住比较普及的国家，也不乏合作居住的资助机构，其中有世界上最大国有资助银行之一的德

国复兴银行，许多地方政府也以低息贷款、将土地低于市场价格出让等方式针对合作社区进行资助。德国社会在长期自由民主思想的影响下，对于以寻求解决自身住房问题为目的的合作居住模式一直比较支持，在前联邦德国、前民主德国统一后，伴随着英、法、苏、美等国驻军的撤离，德国许多城市都出现了大批军营的空地，而这些空地和由于城市经济结构变化而逐渐产生的工业空地都成了适合合作居住运动发展的新空间，也为合作社区提供了更多既有基地（图 27）。各方面条件的具备都为德国合作社区的发展奠定了良好的基础。

德国合作社区当中也不乏好的建成案例，

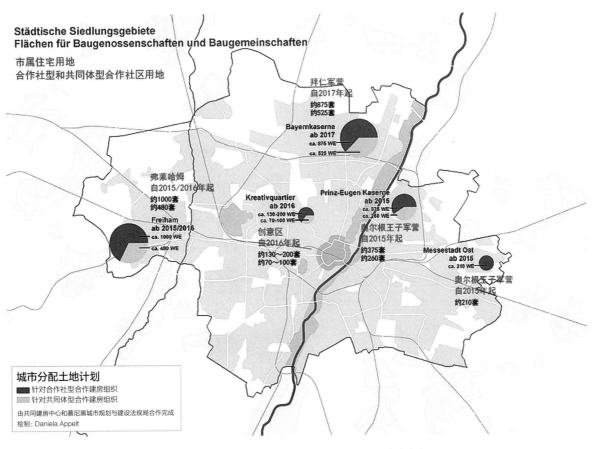

图 27　城市土地分配计划——德国慕尼黑共同建房中心

WagnisART 合作社区（图 28~图 31）就是其中之一。在建筑造型上建筑由五栋住宅单元楼通过内外部庭院的廊桥相互连接并能够自由进出，明确划分出专属空间和公共空间，居民在享有私人空间的同时也可以与其他居民共享庭院，庭院内提供居民日常交流和举行社区内的专属活动且不被外界人群所打扰和窥视。建筑外观通过错落有致的外窗来塑造建筑立面，显得十分整洁。

　　该社区总共有 138 个套间，至少可以容纳 600 名合作社居民。其户型由三室一厅的套间取代了以往传统的单套间，由三间卧室共享一个公共客厅和厨房，且每一间卧室也都享有独立的卫生间和开放式厨房。对于居住者来说，既可以选择在自己家房间餐厨和休息，也可以选择在公共区域和其他住户一起操作闲聊。在社区当中还设计预留了能够一次性容纳 10 人的大套间，其目的是鼓励居民们能够在各自独立的基础之上加强和其他居民之间的交流互动性。除此以外，社区营造加入了艺术的主题，项目由全体居民成员共同商议并决策，包括建筑连接处的连廊，也是由居民们集思广益，回应大家提出的"用不同大洲的名字命名"这个概念而提出的。社区强调居民的参与型，规定了房屋和外立面要求用艺术品进行装饰，因此成员们每年都必须参加至少 20 个小时的社区劳动来对既有社区进行艺术改造，以此回应艺术社区的主题。在方案前期的设计过程中，合作社成员们也都参与进来，他们用废旧的鞋盒搭建起社区集合住宅的建筑模型，作为社区的雏形，盒子代表的是居住单元，而相互连接的木板则代表社区平台和公共连廊。在设计当中，成员也有自己选择房间和窗户位置的权利，决定了窗外看出去的风景。基于建筑采取高品质的被

图 28　德国合作居住社区 WagnisART 鸟瞰图

图 29　WagnisART 首层平面图

图 30　WagnisART（内廊、立面、外廊）

图 31　WagnisART 居民参与（艺术邮筒、方案前期概念模型）

动式设计，减少空调的使用，依靠自然通风和保温，因而建造成本得到了降低和控制。该项目的建造成本总共为4100万欧元（约3.2亿元人民币），每位社员花费大约7万欧元（约55万元人民币）购买住房合作社的股份，而这些费用也只够用于支付30%的建造成本，其余的费用则是通过诸如联邦商业银行的无息贷款等社会途径的融资来支付。当成员要求搬出社区时，该成员所持有的股份需以现金的方式返还。该社区建造中另外30%的房间费用由巴伐利亚省政府出资赞助并作为政府公租房的一部分，而剩下的40%则由慕尼黑市政府资助解决。在德国，合作社形式的合作社区是比较普及的合作居住形式，也是继所有权、租赁权之后的第三种住宅产权类型，其住宅制度的原则是依靠政府、社会以及个人三方的共同建造，同时依靠市场的严格管制和福利保障来最终完成。就乌托邦的集住模式而言，德国模式的发展已经越发成熟。

合作居住社区所体现出来的低影响策略和可持续性也是其得到普及和发展的主要原因。作为社会营造的核心理念，低影响策略体现在建筑设计和社区生活等多个方面，已经践行的合作社区案例表明，受到反消费主义和环保主义的影响，合作居住的民众希望尽量减小社区对于环境和资源的影响，并将其理念应用于项目的建设和管理当中。合作居住是一种对理想型可持续生活模式的回归，居民们往往会一起参与社区内的各项活动，比如回收利用、种植、共享、减少能耗、节约水电、集体运动等，以此达到享受集体生活的乐趣。这种共享与合作的基本策略也决定了合作居住将会是一种可持续的先锋居住模式。合作社区的可持续性体现在物质层面和社区生活层面两方面。物质层面的可持续

性主要包括：①社区选址。数据表明，大多数合作居住社区的选址位于住宅密度较低的地区，然而为了方便使用公共交通，增强出行的便利性，其选址多为临近当地公共交通节点的地区，以此减少驾驶行为和对交通的依赖，从而达到减少化石燃料和车辆尾气排放的目的，以节约资源的方式实现可持续性。②基于目前为止合作居住社区的四种空间排布类型，相比常规住宅开发而言，其土地利用率更高，以注重邻里交往为特色的居住模式在设计上往往会考虑住宅的紧密排布、聚集或堆叠，以达到减小房屋占地和增加户外公共活动的面积的目的，更适用于高效率的城市小规模开发。合作居住社区因此完成了土地合理利用的可持续性发展。③施工的可持续性。合作社区通常会回收利用毁坏或废弃的建筑材料，以此解决资源消耗和废弃物的问题，此外施工也尽量选择简便的建造措施，依赖于社区居民自行完成景观和建筑的围护工作，并且保证公共区域的多功能性以方便用途的转换。在施工、选材和社区营造等多方面达到可持续发展的目的。④节能措施的采用，是合作居住社区最为显著的特征之一。水和能源利用等方面的节能趋势尤为明显，其中包括了太阳能、风力发电等。⑤生态景观的塑造，包括种植有机可食用作物，不仅能够美化生活环境，也可以间接节省居民的生活开支，具有环境和生活上的双重效益，也有益于保持健康生活方式和维护社区环境（图32，表1）。

社区生活层面的可持续主要包括：（1）公共活动的可持续。在合作居住的社区当中往往会包含诸如公共用餐、社区小型音乐会、舞蹈演出、园艺插花种植等社区公共活动，以此满足社交互动的需求。合作居住的核心理念就是对社区凝聚力的关注

图32 合作居住社区的景观种植和公共街道

合作居住社区节能措施　　　　表1

| 家庭 | 社区 | 乡镇 |
|------|------|------|
| 高效耐用建筑结构 | 中央集中供热 | 风力发电 |
| 光电转换 | 季节性蓄热 | 电力输送 |
| 太阳能热水器 | 有机回收 | 抽水蓄能机组 |
| 资源分类回收 | 生态密集型园艺 | 无机物料循环再造 |
|  | 社区支持农业 | 公共交通 |
|  | 生物避难所 |  |
|  | 共享车 |  |

和互助生活的尊崇，而公共活动正是为这种可持续理念提供了开展的平台。最具代表性的公共活动空间就是厨房，许多合作居住社区中都有公共厨房（图33），以满足居民们共同烹饪的乐趣。基于居民自行编制的烹饪执勤表，每位成员按照执勤时间轮流备餐，以节省居民单独采买和烹饪的时间，有些社区也编制了成员饮食禁忌图标，以确保照顾每一位成员的饮食习惯和需求。（2）儿童照看的可持续。作为合作居住社区的优势之一，给予儿童成长期良好的成长氛围一直是居民所关心和认同的话题。由于良好的邻里关系，居民十分放心孩子们的户外玩耍，邻里间也能相互给予孩子们相应的照顾。放松的社区环境也很容易让家长和孩子都参与到社区活动中，孩子们在社区中的相互关照、尊重、互助和共享并持续传承，对于社区的可持续发

展以及影响更多人的环境意识和社交敏感性具有积极的意义（图34）。（3）社区资源共享的可持续。社区内良好邻里关系的建立也依赖于居民对社区资源的共享程度。社区鼓励居民对诸如汽车、电器、公共用房（厨房、图书室、咖啡吧、工具室、儿童活动室、客房）等共享资源的使用，以此激励居民参与社区公共活动（图35），毕竟公共设施的设计建造也来自居民们的参与。此外，社区成员也会各自贡献一点时间来完成对这些共享资源的维护、清洁、改进和管理等工作，这些社区义务也是维持社区共享资源可持续的有力保障。（4）居民参与和共同决策（图36）的可持续。作为合作居住模式中最为重要的特征之一，相比传统的开发模式，合作

图33 合作居住社区——公共厨房

图34 合作居住社区——儿童户外玩耍

图 35　合作居住社区——公共活动室

图 36　合作居住社区——居民参与共识决策

社区能够更大程度上对土地使用、基础设施、房屋密度以及环境美化等方面进行重新整合，而这些也都得益于合作居住成员所组成的相互协商的理念，而非不受约束的家庭和邻里模式。居民参与和共识决策，其目的是让社区功能和组织更加贴近使用者们的生活需求，同时也为居民建立了良好的人际关系，这种稳固的邻里关系保持下去，可以使社交互动、资源共享和社区发展更具有可持续性。(5)支持性居住环境的可持续(图37)。其中包含了三个方面对于人际关系的总结：①社交支持，社区内成立相关委员会，对遇到紧急情况和危难的成员予

以支持和帮助，比如为失业居民提供紧急支援基金贷款，为单亲母亲在生育小孩后社区居民提供照料等；②实际支持，为邻里提供日常帮助，比如为出远门的邻居照顾宠物或打理院落，帮助邻居维修水管或搬运家具等，这些支持既可以节约金钱成本，也可以舒缓压力并促进人际关系；③精神支持，对于一些弱势群体，残疾人、老年人甚至是同性恋者提供躲避歧视和恐惧的避风港，为其营造良好安全的精神环境和获取归属感。这些方面的相互支持，某种程度上也为社区创造了安全、平和的氛围，陌生人进入社区时会引起居民们的注意，小孩和私人物件的安全也会得到更多的关注，确保了居住环境的可持续发展。(6)社区经济的可持续。主要体现在社区内向社区外的经济输出，社区建立共享菜园并由相应的委员会负责管理种植，利用社区的雨水收集、堆肥处理以及生态景观等措施，种植的蔬菜用于社区公共用餐，在社区内部形成食品种植、加工和存储的产业链以及健康环保低成本的食物供给模式(图38)。同时，社区内部自行经营便利店，居民以较低的价格从便利店批量购买生活用品，以

图 37　合作居住社区——公共聚会活动

图 38  合作居住社区——有机作物种植

此降低机动车的使用和减少出行时间成本。通过种种手段来达到社区经济运营的可持续性发展。（7）环保理念的可持续。主要体现在减少对机动车的使用、对可回收物件的循环再利用。数据显示，合作社区相比传统社区，汽车行程减少了近 25%。许多社区都设置有集中收纳回收物件的储藏处、物品箱或免费箱，并由专人或机构负责物件循环利用的推进工作，很大程度上改进了再循环系统的易用性。此外，居民也会将闲置的服装、书籍、玩具、工具等生活用品放入物品箱中供他人使用，这些举措都促进了社区内资源的可持续发展。基于这些特征，可见合作居住体现出了人们对于公民参与、协同合作以及社群意识做出的回应。基于可持续发展的理念，合作居住模式很好地展示了居民自下而上的管理机制和互助合作的群体意识，这是实现物质生活可持续举措的载体，同样也是低碳环保实践的前提，更是合作共建的良好示范。

　　合作社区虽然体现了共享和协作的特点，但并非完全是乌托邦空想社区，而是一种务实的生活居住模式。纵观几十年合作社区发展可见，理想的社区生活带给居民们互助、友爱、归属感，当中反映出了社区居民的相处之道。社区规模无疑是体现社区生活模式最直观的数据参考。合作居住社区的规模多种多样，取决于个人偏好、地点以及组织团体的目标。按照居民户数一般将合作居住社区分为三种规模：6~12 户（小型社区），13~34 户（中型社区），35 户以上（大型社区）。小型社区往往比较易于组织且用地较少，因此对于场地的要求相对简单，其开发力度通常在居住者本身能够承受的融资能力范围内，管理起来也会相对容易。小型社区通常需要更多的协调性而多样性更少，因为人数少，对于每户成员来说就会有更高的要求，且对于公共设施的资金投入也会相对较大。中型社区被视为最理想和最合适的尺度存在，其规模大到足以拥有丰富的共享设施和公共用房，小到可以进行合理妥善的内部民主化管理。这种规模的社区能够更容易适应个人时间安排的变化，在民主会议或社交活动开展时，不会因为个别人由于其他工作安排的缺席而受到影响，每户居民的参与程度都能得到最大化满足，相比小型社区而言，中型社区的居民决策也更加正式化。而规模更大的大型社区，允许年龄和家庭组成具有更大的多样性，并通过规模经济和公共设施的涵盖面，确保更好的可支付性，完成度往往比较高。项目期间，非营利性组织的参加亦变得可行，并因此可以获得更多的政府补贴。在北欧国家，大多数 40 户左右规模的社区都被分成了若干个小组团，其目的是简化项目的审批流程和资金安排流程，同时项目过大有可能会遭到邻居的反对，从而拖延了审批程序。丹麦最大规模的合作居住项目邦德布杰社区（图 39），拥有 80 个居住单元，在建设过程中被划分为 4 个团体并具有 4 栋完整且独立的公共用房。将大尺度的社区打破以此

图 39　丹麦邦德布杰社区外观

获得更加亲密规模的团体，这有助于保持社区的紧密感。每个团体也都保持着原有特征，反之人数众多会削弱团体个人身份感和责任感，居民的参与性也就会逐渐减少。而且，不具备开发经验的居民团体试图组织建设大规模社区通常比较困难。

## 参考文献

[1] 张睿. 国外"合作居住"社区研究，天津大学，2011.

[2] Kathryn M. Mccamant, Charles Durrett. *Cohousing : A contemporary Approach to Housing Ourselves*[M].Ten Speed Press，2nd，1994.

[3] Kelly Scott Hanson, Chris Scott Hanson. *The Cohousing Handbook : Building a Place for Community*[M]. New Society Publishers，Revised，2004.

[4] Graham Meltzer. *Sustainable Community : Learning from the Cohousing Model*[M]. Trafford Publishing，2005.

[5] Vance Edwards. *Well-Being in Cohousing : A Qualitative Study*. Master dissertation. Humboldt State University，2007.

[6] K.A.Franck, S.Ahrentzen. *New households, new housing*[M]. Van Nostrand Reinhold，1989.

[7] David Wann. *Reinventing Community : Stories from the Walkways of Cohousing*[M]. Fulcrum Publishing，2005.

[8] 李碧舟，杨健. 英国"合作居住"社区研究 [J]. 建筑与文化，2016.

[9] 腾静茹. 德国的私人合作建房 [J]. 城市设计，2016.

[10] Diana Leafe Christian. *Creating a Life Together. Practical Tools to Grow Eco-villages and Intentional Communities*[M]. Gabriola Island，New Society Publishers，2003.

[11] Dorit Fromm. Collaborative Communities. *Cohousing, Central Living, and other New Forms of Housing with Shared Facilities*[M]. New York，Van Nostrand Reinhold，1991.

[12] Graham Meltzer. *Sustainable Community——Learning from the cohousing model*.Trafford，2005.

## 图片来源

图 1 : https : //la.wikipedia.org/wiki/Utopia_（Morus）

图 2 : 笔者根据相关资料收集

图 3 : 笔者根据相关资料收集

图 4 : http : //utopiascommunity-story.blogspot.com/2012/03/skraplanet-community-cohousing.html

图 5 : https : //docplayer.net/64167788-Cohousing-in-denmark-the-pacific-northwest.html

图 6 : http : //www.pbirk.dk/Birks_hjemmeside/Nonbo_grundplan.html；http : //nonbohede.dk/

图 7 : http : //www.amazingsenioresorts.com.ar/pop_AMARArgentinaNews-Arquitectura-Co-Viviendas-9-EjInter-IX-MuirCommons.htm

图 8 : http : //utopiascommunity-story.blogspot.com/2012/03/trudesland-community-cohousing.html

图 9 : http : //www.microurbania.com/disenocohousing/；https : //docplayer.es/51599351-Dinamarca-selandia-avnau-coavn-propuestas-urbanasdinamarca-2006.html

图 10：https：//johnboywallbanger.wordpress.com/

图 11：笔者根据相关资料收集

图 12：https：//docplayer.net/64167788-Cohousing-in-denmark-the-pacific-northwest.html；https：//www.jernstoberiet.dk/

图 13：https：//bofaellesskab.dk/bofaellesskaber/se-bofaellesskaber/jystrup-savvaerk

图 14：https：//bofaellesskab.dk/bofaellesskaber/se-bofaellesskaber/jystrup-savvaerk

图 15：https：//www.pinterest.com/pin/363173157422071557/

图 16：笔者根据相关资料收集

图 17：笔者根据相关资料收集

图 18：笔者根据相关资料收集

图 19：笔者根据资料绘制

图 20：笔者根据资料绘制

图 21：笔者根据相关资料收集

图 22：http：//woodfordia810winn.blogspot.com/2013/09/81-cohousing-suitable-community-model.html

图 23：https：//architype.co.uk/project/springhill-co-housing/

图 24：https：//architype.co.uk/project/springhill-co-housing/

图 25：https：//architype.co.uk/project/springhill-co-housing/

图 26：http：//resurbian.blogspot.com/2014/05/lilac-low-impact-living-affordable.html；https：//makinglewes.org/2014/01/30/lilac-affordable-ecological-co-housing-project-leeds-uk/

图 27：德国的私人合作建房，城市设计，3/2016，P100

图 28：https：//www.nachhaltigkeitspreis.de/architektur/preistraeger-bauen/2017/wagnisart/

图 29：https：//estatemag.io/projects/cooperative-housing-complex-wagnisart-bogevischs-buero-architekten-stadtplaner-gmbh-shag-schindler-hable/

图 30：https：//estatemag.io/projects/cooperative-housing-complex-wagnisart-bogevischs-buero-architekten-stadtplaner-gmbh-shag-schindler-hable/

图 31：https：//www.deutschlandfunkkultur.de/gemeinschaftliches-wohnen-fantasievolle.1001.de.html?dram：article_id=442606；https：//gruene-oberbayern.de/wp-content/uploads/2017/11/2a-5-Rut-Maria-Gollan-gek%C3%BCrzt.pdf

图 32：https：//bofaellesskab.dk/bofaellesskaber/se-bofaellesskaber/rumlepotten；https：//www.flickr.com/photos/larseraq/3670058358

表 1：笔者根据资料绘制

图 33：https：//www.arriveportland.com/is-cohousing-the-wave-of-the-future/

图 34：笔者根据相关资料收集

图 35：https：//www.architectsjournal.co.uk/news/co-housing-were-all-in-this-together/10028797.article

图 36：http：//www.cohousingco.com/blog/2018/7/23/design-process-critical-in-creating-cohousing-communities-says-american-architect

图 37：https：//midwesthome.com/archive/cohousing-aka-dorms-grownups-living-alternatives-minnesota/

图 38：http：//www.cohousingco.com/cohousing

图 39：https：//www.facebook.com/pg/bondebjerget/events/？ref=page_internal

# 3

合作建房——日本

## 3.1 日本"合作居住"的源起

基于对"共同性"的重视，"合作居住"在不同的国家所采取的称呼也都不一样。"Co-Housing"通常称之为"Collective Housing"，被理解为一部分生活共有化的生活居住模式，在拥有独立居住部分的基础上共享其他诸如厨房、餐厅、客房、娱乐室、图书室、洗衣房等共有设施，并具有以居住者为主体共同运营管理的特征。而合作居住一般都伴随着共同协作和共同参与的特征，因此对于"合作居住"的解读也有所不同。"Co-operative Housing"（合作建房）在强调合作居住的基础上，更强调建房本身的协作参与性。两者究其意思来看也都近乎相同，而前者着重集合居住，后者更强调协作建造的过程。通过对过往合作居住社区的回顾可见，合作居住社区兼顾两者的特征。

对于诞生"集合住宅"一词的日本来说，其集住类型也比较丰富，而"合作居住"的发展也有着其特殊的演变路径。在日本集合住宅的诸多概念中，"Collective Housing"和其他国家一样，表示的是集体居住和共同生活的意思，而"Co-operative Housing"（合作建房）则赋予了协助建造的意思且也包含了集体居住和共同生活的含义。合作建房，作为日本集合住宅发展演变中的重要代表，也诠释着住宅发展的特色和人们居住方式的改变。

日本最初的"合作建房"是由山下和正等四位建筑师合作，以实现共同建造和共同居住为目的，在购得土地后由几位建筑师共同设计建造，于1968年竣工完成的"千驮谷"住宅（图1、图2）。四位建筑师作为居住者，根据各自生活需求而量身定做的合作建房，这也开启了合作建房模式在

建设年份：1968 年　　所在地：东京都新宿区千驮谷
住 户 数：4 户　　　　设 计：山下和正，坂下章，大熊喜昌，伊藤久

图1 "千驮谷"住宅——日本首例合作建房

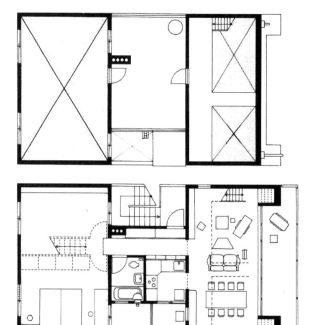

图2 "千驮谷"住宅屋顶层平面图

集·住
集合住宅与居住模式

日本的发展，为后续居民参与型合作建房的发展
与普及创造了可能。随之而来，日本兴起了名为
OHP（Our Housing Project）的住宅建造计划，
以 1972 年建造完成的"OHP.No-1"住宅（图3、
图4）和 1975 年建造完成的"柿生 Cooperative"
住宅（图5、图6）这两个合作建房项目为开端，
拉开了日本合作建房批量建设的序幕，并在东京、
大阪、神户等主要城市相继建造完成不同规模的合
作建房。和其他欧美国家一样，合作居住模式已经
被人们所接受，并在长时间内对这种居住模式给予
了大量的作品实践。在日本，长时间均质化集合住
宅的批量供给，人们对住宅的选择主要包括作为既
成品，买卖或租赁的集合住宅，或者购买土地建独
立住宅。然而伴随着地价的不断增长，新建独立住
宅俨然逐渐呈现出郊区化的趋势，而都市内的集合
住宅成为居民的首选，与此同时，在吸纳国外合作
居住理念的基础上，强调按照自身意愿和需求建造
的点单式集合住宅也就应运而生了。合作建房作为
直接满足居住者建设需求以及协同合作的双重性格
就此登上历史舞台。日本合作建房与欧美的合作居
住模式多少有些区别，甚至更加发达。欧美国家合
作居住的特点主要体现在，建筑由居民协作组织共
同享有且每个成员都依法享有居住权，以较低的居
住费用实现高品质的共同居住是其主要目的，因而
在一个合作社区拥有复数合作团体，甚至是 10 万
人的大规模。而与此相对，日本并没有一套承认协
作组织所有的制度，而是以点单式设计的方式，通
过居民参与的形式，建成后和普通商品房集合住宅
一样，以区分所有权（业主对建筑物内的住宅的专
有部分享有所有权，对专有部分以外的共有部分享
有共有和共同管理的权利）的方式进行住户单元分

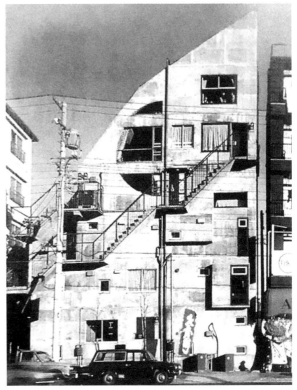

建设年份：1972 年　　所在地：东京都杉井区高井户
住 户 数：6 户　　　设　计：横山英昭　　住户面积：45~79m²

图3 "OHP-N0.1"住宅外观

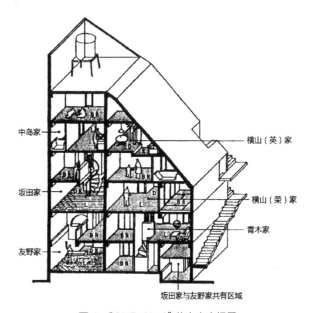

中岛家　　　　　　　　　　　　　　横山（英）家

坂田家　　　　　　　　　　　　　　横山（荣）家

　　　　　　　　　　　　　　　　　青木家

友野家

坂田家与友野家共有区域

图4 "OHP-No.1"住宅内户场景

建设年份：1975 年　所在地：神奈川县川崎市麻生区　住户数：66 户

图 5　"柿生 Cooperative"住宅外观

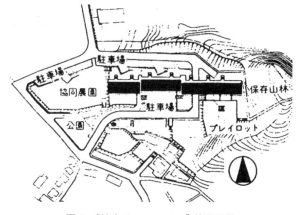

图 6　"柿生 Cooperative"总平面图

配。经过近 60 年的发展，已经基本形成具有日本特征的合作建房机制。由居住者自发形成合作团体，在组织机构的协调统筹下确定建造计划，并在合理合法取得土地开发权和使用权的情况下，以合作团体的名义对住宅进行设计与建造，居住者全程参与并共同居住和实施管理，这种新型的建造模式称之为合作建房（1978 年日本建设省研究委员会

定义）。

伴随着"OHP. No-1"和"柿生 Cooperative"的建成，日本发起了名为"HVC（Housing Voluntary Cooperative）"的住宅建造运动的研究和指导机关，并在 1976 年以"集住协"作为合作建房的研究指导中心，并开展合作建房的实施建造活动。"集住协"采取会员制，在当时有近 4500 人成为该协会的会员。1977 年建成的"本天沼 Cooperative"住宅的 28 户居住者就是从协会会员当中募集了 130 人组建而成的。而在最初没有企划公司和开发商介入的初级阶段，基本上是以募集居住者们所形成的团体自行完成由图纸设计转化为实际建造的全部操作，当中也不乏价格过高、周期过长以及成本过大等曲折经验，这种以居民为主导的合作建房很快就走向下坡路。随后又产生了以企划团队为主导的合作建房形式，取代了缺乏专业团队和践行能力的居民协作团体，专业企划团队的介入也给合作建房的实施带来了新的可能。在 1978 年，日本在建设省住宅局有关合作建房的研究报告中强调，以个人为主导的合作建房存在风险，再次明确了合作建房模式的定义以及项目开发和项目融资的具体指导方针，其具体内容包含了建立谋求企划团队健康发展的自主规制组织等要求。同年，取消了之前设立的"HVC"，取而代之的是"合作建房住宅推进协议会"，作为合作建房企划的领导者持续发展至今，该组织确保了合作建房在项目企划以及融资渠道等方面的长期活力。政府方面也给予合作建房多种途径的补助津贴，其中包括采取"团体分开出售"制度，将团地中的一部分地块用作合作建房并给予居民补贴，采用该制度完成的最早合作建房案例为1980 年的藤沢市"Cooperative House 城山"，

以及以住宅公团为企划主体，在 1979 年建设完成的"原山台 Cooperative House"。

在日本合作建房发展初期，出现了许多合作建房运动。其中具有代表性的就是大阪"都住创"（主张都市住宅由自己创造的协会）运动。该活动主张合作建房，并在 1975 年至 1999 年的 20 多年间建造了 20 个合作建房案例，其持续性在当时也受到了广泛的关注。其作品有 15 例集中在大阪的城市中心的一个名为谷町的地方及其周边（图7、图8），更是将完成的作品 No.10 号作为其协会的中心，命名为"都住创中心"。该协会的作品以反映个性十足的点单式个人住户设计和丰富多变的建筑样式而受到追捧，同时也兼顾了办公和居住的双重特征，因而使得"都住创 City"住宅在当时也成为红极一时的居住模式和住宅文化。建筑师中筋修（都住创创立者）认为：合作建房不单只是为了节约成本，在提出想法到付诸实践需要付出大量的精力和时间，在项目过程中需要持续保持和居民们的密切关系，随着建筑物的完成交流圈也在逐渐扩大。而作为建筑师，硬性层面的设计任务自不用说，如何将居住者聚集并通过长此以往的交流沟通了解居住者的意图和需求等软性层面的沟通也具有很大的挑战，住宅作品正是基于以上两面的联系性

图 7  "都住创 City 合作建房 No.1~No.15"住宅分布
（大阪谷町）

所完成的。

和建筑师中筋修关注协作共建不同，建筑师延藤安弘则追求和创造住户互动交往的可能性。他认为合作住宅不仅以自由设计的方式去建造价格便

图 8  "都住创 City 合作建房 No.1 ~ No.15"住宅模型

宜的家，而且要构建人与人之间的关系，创造人与人之间相互信赖纽带的建房项目。1985年建设完成的"UKOTO"合作社区（图9~图12），就是以居民交流为主要目标，凝聚了多方心血而受到瞩目的案例。在合作组织"京之家创造会"成立后，建筑师延藤安弘一直作为社区居民交流思想的传播者向组织成员传递其社区互动交往的理念。不同于"都住创"项目中有企划者率先制订计划并招募居住者参加的方式，"UKOTO"合作社区属于由居住者率先达成合作意识的前提下对住宅进行建造，以居民为主导的合作建房模式。从最开始的8名到最后确定的48名，期间克服了诸多困难和参加了诸多交流和讨论。而不同于初期以居民为主导的合作建房，基于"团体分开出售"制度的推出和政府的津贴补助，"UKOTO"合作社区具有更高的可实施性。"团体分开出售"制度指出，对于合作团体自己合作且拥有住宅的人们，住宅公团将按照他们的希望建设住宅，并采取以长期分期付款的方式转让。其中包含了三种方式：（1）仅仅只是接受住宅公团的资金援助；（2）除了资金的援助以外，土地也由住宅公团准备；（3）在合作团体结成之前都需要住宅公团提供支持，其中包含了个人可利用的资金和土地等。"UKOTO"合作社区由合作组织"京之家创造会"为代表，在住宅公团的协助下，以第二种方式完成了合作建房的建设。

在建筑师延藤安弘所强调的互动交流当中，他认为合作居住社区最重要的环节是为公共活动提供可能的空间场所，也就是住宅的中庭和共用空间。在"UKOTO"合作社区中，广阔的中庭空间成了人们日常交往和活动的主要联结点，庭院内绿树成荫，流水潺潺，没有宠物饲养的禁令，也经常

建设年份：1985年　所在地：京都市西京区
住户数：48户　设计：京之家创造会设计集团洛西合作建房项目团队

图9　"UKOTO"合作社区外观

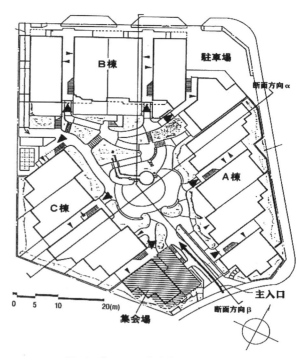

图10　"UKOTO"合作社区总平面图

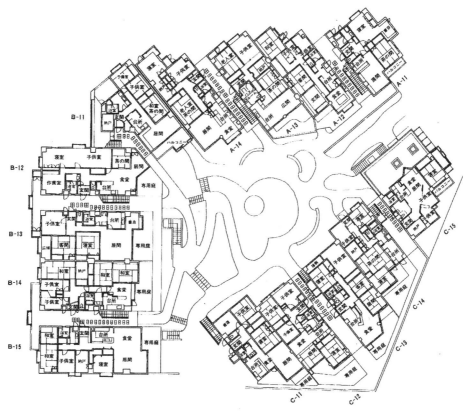

图 11 "UKOTO"合作社区首层平面图

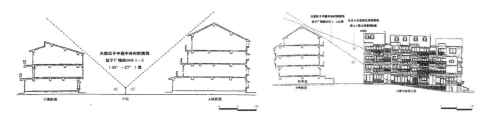

图 12 "UKOTO"合作社区剖断面（左：α方向断面，右：β方向断面）

能够听到犬吠之声。此外，阳台相互拼接呈现出连续阳台的景象，紧密的住户关系某种程度上也反映在空间的设计之中。"UKOTO"合作社区的互动性体现在几个方面（图 13）：（1）围绕中庭的户外活动，中庭成了居民们日常活动的主要聚集地，大人们在此交谈，孩子们在此嬉戏打闹，中庭空间已经成为与居民生活密不可分的板块。（2）中庭中心水池的设置为居民的日常活动提供了更多的丰富性，结合景观石台阶，孩子们在此也有了更多的娱乐活动。（3）兼顾学童保育功能的公共活动室成了孩子们学习的场所。（4）住户之间紧密的连接性设计使得居民的日常交流变得更加自然，在自家阳台晾晒衣物和打理植物的时候随时就能和邻居闲聊几句，增加社区邻里间的亲近感。（5）玄关、走道等

户外活动中庭　　　　　儿童聚会玩耍　　　　　中心水池活动

保育活动室授课　　　　儿童听课场景　　　　　儿童学习活动

阳台景观

庭院日常打理　　　　　邻里阳台设置　　　　　廊道景观

祭（节日）　　　　　　敬老联欢会　　　　　　"流水面"活动

集体餐厨活动　　　　　居民讨论会　　　　　　日常茶话会

音乐会活动　　　　　　　　　　户外课程活动

图13　"UKOTO"合作社区互动交往

地随处可见的植物已经成为居民日常打理和细心呵护的一部分，也成为居民们共同装饰社区的主要方式。居民们也会轮流轮值对社区内的庭园进行维护管理。（6）居民间自发组织小范围的音乐会、插花会等社区活动，增进居民间的友谊。（7）社区内定期举办的大型社交活动（联欢会、祭等）。（8）针对社区管理和运营，居民们依照规章制度举行讨论会和日常商讨等。

### 3.2 日本合作建房的类型

因此，对于日本来说，目前践行的合作建房主要分为两种类型。其一，以居住者为主导的"居住者主导型"合作建房，其主要特征是由居住者自发形成合作团体（建设组合），并由居住者合作团体取得地块后，针对设计方案，委托建设公司实施住宅建造。日本早期的合作建房均以该种类型完成，由于土地私有制的缘故，自发民间组织能够以此为基础购得土地并有效进行集合住宅的委托建设。然而，该类型合作团体当中的居住者们多为非专业人士，在购置土地和实施住宅建造的过程中会遇到许多困难和面临一定的风险，其实施难度较大。随着合作建房机制的完善，该种类型也在逐渐减少。其二，以企划者（企划公司）为主导的"企划者主导型"合作建房，其主要特征是由专业的企划公司负责合作建房所需要的前期策划、联络、协调、组织以及咨询等业务，并在后期配合合作团体完成住宅的设计和建造。不同于"居住者主导型"当中居住者在相关专业领域存在短板，由于企划公司由包括建筑、策划、建设、销售以及管理等在内的不同专业领域构成，因此在践行过程中，可以

减少土地购置的困难、协助合作团体的高效运营、提高设计推进的效率以及能够适应大规模的合作建房，更重要的是能够确保合作建房的顺利完成。在住宅建设完成后，企划公司作为管理运营的组织者，也会同时承担管理公司的推荐和协助居住团体的日常管理工作，该种类型属于目前日本合作建房的主流。截至2013年年底为止，日本建成合作建房的数量已经达到600多个，累计户数万余户，分布在日本全国的各个城市（图14）。针对企划流程而言，日本的合作建房主要分为以下几个

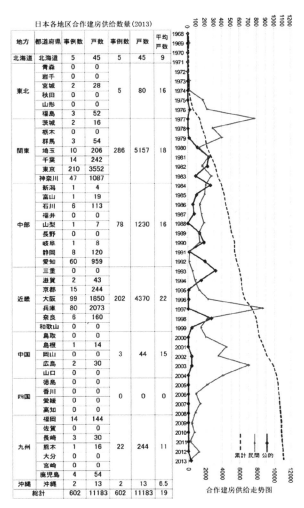

图14 日本合作建房走势及数量关系

步骤（图 15）：

（1）地块选定：由专业企划公司向居住者合作团体提供地块选项，积极对接土地所有者并与其取得协商，协助合作团体与土地所有者签订土地取得协议，并获得土地开发建设许可。伴随着合作建房在日本的普及，这种新型的建设模式已经得到部分民众的认可。部分土地所有者为了能够有效处理闲置土地和提高土地利用率，主动与企划公司取得联系，希望将地块有偿提供给合作建房的建造。不同于一般商品房，合作建房对于住宅建设而言具有更大的利用价值，基于这一点，土地所有者转变身份成为居住者合作团体成员的案例也大量存在。

（2）居住者募集：不同于选购式一般商品房，合作建房旨在强调居住者们在各个阶段的积极参与和配合，以及在参与过程中的互相交流与沟通。住宅方案的确定需要居住者的参与和商讨，这要求居住者对项目持有十分的关心和劳力付出，并对合作建房的设计建造有着共同的认知。居住者募集，就是将拥有共同居住意识和合作意向的人群聚集起来并形成合作团体的过程。募集过程中，参加者会自发地组织去听取由企划公司组织开展的介绍说明会（图 16），或是通过其他诸如口传、广告宣传、报纸刊登等方式了解合作建房的相关信息。对于募集难度而言，不同于具备充足宣传资金的一般商品房，"居住者主导型"合作建房主要依靠朋友间的自发聚集和组织，而"企划者主导型"合作建房则主要依赖企划公司事先策划和具体募集方案的制定，在通知设计公司完成初步方案并核算好工程造价预算的基础上，针对地块选址、参与人数、面积大小、建设价格等参考项，面向社会进行居住者招募，居住者则根据自身需求和实际情况予以

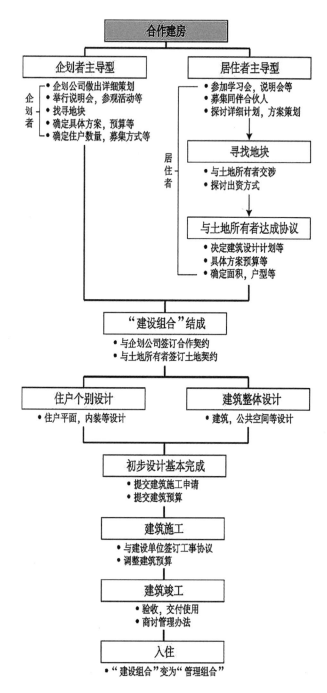

图 15　日本合作建房企划流程

考虑并报名。这种募集方式比较普遍并且已被民众所接受。

（3）合作团体形成：募集后的居住者组建形成名为"建设组合"的合作团体，团体成员共同出资，并共同决定与合作建房项目的所有事项。团体成员在企划公司的组织协调下，完成对其他已完成合作建房项目的参观学习（图17），为实践积累参考经验。在整个项目运营和建设过程中，居住者通过长时间的交流接触，筑起了良好的合作关系，而企划公司作为第三方，协助合作团体与设计公司、建设公司以及土地所有者等多方签订合作协议，并为合作团体提供咨询服务。设计公司和建设公司的选定由合作团体共同决定，设计公司需要向合作团体进行建筑设计方案的阶段性汇报（图18），以及针对每户居住者的需求和生活方式进行点单式室内设计（图19），这是日本合作建房的主要特点。

（4）共同管理：商品房采取委托第三方（管理公司）来进行委托管理的方式，而合作建房一般采取自主管理的方式。自主管理主要是指，以住房内

的所有居住者为管理主体，并自行对所住房屋公共部分进行日常的维护、修缮以及清扫管理工作。项目前期的"建设组合"由此转变为以共同管理为目的的"管理组合"，"管理组合"通过投票选举产生"管理委员会"，并由"管理委员会"作为代表，完成管理工作的同时接收全体居住者成员的监督并自行制订管理计划与管理周期。除此以外，居住团体的日常活动安排也由"管理组合"统一筹划。然而，应对大规模的建筑维护和装修时，"管理组合"需要商讨并与管理公司签订合作协议，实施委托管理。无论是委托管理还是自主管理，都需要由所有居住者共同商讨决定。

关于项目费用出资的承担方来说，合作团体在项目开始前需要签订合作协议，然后由企划公司制定合理出资方案的框架，合作团体的全体成员针对方案共同商议并达成一致，签署出资协议后决定，这是日本合作建房采取的主要出资方式。出资方案制定过程中，企划公司需要针对每一户成员的具体情况制定个户出资计划，并签订出资协议。由于合作建房是一项共同建造的集体行为，同时也是属于以合作团体为基础的共同事业，在与各方签订包含付款方式和付款周期在内的委托协议基础上，按照每户承担的出资比例分阶段完成出资行为。项目的费用主要包括：（1）土地取得费用；（2）设计与监理费用；（3）建设施工费用；（4）企划公司组织协调费用；（5）调查费用（测量、基地勘察等）；（6）企划募集费用；（7）银行融资相关利息费用（包含土地、工事等）；（8）组织运营费用；（9）其他经费等。在合作建房过程中，居住者享有同等的权利和义务，因此项目所产生的其他相关费用均由合作团体成员共同商议和承担。而企划公司则始终

图16　企划公司介绍说明会　　图17　已完成项目参观学习

图18　方案阶段性汇报　　图19　室内设计商讨

作为第三方，处理各项出资细节以及提供咨询帮助。出资费用根据项目规模大小的不同而有所差异，企划公司依照与合作团体签署的协作契约，从最终的总费用中抽取8%~10%作为组织协调费用。合作协议中规定，针对项目进行中有参加者要求退出或者是中途有其他加入者的情况，由所有参加者共同商议并取得同意后才能退出或加入。为避免参加者擅自退出，协议规定，新加入者所产生的部分设计费用以及组织费用等均由退出者来予以承担，在未找到合适的加入者之前，参加者不得无条件退出，为了减少擅自退出的风险，退出者必须履行寻找继承者的义务，然后才能退出。除此以外，居住以后的管理费用和其他活动经费也是由"管理组合"自行商议后，按照管理计划、活动计划，由居住者们共同支付。无论是"建设组合"还是"管理组合"，都在金融机构（银行）开设有专用户头，并实行专款专用。政府部门虽然不对合作建房给予经济补助，但合作建房可以向金融机构申请零利息项目贷款作为部分建设的启动资金。

合作建房项目中，企划公司主要承担的业务范畴有以下几项：（1）方案企划阶段，企划公司负责地块的选定以及和土地所有者之间的沟通交涉，并制定合作协议和出资方案。（2）居住者募集阶段，企划公司制订详细招募计划，其中包含了招募条件、场地现状、面积和户数以及初步预售价格等，并负责与报名参加者的沟通协商。在这个过程中，企划公司需要审核参加者的经济负担能力和家庭人员构成以确保有针对性的招募。（3）合作团体成立阶段，企划公司需要协助参加者们完成诸多合约的签订，以协助合作团体的生成。（4）组织运营阶段，企划公司需要为居住者们提供长期的咨询与帮助，其中包括了设计方案的及时推进、建设费用的支出与调整、向金融机关申请住房过渡贷款、协助居住者"管理组合"的设立、策划具体管理费用的支出明细、推荐合适的管理公司以及合作建房项目名称的决定。（5）入住阶段，企划公司在居住者完成入住后，需要协助其完成项目最后的工程核算以及清单公示并告知各户的项目开支情况。企划公司还需要完成项目进程记录、整理与各方面的契约事项、落实住户的相关登记手续、完成与住房贷款金融机关之间的手续办理以及收集居住者入住后反馈信息并及时处理。企划公司贯穿整个合作建房项目的始末，在各项契约关系中扮演者不可或缺的角色（图20）。

作为合作建房项目的建筑设计方，设计公司的主要任务是完成合作团体，包含建筑和室内在内的点单式设计。按照合作团体的要求和意愿设计并向合作团体进行阶段性汇报，其设计内容包括场地规划布局、建筑方案设计以及住户的平面设计、住户位置、住户面积、公共部分等，从建筑专业的角度，以满足居住者的生活需求为基础，量身定做点单式集合住宅。设计公司主要承担的业务有以下

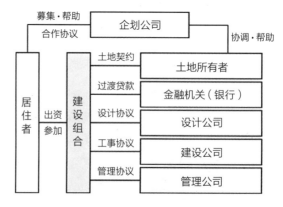

图20 合作建房契约关系图

图21 募集海报

几点:(1)方案企划阶段,对场地进行调查,完成项目的基本方案。(2)居住者募集阶段,根据基地以及周边环境,制作建筑方案草图和募集用海报。募集海报(图21)上需注明项目位置、交通路线、住户面积大小、户型特色、住户数量、出售价格、设计说明等要素以及方案说明会时间。(3)组织运营阶段,设计公司需要确定方案,并根据居住者的共同要求完成方案的细化设计,对各户的面积大小和位置分布进行调整,其中包含公共部分和室内部分的设计。(4)项目施工阶段,设计公司和企划公司以及建设方密切配合以确保建造顺利完成。

合作团体的居住者,根据场地现状和住户数量,可以自由决定的住宅设计范围有:外观造型、住户规模、建筑构造、建筑排水管道等设备,以及住户平面、内部装饰、公共部分(走道,集会所)等。详细划分的设计范围主要包含了:(1)柱、梁、墙等元素的确定;(2)窗户、阳台出入口、玄关等外部开口的确定;(3)住宅中所需要用水的部位(灶台、卫生间、浴室)的设置;(4)基本平面的确立。不同于商品房集合住宅,合作建房当中的设计方能够最大限度满足居住者在设计上的需求,

其自由度较大(图22)。

这种自由度也存在一定的限制,即在设计商谈阶段,包括住户平面和内部装饰在内的诸多条件可以自由调整,居住者可以通过与设计师商议对方案进行有效变更,而进入施工阶段以后,虽然内装样式仍然还可以商议调整,平面户型和住户位置则不再允许被变更(图23)。除了住户设计以外,住栋内部的其他诸如集会所、公用庭院、停车场等公共部分的设计也需要经过合作团体和设计公司的协商后决定,这部分的设计也能够体现出合作建房的魅力和综合品质,其中"都住创——No.10"就是极具代表性的自由设计型合作建房案例(图24~图26),它根据不同居住者的使用需求而量身定制,各户的平面布置以及外观造型也都不同,体现出点单式设计的特点。对于住户位置的选定,不同于商品房集合住宅的先来后到,由合作团体全体成员通过协商或抽签决定(摆阵游戏)。比较常用的方式是由居住者分别填写各自中意的住户位置选项,其中包括了从第一志愿至第三志愿,以住户的不同位置和不同价格为选择依据抽签决定(图27)。出现与其他住户重叠或是有争议的情况下,由居住成员自行协商或采取再次抽签的形式来决定,以确保住户位置选定的公平公正。

| 集合住宅 | | 建筑外观 | 建筑内装 | 水道管线 | 门窗开口 | 公共部分 | 设备 |
|---|---|---|---|---|---|---|---|
| | 一般商品房 | × | ○ | × | × | × | × |
| | 合作建房 | ○ | ○ | ○ | ○ | ○ | ○ |

×:表示不存在自由设计和民众参与   ○:表示存在自由设计和民众参与

图22 设计自由度对比

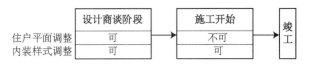

| | 设计商谈阶段 | 施工开始 | 竣工 |
|---|---|---|---|
| 住户平面调整 | 可 | 不可 | |
| 内装样式调整 | 可 | 可 | |

图23 合作建房点单设计变更条件

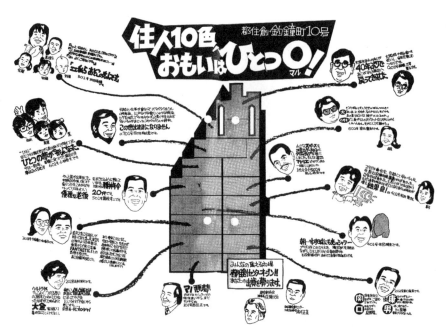

图 24 "都住创——No.10"住户分布图漫画

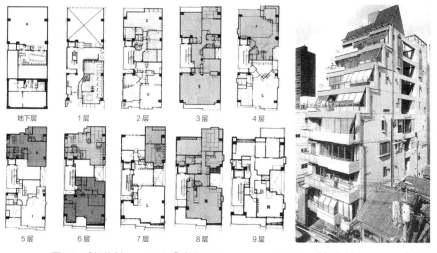

图 25 "都住创——No.10"各层平面

图 26 "都住创——No.10"外观

地下层　　1层　　2层　　3层　　4层

5层　　6层　　7层　　8层　　9层

图 27 "UKOTO"住户抽签（左：摆阵游戏，右：抽签结束后庆祝会）

集·住

集合住宅与居住模式

## 3.3 日本合作建房的特点

随着这种新型建房和合作居住模式的推广，就日本而言，对于既要求享有点单式设计，又无法独自承受由于昂贵价格所带来的经济负担的居住者来说，合作建房无疑是个很好的选择。而对于日本合作建房来说，其特点主要体现在以下几个方面：

其一，拥有独具特色的自由设计（图28）。一般商品房所采取的是，由开发商为主导，包括建筑造型、建筑平面、住户数及设备等均由开发商决定，居住者对"既成品"集合住宅进行选择性购买的住宅开发模式。在日本集合住宅开发多元化背景下，部分人群对共同建造和共同居住的需求不断增大，旨在突破已有"既成品"式的住房模式，构建能满足个性化需求且自由度更高的"居住者参与型"住房模式。其中最有代表性的体现就是合作建房具有自由设计的特征。该特征不仅体现在合作共建的商讨机制中，更突显在建筑设计本身，乃至反映在城市住宅面貌的改变。以自由设计为主要特点的日本合作建房，尊重居住者们各自的生活需求和生活方式，将更大的自由度介入集合住宅的设计与建造当中。在合作建房"M—POUTO"案例中，每户居住者们都采取了不同的入户玄关和入户门设计（图29），在暗示了设计居民参与性的同时也增加了设计的趣味性；合作建房"ARUJYU"案例中，居民们将手印按压过的水泥板做成装饰悬挂在了社区入口处，展示合作社区的设计细节（图30）；除此以外，居住者也会为共同设计建造的社区命名（图31）。比如"COMS HOUSE"的名字当中，COMS包含了Community（交

"既成品"商品房　　　　"自由设计"合作建房

图28　自由设计的介入

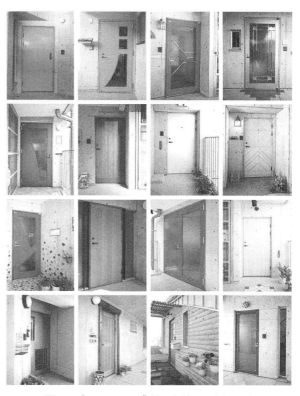

图29　"M-POUTO"社区玄关和入户门设计

流）、Complex（共同）、Companion（同伴）、Comfort（舒适）等多重含义，HOUSE 则有家的含义，以此迎合共同居住的理念。

其二，具有良好的社区邻里关系。从企划公司所组织开展的分享说明会，到"建设组合"的结成，再到"建设组合"向"管理组合"的转变，在整个过程中，合作团体的居住者共同完成了与土地所有者的土地买卖协议，与设计公司的方案协商，与建设单位的工事合约等诸多项目事宜。也就是说，从拿地到住宅建成，居住者经历无数次交流，相互认识、相互熟知并建立起了良好的邻里关系，这对于共同居住来说是十分重要的先决条件。更重要的是，从建造初期到入住后的几年内，十几年内，甚至是几代人之间都居住于此，因而这份良好的邻里关系得以维持和延续。邻里间良好关系的构筑依靠各种团体活动，比如动工以前奠基仪式、住户之间的屋顶种植活动以及日常的交流活动。良好邻里关系的构筑不仅有助于合作建房的推进，对于良好社区环境的营造也具有十分重要的意义（图 32）。

其三，充分的居民互动和参与。从自由设计到邻里交流，其目的是强调日本合作建房当中居住者的参与性。不同于对"既成品"集合住宅的购买，而是参与式的建造，对于合作建房而言这是其主要的特征。正是因为居住者的全程参与，对于完成的住宅就不仅仅只是共同的居所，更是一件共同的作品，图 33 所展示的也正是合作建房项目在荣获日本建筑协会所颁发的住宅类设计作品大奖后，合作团体的全体成员在屋顶向来访电视台直升机招手的场景（图 33）。由此可见，居住者的全程参与所获得的不仅是区别于商品房的参与体验，而是一

图 30 "ARUJYU"社区入户手印装饰

图 31 合作建房社区命名

屋顶种植活动　　　　　　　　　开工奠基仪式

图 32 居民参与和互动

份发自内心的成就感，这也是合作建房持续受到关注和普及的主要原因之一。

其四，实惠合理的价格。合作建房是以共同居住为目的的共同建造行为，强调土地的有效利用。有别于商品房开发模式中大量宣传经费的消耗以及开发商的利益最大化，合作建房更多的是关注同等条件下的合理开支并确保建设性价比达到最高，因此合作建房住宅开发模式的花费某种程度上会低于普通商品房。合作建房的费用主要包含土地取得费、建设费、组织者费用、预备费、广告费以及其他经费（图 34）。以自由设计为前提，同时构筑良好邻里关系，居住者能够全程参与，并且在价格方面亦能存在优惠，这也使得合作建房在日本受到追捧并不意外。

图 33　居民参与互动（获奖拍摄场景）

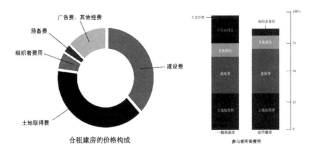

合租建房的价格构成

图 34　价格构成和比较

## 3.4　日本合作建房的案例

　　合作建房已经成为日本住宅市场中的一股清流，作为回应乌托邦理想居住模式的现实版实践对象，受到了居住者的青睐。在住宅设计量高产的国度，住宅类项目的设计和建设需求量也十分之大，

日本建筑师对集合住宅的作品输出也一直受到广泛关注。而对于合作建房来说，结合了建筑设计、社区营造、室内设计以及景观设计等多种设计门类，是集合住宅设计中比较突出的类型，其中也不乏许多优秀的设计作品（图35~图71）。

　　日本合作建房自20世纪60年代末期发展至今，不同于拥有两百多年合作建房发展历史的欧洲国家，日本合作建房的"建设组合"并没有法人化，和一般的商品房一样属于居住者个人所有。日本合作建房已经打破了由一般商品房所主导的住宅建设市场格局，伴随着多样化建筑类型合作建房的兴起，其未来的发展动向主要有：（1）许多企划公司和设计事务所正在尝试，以若干独立的合作建房为单元以缔造大规模合作建房街区，目的是利用合作建房点单式设计和居民参与的特点，重塑社区活力和改变原有街区形象。（2）结合其他诸如托儿所、养老院等福祉设施，营造复合型合作建房。（3）针对房屋空置率过高的问题，以合作建房的方式对空置房屋实施再利用和再建造。（4）塑造环境共生型合作建房，将节能环保理念融入住宅建设当中，在提高居民环保意识的前提下，鼓励居民以绿色模式合作建造可持续型集合住宅。可以看出，日本合作建房的建筑样式呈现出多样化、多元化的格局，在满足不同类型和数量的居住人群的同时，也为乌托邦式集合住宅的创造给予了新的可能，也为广大建筑设计师团体的设计创作提供了更多机会，也促进了小规模集住社区和社区营造的积极发展。合作建房，在新时代集合住宅演化的进程中，其乌托邦的意义在于，作为一种理想且有效解决住房供给需求的方法而存在，以更加自由的姿态完善了人们对集住模式的认识和理解，在国际社会也持续受到关注。

名称：M-POUTO

建设年份：1992 年
所 在 地：熊本市津浦街
住 户 数：16 户
设　　计：MOYAI 住宅建设组合
规　　模：地上 5 层
构　　造：钢筋混凝土
建筑面积：1655m²
基地面积：954m²

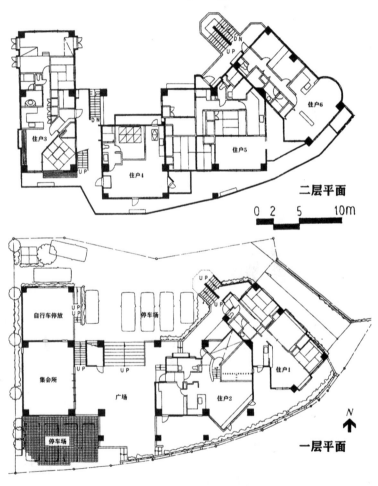

图 35　日本合作建房代表案例

名称：**现代长屋 TEN**

住 户 数：10 户

所 在 地：大阪市东淀川区

规　　模：地上 3 层，局部 4 层

建设年份：2003 年

设　　计：CASE/ 都市营造研究所，
　　　　　稻本建筑设计室，
　　　　　@HAUS ARCHITECTS，
　　　　　北村建筑研究工房

构　　造：钢筋混凝土，局部钢结构

建筑面积：1323m²

基地面积：924m²

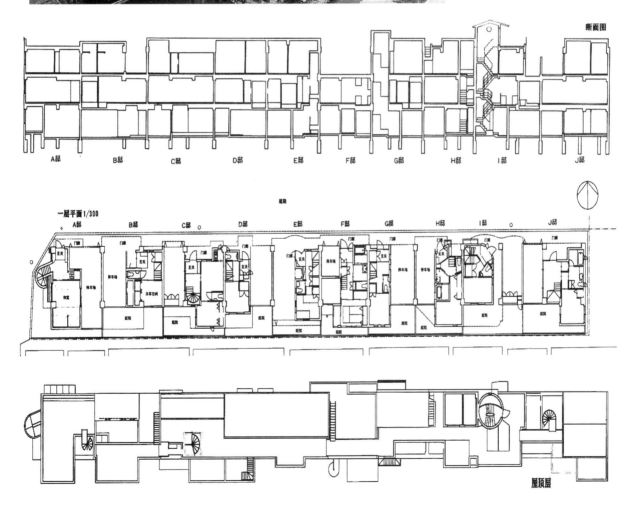

图 36　日本合作建房代表案例

**名称：失贺 SUTORITO（独栋合作建房）**

建设年份：2001 年
所 在 地：广岛市东区失贺
住 户 数：5 户
设　　计：甲村健一 / KEN 一级建筑事务所
规　　模：地上 2 层
构　　造：钢结构，局部木结构
建筑面积：111~149m²
基地面积：111~198m²

图 37　日本合作建房代表案例

名　称：FETO
住户数：6户
所在地：东京都港区南青山
规　模：地上3层，地下1层
建设年份：2002年
设　计：FRANETTOWAKUSU
构　造：钢筋混凝土
建筑面积：504m²
基地面积：247m²

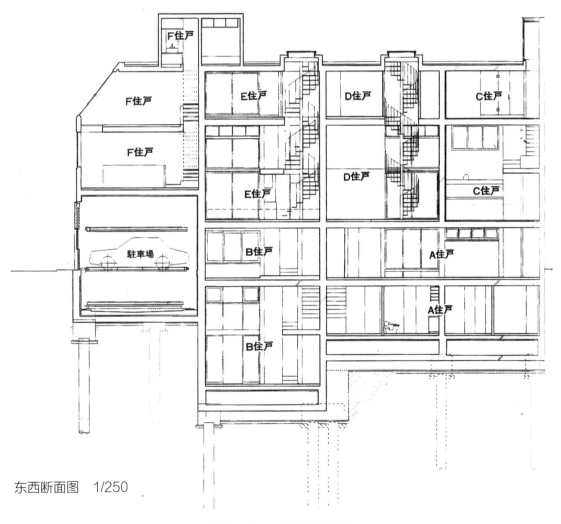

东西断面图　1/250

图 38　日本合作建房代表案例

名称：宫之森合作建房 TIO

建设年份：2002 年
所 在 地：北海道札幌市中央区
住 户 数：10 户
设　 计：ATORIE AKU
规　 模：地上 2 层
构　 造：钢筋混凝土，局部钢结构
建筑面积：1101m²
基地面积：1824m²

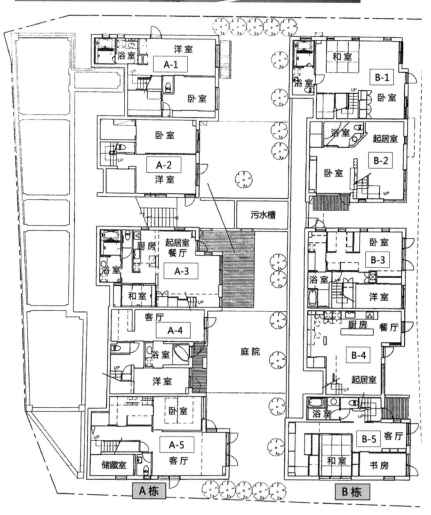

图 39　日本合作建房代表案例

名　　称：合作建房 INKARU

建设年份：2000 年

所 在 地：北海道札幌市中央区

住 户 数：7 户

设　　计：柳田石塚建筑事务所，ATORIE AKU

规　　模：地上 3 层

构　　造：钢筋混凝土

建筑面积：766m²

基地面积：1243m²

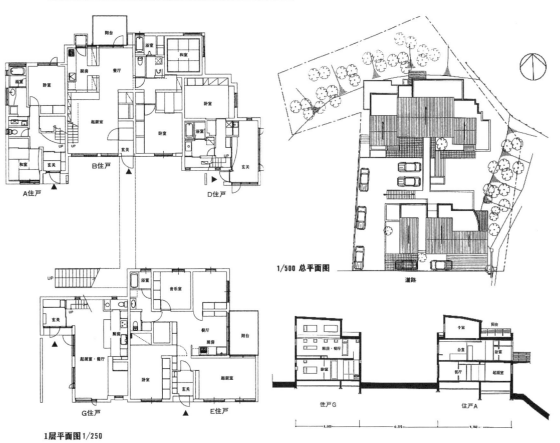

1/500 总平面图

1层平面图 1/250

图 40　日本合作建房代表案例

名称：**Garden PASAJYU 广尾**

建设年份：1999 年

所 在 地：东京都涩谷区

住 户 数：7 户

设 计：池田靖史建筑事务所（IKDS）

规 模：地上 2 层，地下 3 层

构 造：钢筋混凝土，局部钢结构

建筑面积：2751m²

基地面积：1902m²

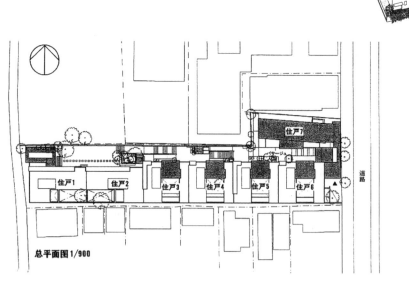

总平面图 1/900

轴测图

图 41 日本合作建房代表案例

名称：萱岛新町家 Naked Square

建设年份：1999 年

所 在 地：大阪府寝屋川市萱岛南町

住 户 数：37 户

设 计：HEKISA

规 模：地上 3 层

构 造：钢筋混凝土

建筑面积：4810m²

基地面积：4084m²

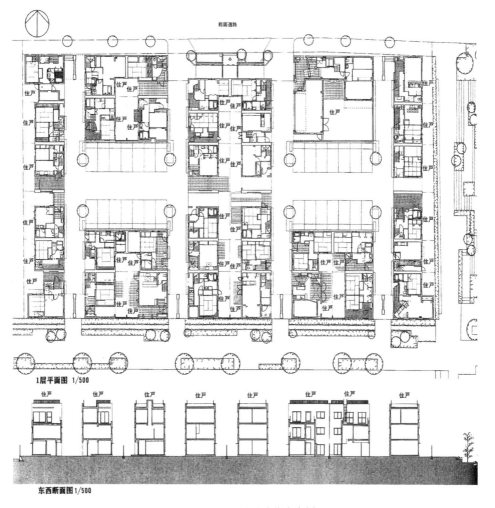

1层平面图 1/500

东西断面图1/500

图 42 日本合作建房代表案例

名称：**SETAHAUS**

建设年份：2002 年
所 在 地：东京都世田谷区
住 户 数：15 户
设　　 计：都市 Design System
规　　 模：地上 3 层，地下 1 层
构　　 造：钢筋混凝土
建筑面积：1353m²
基地面积：1136m²

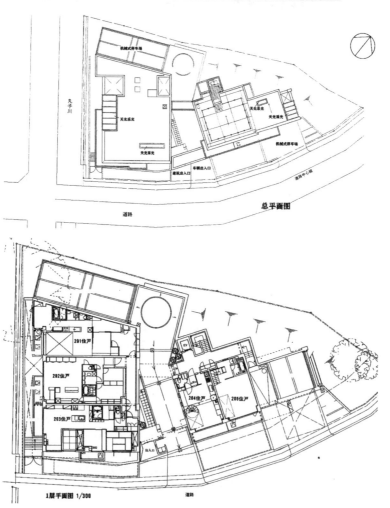

图 43　日本合作建房代表案例

名　称：虹之森 HOUSE
住 户 数：19 户
所 在 地：爱知县名古屋市名东区
规　模：地上 3 层，地下 1 层
建设年份：2003 年
设　计：邑工房
构　造：钢筋混凝土
建筑面积：2701m²
基地面积：1167m²

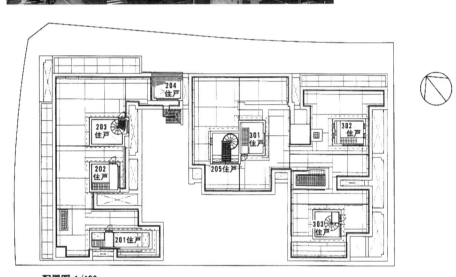

配置图 1/400

北立面图 1/400　　　　　　　　　　　　　　　西立面图

南立面图 1/400　　　　　　　　　　　　　　　东立面图

图 44　日本合作建房代表案例

名称：**深泽 Residence**

建设年份：2003 年
所 在 地：东京都世田谷区
住 户 数：13 户
设　　计：上野·藤井建筑研究所
规　　模：地上 3 层，地下 1 层
构　　造：钢筋混凝土
建筑面积：1472m²
基地面积：900m²

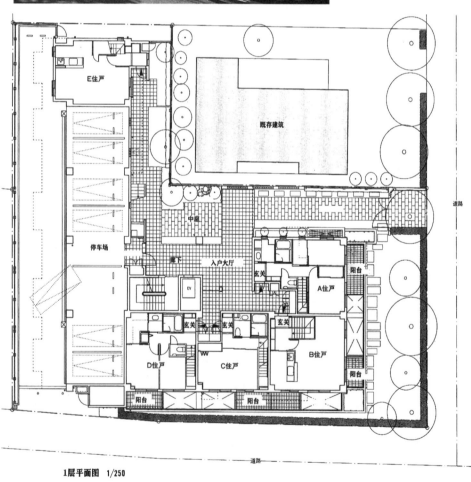

1层平面图　1/250

图 45　日本合作建房代表案例

名称：**小石川之杜**

建设年份：2002 年
所 在 地：东京都文京区
住 户 数：13 户
设　　计：上野·藤井建筑研究所
规　　模：地上 3 层，地下 2 层
构　　造：钢筋混凝土
建筑面积：1970m²
基地面积：3182m²

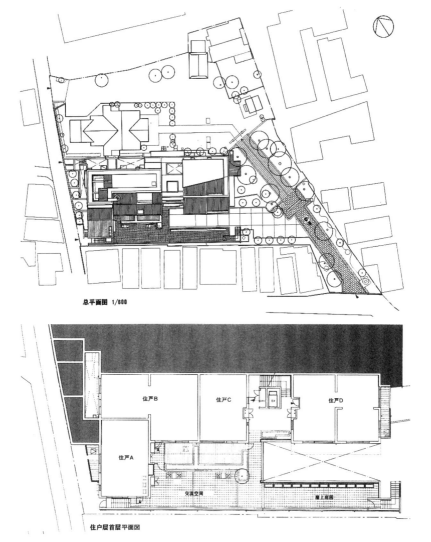

总平面图 1/600

住户层首层平面图

图 46　日本合作建房代表案例

**名称：J-Alley**

建设年份：2001 年

所 在 地：东京都目黑区

住 户 数：11 户

设　　计：O-One Office

规　　模：地上 3 层，地下 1 层

构　　造：钢筋混凝土

建筑面积：1010m²

基地面积：422m²

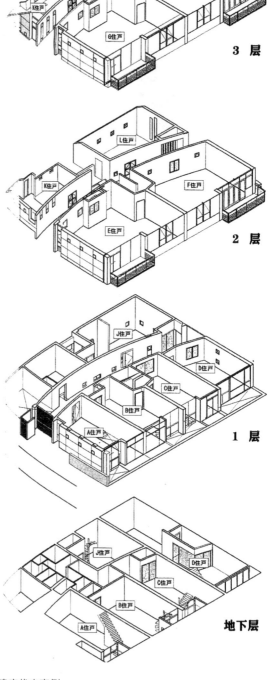

图 47　日本合作建房代表案例

名称：**Co-House 喜多见**

建设年份：1998 年
所 在 地：东京都世田谷区
住 户 数：14 户
设　　计：片山和俊，DIK 设计室，杜之会
规　　模：地上 4 层
构　　造：钢筋混凝土
建筑面积：1642m²
基地面积：924m²

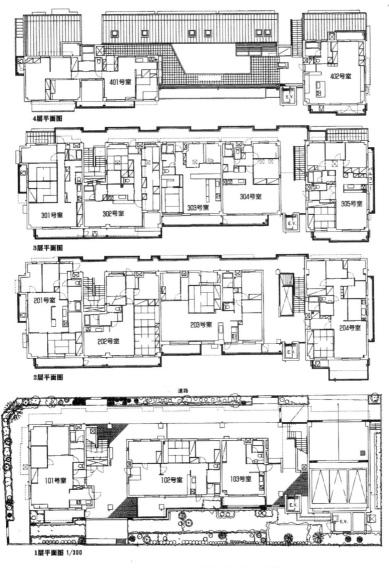

4层平面图

3层平面图

2层平面图

1层平面图 1/300

图 48　日本合作建房代表案例

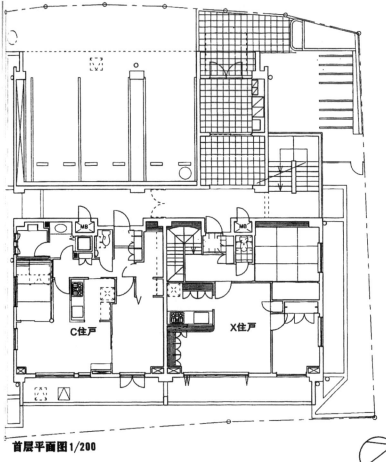

名称：樱明居

建设年份：2003 年
所 在 地：神奈川县横滨市港北区
住 户 数：12 户
设　　计：池永设计事务所
规　　模：地上 4 层，地下 1 层
构　　造：钢筋混凝土
建筑面积：901m²
基地面积：378m²

**首层平面图1/200**

图49　日本合作建房代表案例

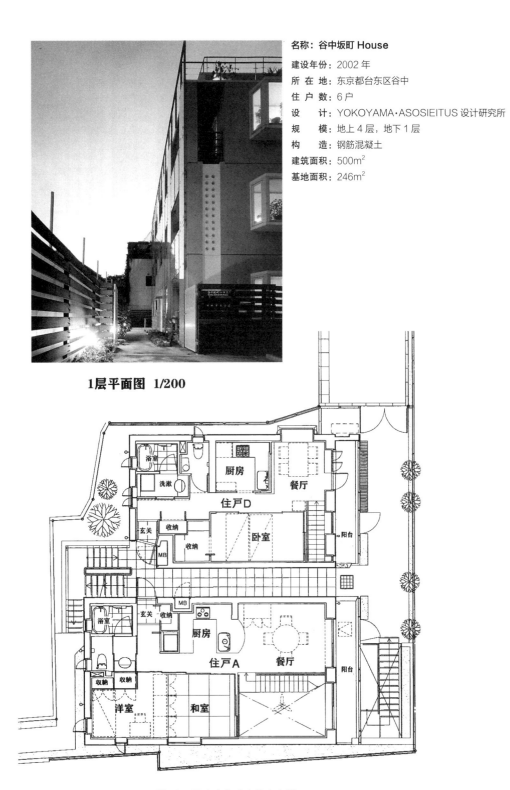

名称：谷中坂町House

建设年份：2002年

所 在 地：东京都台东区谷中

住 户 数：6户

设　　计：YOKOYAMA·ASOSIEITUS设计研究所

规　　模：地上4层，地下1层

构　　造：钢筋混凝土

建筑面积：500m²

基地面积：246m²

**1层平面图 1/200**

图50　日本合作建房代表案例

名　　称：文之里 Cooperative 住宅

建设年份：1994 年

所 在 地：大阪市阿倍野区

住 户 数：4 户

设　　计：ATORIE·HORONIKA

规　　模：地上 5 层，地下 1 层

构　　造：钢筋混凝土

建筑面积：271m²

基地面积：114m²

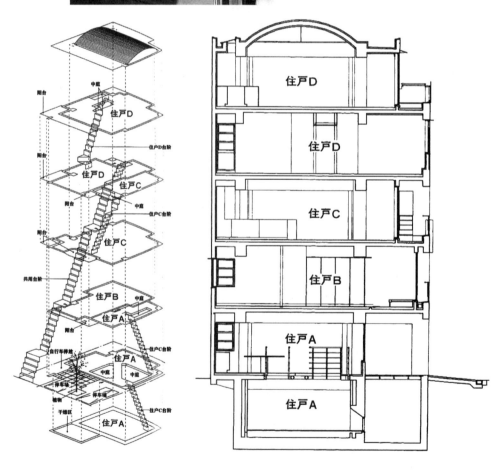

图 51　日本合作建房代表案例

集·住

集合住宅与居住模式

名称：榉 HOUSE

建设年份：2003 年
所 在 地：东京都世田谷区
住 户 数：15 户
设　　计：HAN 环境·建筑设计事务所
规　　模：地上 5 层，地下 1 层
构　　造：钢筋混凝土，部分钢结构
建筑面积：1492m²
基地面积：752m²

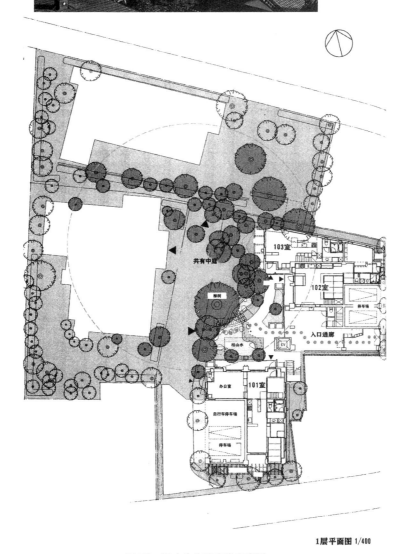

1层平面图 1/400

图 52　日本合作建房代表案例

名称：RUNA·PIEINA

建设年份：2003 年
所 在 地：兵库县尼崎市东园田町
住 户 数：7 户＋店铺 1 户
设　　计：REO 建筑研究所
规　　模：地上 6 层
构　　造：钢筋混凝土
建筑面积：890m²
基地面积：450m²

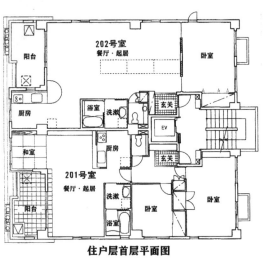

**住户层首层平面图**

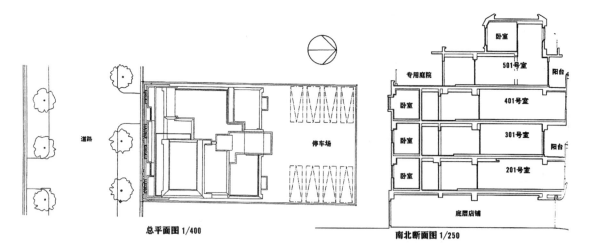

总平面图 1/400

南北断面图 1/250

图 53　日本合作建房代表案例

名　称：M-Split
建设年份：2002 年
所 在 地：东京都三鹰市下连雀
住 户 数：8 户
设　　计：0-One Office
规　　模：地上 7 层，地下 1 层
构　　造：钢筋混凝土
建筑面积：679m²
基地面积：264m²

东西断面图 1/300

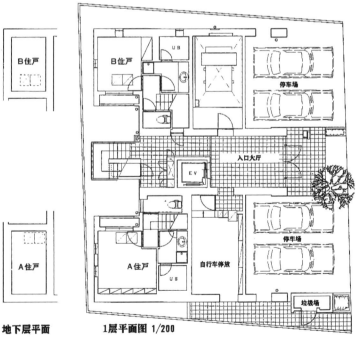

地下层平面 1层平面图 1/200

B住户

A住户

B住户

入口大厅

EV

A住户 自行车停放

停车场

停车场

垃圾场

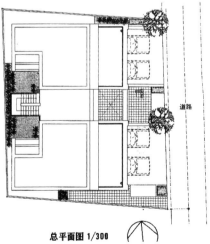

总平面图 1/300

道路

图 54 日本合作建房代表案例

**名称：本驹入 HOUSE**

建设年份：2002 年
所 在 地：东京都文京区
住 户 数：13 户
设　　　计：三轮设计事务所 + 都市 Design System
规　　　模：地上 7 层，地下 1 层
构　　　造：钢筋混凝土
建筑面积：1387m²
基地面积：385m²

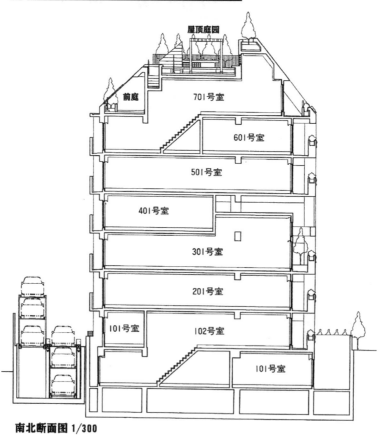

南北断面图 1/300

图 55　日本合作建房代表案例

名称：荻洼HOUSE
建设年份：1995 年
所 在 地：东京都杉并区
住 户 数：17 户
设　　计：邑工房
规　　模：地上 7 层，地下 1 层
构　　造：钢筋混凝土
建筑面积：1276m²
基地面积：399m²

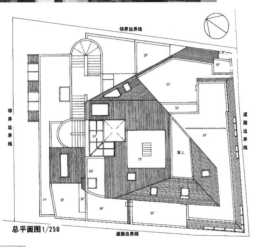

总平面图1/250

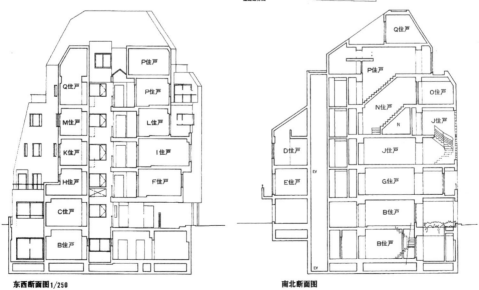

东西断面图1/250　　　　南北断面图

图 56　日本合作建房代表案例

名　　称：CELLS

建设年份：2002 年

所 在 地：东京都目黑区

住 户 数：19 户

设　　计：曾根幸一环境设计研究所 + 都市 Design System

规　　模：地上 9 层

构　　造：钢筋混凝土

建筑面积：1695m²

基地面积：405m²

标准层平面图 1/300

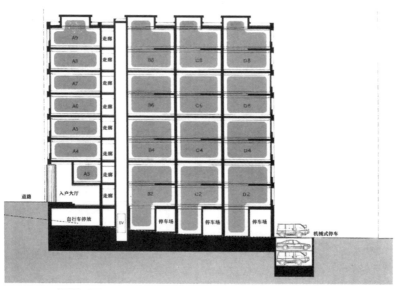

断面图 1/400

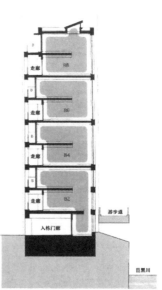

断面图

图 57　日本合作建房代表案例

名　　称：都住创大手前

建设年份：2001 年

所 在 地：大阪市中央区

住 户 数：47 户

设　　计：HEKISA

规　　模：地上 14 层，地下 2 层

构　　造：钢筋混凝土

建筑面积：6825m²

基地面积：654m²

1层平面图
1/300

南立面图 1/500　　　　　东立面图　　　　　北立面图

图 58　日本合作建房代表案例

名称：STEPS

建设年份：2014 年

所在地：东京都大田区

住户数：6 户

名称：西荻窪凸 House

建设年份：2011 年

所在地：东京都杉井区

住户数：5 户

名称：驹泽公园 Terrace

建设年份：2009 年

所在地：东京都世田谷区

住户数：12 户

名称：田园调布 Terrace

建设年份：2014 年

所在地：东京都大田区

住户数：10 户

名称：八云 Cooto House

建设年份：2013 年

所在地：东京都目黑区

住户数：9 户

名称：野方 Town House

建设年份：2013 年

所在地：东京都中野区

住户数：11 户

名称：谷中 Terrace

建设年份：2012 年

所在地：东京都台东区

住户数：9 户

名称：四谷若叶

建设年份：2012 年

所在地：东京都新宿区

住户数：8 户

名称：下马集合住宅

建设年份：2012 年

所在地：东京都世田谷区

住户数：11 户

名称：都市大学 Terrace

建设年份：2011 年

所在地：东京都目黑区

住户数：13 户

名称：南青山 Septem

建设年份：2012 年

所在地：东京都港区

住户数：7 户

名称：代泽 Terrace

建设年份：2013 年

所在地：东京都世田谷区

住户数：13 户

图 59　东京都其他代表案例（一）

名称：石神井 Pleats

建设年份：2010 年
所在地：东京都练马区
住户数：6 户

名称：驹泽 Cross

建设年份：2011 年
所在地：东京都丰岛区
住户数：12 户

名称：Terrace 中目黑

建设年份：2013 年
所在地：东京都目黑区
住户数：8 户

名称：下北泽 Blocks

建设年份：2010 年
所在地：东京都世田谷区
住户数：8 户

名称：KEELS

建设年份：2008 年
所在地：东京都新宿区
住户数：9 户

名称：SLIDE 西荻

建设年份：2008 年
所在地：东京都杉并区
住户数：9 户

名称：成城高台之家

建设年份：2008 年
所在地：东京都世田谷区
住户数：4 户

名称：驹泽 Kcinq

建设年份：2007 年
所在地：东京都世田谷区
住户数：5 户

名称：世田谷 Coopu

建设年份：2012 年
所在地：东京都世田谷区
住户数：8 户

名称：代田 Town House

建设年份：2008 年
所在地：东京都世田谷区
住户数：10 户

名称：石神井公园集住

建设年份：2007 年
所在地：东京都练马区
住户数：6 户

名称：松庵森之家

建设年份：2010 年
所在地：东京都杉并区
住户数：6 户

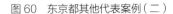

图 60　东京都其他代表案例（二）

名称：荻洼 Coto House

建设年份：2006 年

所在地：东京都杉并区

住户数：5 户

名称：下北泽 Apartment

建设年份：2010 年

所在地：东京都世田谷区

住户数：6 户

名称：下北泽 Helix

建设年份：2008 年

所在地：东京都世田谷区

住户数：6 户

名称：Seijo Terrace

建设年份：2006 年

所在地：东京都世田谷区

住户数：8 户

名称：Sakura House

建设年份：2004 年

所在地：东京都世田谷区

住户数：7 户

名称：用贺 Triplex

建设年份：2007 年

所在地：东京都世田谷区

住户数：3 户

名称：Mews 上用贺

建设年份：2009 年

所在地：东京都世田谷区

住户数：8 户

名称：绿道之家

建设年份：2011 年

所在地：东京都世田谷区

住户数：6 户

名称：Sette

建设年份：2011 年

所在地：东京都世田谷区

住户数：7 户

名称：弦卷 Flat

建设年份：2010 年

所在地：东京都世田谷区

住户数：11 户

名称：樱新町 Row House

建设年份：2002 年

所在地：东京都世田谷区

住户数：4 户

名称：Motif

建设年份：2007 年

所在地：东京都世田谷区

住户数：8 户

图 61　东京都其他代表案例（三）

集·住

集合住宅与居住模式

名称：Twist 东玉川

建设年份：2008 年

所在地：东京都世田谷区

住户数：4 户

名称：御留山 House

建设年份：2010 年

所在地：东京都新宿区

住户数：6 户

名称：代代木 S-tyle

建设年份：2005 年

所在地：东京都涩谷区

住户数：6 户

名称：松涛 Coto House

建设年份：2001 年

所在地：东京都涩谷区

住户数：6 户

名称：Glasfall

建设年份：2008 年

所在地：东京都世田谷区

住户数：6 户

名称：Shimouma House

建设年份：2003 年

所在地：东京都世田谷区

住户数：4 户

名称：Como terrace

建设年份：2009 年

所在地：东京都目黑区

住户数：4 户

名称：Butte

建设年份：2011 年

所在地：东京都目黑区

住户数：10 户

名称：惠比寿 Coto House

建设年份：2003 年

所在地：东京都涩谷区

住户数：4 户

名称：下目黑之森

建设年份：2008 年

所在地：东京都目黑区

住户数：12 户

名称：Grays

建设年份：2007 年

所在地：东京都目黑区

住户数：4 户

名称：大冈山 Studio

建设年份：2003 年

所在地：东京都目黑区

住户数：6 户

图 62　东京都其他代表案例（四）

名称：Sola

建设年份：2008 年

所在地：东京都丰岛区

住户数：6 户

名称：CROSS 小日向

建设年份：2010 年

所在地：东京都文京区

住户数：10 户

名称：Co-HINATA

建设年份：2007 年

所在地：东京都文京区

住户数：4 户

名称：UNITE 神乐坂

建设年份：2007 年

所在地：东京都新宿区

住户数：4 户

名称：神乐坂南町 Apart

建设年份：2007 年

所在地：东京都新宿区

住户数：10 户

名称：广尾 House

建设年份：2006 年

所在地：东京都涩谷区

住户数：6 户

名称：IST

建设年份：2005 年

所在地：东京都港区

住户数：3 户

名称：Collete

建设年份：2008 年

所在地：东京都杉井区

住户数：8 户

名称：UME3

建设年份：2004 年

所在地：东京都世田谷区

住户数：3 户

名称：下马 STRATA

建设年份：2002 年

所在地：东京都世田谷区

住户数：10 户

名称：尾山台 Coto House

建设年份：2000 年

所在地：东京都世田谷区

住户数：4 户

名称：吉祥寺 House

建设年份：2004 年

所在地：东京都武藏野市

住户数：4 户

图 63　东京都其他代表案例（五）

名称：Treize

建设年份：2014 年
所在地：东京都武藏野市
住户数：13 户

名称：Fika

建设年份：2014 年
所在地：东京都武藏野市
住户数：9 户

名称：Tradica 吉祥寺

建设年份：2011 年
所在地：东京都武藏野市
住户数：11 户

名称：SOCIO

建设年份：2013 年
所在地：东京都世田谷区
住户数：14 户

名称：Nonet 北泽川

建设年份：2013 年
所在地：东京都世田谷区
住户数：14 户

名称：上野毛之杜

建设年份：2012 年
所在地：东京都世田谷区
住户数：14 户

名称：松原之家

建设年份：2012 年
所在地：东京都世田谷区
住户数：9 户

名称：OGGI

建设年份：2012 年
所在地：东京都杉并区
住户数：19 户

名称：Treo

建设年份：2011 年
所在地：东京都世田谷区
住户数：7 户

名称：DSET 荻洼

建设年份：2011 年
所在地：东京都杉并区
住户数：17 户

名称：Freo

建设年份：2010 年
所在地：东京都世田谷区
住户数：9 户

名称：上北泽 House

建设年份：2009 年
所在地：东京都世田谷区
住户数：8 户

图 64　东京都其他代表案例（六）

名称：SMKA

建设年份：2007 年

所在地：东京都大田区

住户数：10 户

名称：南方町 4REST

建设年份：2005 年

所在地：东京都杉并区

住户数：4 户

名称：二子 Terrace

建设年份：2005 年

所在地：东京都世田谷区

住户数：8 户

名称：武藏野 House

建设年份：2003 年

所在地：东京都武藏野市

住户数：17 户

名称：Cocasa

建设年份：2012 年

所在地：东京都目黑区

住户数：4 户

名称：ARCO

建设年份：2007 年

所在地：东京都调布市

住户数：9 户

名称：Clanka

建设年份：2007 年

所在地：东京都世田谷区

住户数：4 户

名称：N`s Bau

建设年份：2006 年

所在地：东京都涩谷区

住户数：8 户

名称：Sakuramira

建设年份：2006 年

所在地：东京都世田谷区

住户数：8 户

名称：T-treppe

建设年份：2005 年

所在地：东京都世田谷区

住户数：8 户

名称：J-patio

建设年份：2004 年

所在地：东京都目黑区

住户数：15 户

名称：三茶 House

建设年份：2003 年

所在地：东京都世田谷区

住户数：6 户

图 65　东京都其他代表案例（七）

名称：驹泽公园 House

建设年份：2014 年

所在地：东京都世田谷区

住户数：11 户

名称：弦卷 Noie

建设年份：2014 年

所在地：东京都世田谷区

住户数：9 户

名称：Unite

建设年份：2013 年

所在地：东京都世田谷区

住户数：15 户

名称：羽根木之森

建设年份：2013 年

所在地：东京都世田谷区

住户数：17 户

名称：北泽 House

建设年份：2012 年

所在地：东京都世田谷区

住户数：11 户

名称：三田伊皿子坂

建设年份：2012 年

所在地：东京都港区

住户数：16 户

名称：LiBell

建设年份：2012 年

所在地：东京都世田谷区

住户数：17 户

名称：BLIKS 若林

建设年份：2015 年

所在地：东京都世田谷区

住户数：17 户

名称：Keyaki garden 奥泽

建设年份：2012 年

所在地：东京都世田谷区

住户数：36 户

名称：Tonary

建设年份：2013 年

所在地：东京都世田谷区

住户数：7 户

名称：永山 House

建设年份：2009 年

所在地：东京都多摩市

住户数：23 户

名 称 ： 羽 根 木 Garden terrace

建设年份：2014 年

所在地：东京都世田谷区

住户数：19 户

图 66  东京都其他代表案例（八）

名称：九段千鸟渊 Terrace

建设年份：2014 年

所在地：东京都千代田区

住户数：24 户

名称：Co-House

建设年份：2012 年

所在地：东京都千代田区

住户数：16 户

名称：见树院

建设年份：2011 年

所在地：东京都文京区

住户数：14 户

名称：坂上 Terrace

建设年份：2009 年

所在地：东京都千代田区

住户数：20 户

名称：J-court House

建设年份：2007 年

所在地：东京都北区

住户数：27 户

名称：樱坂 House

建设年份：2007 年

所在地：东京都北区

住户数：18 户

名称：Conifer House

建设年份：2006 年

所在地：东京都千代田区

住户数：8 户

名称：西麻布 Co-house

建设年份：2005 年

所在地：东京都港区

住户数：21 户

名称：KT house

建设年份：2004 年

所在地：东京都千代田区

住户数：11 户

名称：樱 House

建设年份：2004 年

所在地：东京都千代田区

住户数：17 户

名称：K

建设年份：2003 年

所在地：东京都世田谷区

住户数：13 户

名称：绿樱馆

建设年份：2003 年

所在地：东京都小金井市

住户数：15 户

图 67　东京都其他代表案例（九）

名称：K-House

建设年份：2003 年
所在地：东京都世田谷区
住户数：16 户

名称：Coms House

建设年份：2002 年
所在地：东京都千代田区
住户数：11 户

名称：代官山 House

建设年份：2011 年
所在地：东京都涩谷区
住户数：18 户

名称：Coume

建设年份：2013 年
所在地：东京都世田谷区
住户数：9 户

名称：L'aube

建设年份：2011 年
所在地：东京都文京区
住户数：9 户

名称：O-House

建设年份：2012 年
所在地：东京都目黑区
住户数：11 户

名称：麻布 House

建设年份：2013 年
所在地：东京都港区
住户数：14 户

名称：浜田山 Coop

建设年份：2013 年
所在地：东京都杉井区
住户数：13 户

名称：Coop 驹场东大前

建设年份：2005 年
所在地：东京都目黑区
住户数：13 户

名称：CURA

建设年份：2005 年
所在地：东京都涩谷区
住户数：18 户

名称：Oct

建设年份：2006 年
所在地：东京都世田谷区
住户数：8 户

名称：Coop 杉井松庵

建设年份：2006 年
所在地：东京都杉井区
住户数：6 户

图 68　东京都其他代表案例（十）

名称：国立 House

建设年份：2007 年
所在地：东京都国立市
住户数：10 户

名称：赤堤 Apartment

建设年份：2006 年
所在地：东京都世田谷区
住户数：12 户

名称：LUS

建设年份：2003 年
所在地：东京都杉并区
住户数：4 户

名称：Symbia

建设年份：2008 年
所在地：东京都中野区
住户数：10 户

名称：DECOR

建设年份：2002 年
所在地：东京都大田区
住户数：14 户

名称：M-flats

建设年份：2000 年
所在地：东京都武藏野市
住户数：15 户

名称：M-front

建设年份：2001 年
所在地：东京都武藏野市
住户数：17 户

名称：CUBE9

建设年份：2006 年
所在地：东京都世田谷区
住户数：9 户

名称：Cella

建设年份：2005 年
所在地：东京都世田谷区
住户数：20 户

名称：南雪谷 Terrace

建设年份：2004 年
所在地：东京都大田区
住户数：12 户

名称：CO-EST

建设年份：2003 年
所在地：东京都大田区
住户数：16 户

名称：上北泽 Apart

建设年份：2001 年
所在地：东京都世田谷区
住户数：17 户

图 69　东京都其他代表案例（十一）

集·住

集合住宅与居住模式

名称：尾山台 House

建设年份：2001 年

所在地：东京都世田谷区

住户数：11 户

名称：六庵

建设年份：2005 年

所在地：东京都杉并区

住户数：6 户

名称：大森 Apart

建设年份：2005 年

所在地：东京都大田区

住户数：17 户

名称：日向坂 House

建设年份：2003 年

所在地：东京都杉并区

住户数：4 户

名称：东山 SCP

建设年份：2004 年

所在地：东京都目黑区

住户数：16 户

名称：Pal House

建设年份：2003 年

所在地：东京都世田谷区

住户数：17 户

名称：Block on Block

建设年份：2004 年

所在地：东京都世田谷区

住户数：14 户

名称：Sakura Court

建设年份：2004 年

所在地：东京都世田谷区

住户数：20 户

名称：祐天寺 House

建设年份：2004 年

所在地：东京都目黑区

住户数：13 户

名称：Hill House

建设年份：2004 年

所在地：东京都世田谷区

住户数：16 户

名称：CO-MO

建设年份：2003 年

所在地：东京都杉并区

住户数：12 户

名称：ROXI

建设年份：2003 年

所在地：东京都世田谷区

住户数：11 户

图 70　东京都其他代表案例（十二）

名称：松原 Flat

建设年份：2003 年
所在地：东京都世田谷区
住户数：23 户

名称：樱坂上

建设年份：2003 年
所在地：东京都品川区
住户数：13 户

名称：池上 House

建设年份：2002 年
所在地：东京都大田区
住户数：12 户

名称：O-CUBE

建设年份：2003 年
所在地：东京都杉井区
住户数：19 户

图 71　东京都其他代表案例（十三）

## 参考文献

[1] 財団法人－日本住宅総合センター．日本における集合住宅の定着過程－安定成長期から 20 世紀末まで [M]．株式会社ダイワ，2001.

[2] 長谷川工務店．都市の住態－社会と集合住宅の流れを追って [M]．株式会社長谷川工務店，1987.

[3] 中筋修．都住創物語－コーポラティブハウスの冒険 [M]．住まいの図書館出版局，1989.

[4] 延藤安弘．これからの集合住宅づくり [M]．晶文社，1996.

[5] 延藤安弘．集まって住むことは楽しいナ－住宅でまちをつくる [M]．鹿島出版社，1988.

[6] 乾亨，延藤安弘．ユーコート物語－マンションをふるさとにした [M]．昭和堂，2012.

[7] 建築思潮研究所．コーポラティブハウス [M]．建築資料研究社，2004.

[8] 高田昇．コーポラティブハウス－21 世紀型の住まいづくり [M]．学芸出版社，2003.

[9] 都市住宅とまちづくり研究会．コーポラティブハウスのつくり方 [M]．清文社，2006.

[10] 小林秀樹，竹井隆人，田村誠邦，藤本秀一．スケルトン定借の理論と実践 [M]．学芸出版社，2000.

[11] 大平一枝．自分たちでマンションを建ててみた [M]．河出書房新社，2000.

[12] 住田昌二，藤本昌也．参加と共生の住まいづくり [M]．学芸出版社，2002.

[13] 李理，西口雅洋，丁志映，小林秀樹．環境共生型コーポラティブハウスにおける成立要因と持続要因に関する研究—その 1 —環境共生的特徴及び建設前後の経緯 [J]．日本建築学大会学術講演梗概集，2015（09）：1121-1122.

## 图片来源

图 1：《都市の住態—社会と集合住宅の流れを追って》，P129

图 2：《都市の住態—社会と集合住宅の流れを追って》，P129

图 3：《日本における集合住宅の定着過程－安定成長期から 20 世紀末まで》，P71

图 4：《日本における集合住宅の定着過程－安定成長期から 20 世紀末まで》，P71

图 5：《日本における集合住宅の定着過程－安定成長期か

ら 20 世紀末まで》，P73

图 6：《日本における集合住宅の定着過程－安定成長期か
　　ら 20 世紀末まで》，P73

图 7：《都住創物語》，P97

图 8：《都住創物語》，P82 ~ 83

图 9：《都市の住態—社会と集合住宅の流れを追って》，
　　P134

图 10：《ユーコート物語》，P111

图 11：《都市の住態—社会と集合住宅の流れを追って》，
　　P135

图 12：《ユーコート物語》，P112 ~ 113

图 13：笔者根据相关资料收集

图 14：笔者根据相关资料绘制

图 15：笔者根据相关资料绘制

图 16：日本相关机构提供

图 17：日本相关机构提供

图 18：日本相关机构提供

图 19：日本相关机构提供

图 20：笔者自绘

图 21：日本相关机构提供

图 22：笔者自绘

图 23：笔者自绘

图 24：《都住創物語》，P158 ~ 159

图 25：《都住創物語》，P116 ~ 117

图 26：《都住創物語》，P78

图 27：《ユーコート物語》，P35 ~ 36

图 28：日本相关机构提供

图 29：《これからの集合住宅づくり》，P208

图 30：《これからの集合住宅づくり》，P86

图 31：《コーポラティブハウスのつくり方》，P99

图 32：日本相关机构提供

图 33：《都住創物語》，P13

图 34：笔者根据相关资料绘制

图 35~ 图 58：《コーポラティブハウス参加してつくる集
　　合住宅》

图 59~ 图 71：笔者根据相关资料绘制

# 4

集住中国

作为历史悠久和人口众多的国家，中国很早就出现了大城市，而传统合院式住宅作为早期住宅形式，在拥挤的城市环境中兼顾家庭私密性和与自然的相互融合，并普遍存在。然而，在进入19世纪后，伴随着社会的变革，不同于封建社会的集权统治，现代化民主社会的背景下，城市住宅的形态也发生了本质的变化，在城市中也相应地出现了现在意义上的集合住宅。早期外国资本主义经济的入侵以及中国资本主义经济的形成和发展，加快了城市建设的速度，房地产业也就此应运而生，以应对由于人口迅速增长、人口高度集中化以及人口分化所导致的住房供给的多样化需求。城市在住宅建设的趋势下，逐渐由原本的分户自建、自给自足转化为市场化建设，由房地产商统一投资并成片兴建，采取分户出租或租售的方式。因此在19世纪中期到20世纪初，出现了我国前所未有的集合住宅类型，也由此产生了中国现代城市住宅。其中，最具有代表性的是上海的石库门里弄住宅（图1、图2）和北方合院式住宅（图3），这是在中国传统住宅的基础上结合了新的社会需求和生活方式转变的新型集住模式。20世纪初期，除了基于传统住宅原型的演变所形成的集住类型外，在受到西方现代集合住宅的影响下，部分开埠城市的租界区也出现了西式联排集合住宅、单元式住宅和成片的花园式洋房，在东北地区的铁路附属地区也逐渐出现了俄式和日式的联排集合住宅、单元式集合住宅、外廊式集合住宅等，中国也由此走上了向集合居住生活模式的转型。到1949年时，上海在市区范围内，仍有9214条里弄，里弄住宅达20万幢，建筑面积1937.2万 m²，占全市住宅总面积57.4%，其中旧式里弄住宅（包括老式石库门里弄住宅、新式石

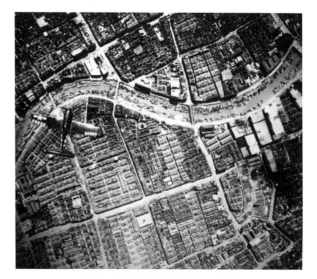

图1　石库门里弄（1946年航拍）

图2　上海石库门里弄住宅

图3　烟台合院式里弄住宅

集·住

集合住宅与居住模式

库门里弄住宅和广式里弄住宅）1242.5 万 m²，新式里弄住宅 469 万 m²。石库门的形式往往源于当地传统民居，称之为传统中式城市集合住宅。上海石库门里弄住宅，其建筑形式源于江南民居，多采用两层楼的砖木结构形式，前后也都有横向的天井，以传统的"间"为单位，多为三开间、五开间并保持了中轴线对称的布局特点（图 4）。住宅功能包含了正屋和附屋两个部分，当中除了厨房以外没有很明确的功能区分，按照位置可将房间分为客堂、客堂楼、次间、稍间、厢房、余屋等。正屋部分前面由客堂和厢房三面围合成天井，附屋和后面之间也有通长的后天井，并设置水井以供应生活用水。就建筑本身而言，里弄建筑最为直观的建筑特点是，外观相对封闭，高墙厚门给住户以安全感，建筑山墙部分多采用马头墙、观音兜等形式。其建筑细部从早期的传统装饰题材不断融合西方建筑设计要素（图 5），形成种类繁多且具有一定代表性的建筑符号，例如石库门、老虎窗。此外，阳台、立柱、山墙、屋檐、门环、线脚等个性化的建筑构件也使得里弄本身具备艺术性，时至今日，仍然具有保护、观赏和研究价值。在上海，老式的石库门里弄住宅由于交通方便，成了城市活动的中心，单元内部空间十分充裕且实用灵活，比较有利于家庭日常生活和活动并可结合经营于一体。在当时，也出现了诸多商号、娱乐场所、报社、家庭旅馆、私人诊所以及会馆等，可见早期的里弄式集合住宅也带有一丝商业色彩。

从 1910 年之后到 30 年代间，大量西式集合住宅被建造，其基本特点是按照功能对住宅内部空间进行划分，并采用了西式的建筑结构和施工方式，其公共设施和规划也都比较系统和完善。

1910 年左右上海租借区出现了以西方联排式住宅为主要集合住宅形式的新式里弄住宅（图 6），其建筑风格也呈现出多样化的趋势，有西班牙式、英国式、法国式等。其布局也都是参照西方住宅并结合中国的生活习惯和市场。而相比传统的中式集合住宅，西式联排集合住宅带来了开间宽、进深浅、日照和通风条件良好的特点。随着新式里弄住宅的

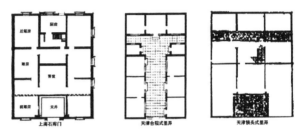

图 4　中国早期里弄住宅单元平面

图 5　里弄住宅建筑元素

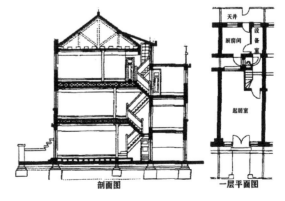

图 6　新式里弄住宅剖面、一层平面（上海金城里）

发展和扩张,其建设量也如雨后春笋一般陆续在上海、天津等城市的租借区不断扩大,其中比较具有代表性的有上海的四明村、静安别墅、淮海坊、模范村、常乐村,天津的生牲里、安乐村、疙瘩楼(图7)、同乐里等。新式里弄式住宅(图8)在旧式里弄住宅的基础之上已经逐渐向西方的连立式集合住宅靠拢,并且已经采用了连立式集合住宅的排布方式,而伴随着生活方式的改变和时代审美的改变,新式里弄住宅在布局方面和功能使用方面也都发生了变化,主要功能用房安置在通风和采光更好的一侧,院墙也降低了以往的装饰性,部分住宅在功能上也都增加了备餐、阳光室等空间,卫浴环境也有所提升,甚至设置了地下室作为佣人房或辅助用房,有些也设置了车库,采用一些错层的形态使室内空间得到充分的利用。里弄住宅是为了满足当时社会需求供给而大量建造的,是我国由传统分散居住模式向现代集合居住模式的过渡,对于改善人们的生活方式和提高人们的生活水平无疑是起着积极的促进作用的;更关键的是,里弄住宅的大规模开发建造也为建筑工业化在中国的发展起到了指示性作用。

集合住宅的出现不仅节约了土地,也提高了住宅建造的经济性。我国较早出现的多层单元式集合住宅类型(图9、图10),其主要特点是具有标准的单元,每个居住单元多为一梯两户到四户,每层的平面也近乎相同,通过公共楼梯入户,每栋的住户单元数也较少,多为独单元式和双单元式,其中独单元式一般为每栋四户,而双单元式可做到局部三层,每栋十户。居住单元每户除了门厅、起居室、卧室、儿童室以外也都还有独立的厨房和卫生间,较大的户型甚至还带有工作室、阳光室以及通

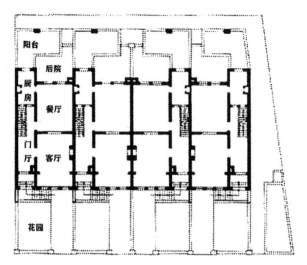

图 7 新式里弄住宅平面(天津疙瘩楼)

图 8 新里弄住宅

往厨房的服务楼梯。其户型从二室到五室不等,其平面设计主要以合理为主要原则,面积相对较大,多为 50~100m² 左右。在当时,这种规模已经能够算得上是高标准公寓,其居住对象主要是来华的外国职员。单元式住宅,作为解决人口密集和用地紧张等问题的方法,提高了住宅集合化的程度。在 20 世纪 30 年代的上海、天津等城市也陆续出现了多层单元式集合住宅,其中也不乏一些公寓住宅,由于建筑密度相对较低,增加了公共空间和绿化空间,也增加了居民们之间的日常交往,同时根

集·住

集合住宅与居住模式

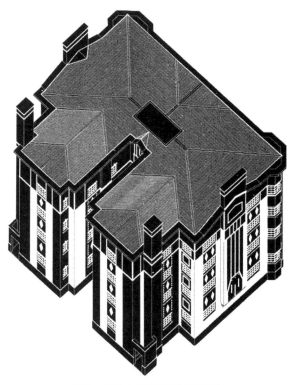

图 9　单元式公寓住宅（陕南村）

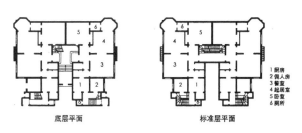

底层平面　　　　　　　标准层平面

1 厨房
2 佣人房
3 餐室
4 起居室
5 卧室
6 厕所

图 10　陕南村平面图

图 11　高层公寓住宅（百老汇大厦、河滨大厦）

据地形和住宅标准的不同，也塑造出诸如一梯两户的单元式，多个居住单元相互并联，三面开窗的点状式，以及一梯四户的蝴蝶型等多种不同造型的集合住宅设计类型。

而在 20 世纪 30 年代之后，一方面，随着建筑技术的发展和一大批进口材料的使用使得建设更高层的公寓住宅成为可能，因此 7 层以上带电梯的高层公寓也在上海不断出现；另一方面，在地价不断上涨的情况下，在城市中心位置建设高楼层公寓型集合住宅也是更加经济的选择。高层公寓往往结合内部电梯采取内廊式布局，结合房间数和套型的组合构成标准层进行设计。高层公寓一般设备比较完善，除了电源和自来水以外，高层公寓也都配备煤气设备、暖气设备、热水供应以及垃圾管道等。受到了西方现代主义风格的影响，公寓住宅的外观造型也都比较简洁，主要的代表案例有上海百老汇大厦和河滨大厦（图 11）。

回顾集合住宅的发展，西方国家的城市住宅发展经历了从分散到聚合的过程，我国在究其形态的发展和推演上也具有一定的相似性。我国从 2~3 层砖木房到几家合用的苏联式单元住宅，将高层住宅当作现代化，崇尚欧陆风情，让住宅奔小康，再将高科技、绿色、生态、环保定义为新的时尚；从以卧室为中心的所有起居活动，住宅以解决睡眠为主到拓展出走道进而得到小方厅、明厅、大厅、小卧以及动静分区、公私相分离的多厅成套住宅。我国住宅从没有厕所、共用厨房发展到了整体厨卫、中西厨房成套的住宅，从追求数量到数量与质量的并重，再到舒适健康和生态，集合住宅的发展逐渐从粗放型转向了更加精密化。和西方国家一样，中华人民共和国成立之后，随着人口的急剧增加，住宅

短缺也是时代背景下需要刻不容缓解决的问题。在
新兴工业城市和城市的近郊工业区兴建了一批半临
时性成片行列式低层集合住宅（图 12）。这些集合
住宅属于早期工人住宅的雏形，在资金短缺和急需
快速建造可容纳多家庭居住的条件下，采取了最为
简洁的布局方式，住宅多为一层，每户按照家庭人
数分配 1~3 间住房，而厨房、厕所、浴室等设施
为集体共用，设计上也延续了新中国成立前的里弄
式住宅形式。随着大规模的城市住宅建设发展，如
何组织居住区居民的生活配套设施和管理等问题成
了居住区规划设计所必须直面的课题。许多集合住
宅的规划设计当中都运用了行列式布局和邻里单
位的概念，其中最具代表性的案例是上海曹杨新村
（图 13、图 14）的规划。在我国开始大规模社会
主义建设的时期，引入苏联的单元式居住模式，建
造了大量以多层集合住宅为主的住宅类型。建筑主
要为砖混结构，采取住宅单元定型和由单元组成的
整栋住宅楼定型，其中也包括了建筑、结构、给排
水、采暖、电气照明等全套设计。而关于住宅标准
设计，其基本原则是按照标准构件和模式来设计标
准单元，并通过标准单元的组合变化形成不同的集
合住宅类型，最终形成多样化的居住区群体。

　　同样，在对标准设计的诸多讨论过程中，中
国对于集合住宅的设计发展也做出了许多次尝试，
其中包括了突破原有内廊单元式的局限性，出于对

图 12　早期行列式低层集合住宅（北京和平里 5000 宅）

图 13　曹杨新村总平面

图 14　曹杨新村鸟瞰

当时实际情况和居住水平的考虑而出现了外廊式的居住单元。外廊式布局（图15）将走廊安置在了住栋的北侧面，每套住户单元也都占据了一个或多个同进深的开间并沿着走廊的方向并列布置，每户在南端设置居室，而在北端靠近廊道的位置布置厨房和厕所。与内廊单元式的集合住宅形式相比，一部楼梯可以服务多个居住单元，作为杂用和邻里交往的实用空间在当时也受到了民众的欢迎和追捧。北京幸福村街坊住宅是当时外廊式集合住宅的代表。除了外廊式，国内建筑师再结合具体国情和居民需求的基础上，也提出了诸如短外廊和横梯等不同集合住宅类型。

从20世纪50年代末期到60年代中期，我国集合住宅的发展已经逐渐摆脱其他国家的模式影响，进入了一个住宅建设的自主探索时期。期间也首次颁发了住宅面积的标准并规定了人均居住面积。在三年国民经济调整时期，住宅将建设的重点落在严格掌握建设标准、提高设计与施工的质量、提高投资效益的方针、重视对新住宅类型的探索以及促进住宅建设标准化和多样化发展等方面。其中包括了对适合炎热地区的天井式集合住宅、寒冷地区东西向集合住宅、节约用地的大进深和内天井集合住宅、适合复杂地形的独立单元式集合住宅以及错层式集合住宅等住宅类型的探索尝试。上海在50年代末兴建的工人住宅代表"两街一弄"[闵行一条街、张庙一条街、蕃瓜弄（图16）]是当时居住类型创新性的代表。在蕃瓜弄集合住宅的设计当中就采取了大进深、减少向阳外墙面以减少辐射热，并辅之以小天井组织通风、加大进深和节约用地（图17）。闵行一条街的设计中已经出现了底层商业的城市新住宅类型，一方面是为

图15　外廊式集合住宅（北京幸福村）

图16　蕃瓜弄住宅

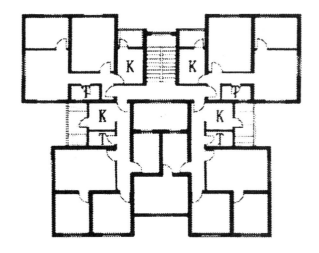

图17　天井式住宅平面（蕃瓜弄）

了满足城市居民对于城市商业增长的需求，另一方面也是采取了围合式的居住区模式，是形成城市街道景观的规划手段，其目的是通过底层商业改变南北向住宅山墙面形成的单调街景，既解决了城市住宅的创新课题，也在组织流线、安排功能和建筑结构处理等方面综合地实现了当时城市集合住宅设计规划的水平。当时正值"大跃进"高潮时期，为赶时间节点，工程建设只争朝夕。最终，在投入了大量人力、物力的条件下，闵行一条街（图18、图19）的建设工作仅仅用了短短78天就完成了，还创造了"一天一层墙，二天一层楼"的闵行速度。1957年，上海还提出有计划地在市区的边缘地带和郊县建卫星城镇，第一个将此设想转化成现实的就是闵行卫星城。当时闵行的定位是一座以电站设备工业为特色的卫星城镇。区域内有上海电机厂、上海重型机器厂等国有企业，这些职工及其家属大多居住在距离厂区不远的闵行老镇。后来，随着工厂集聚效应的显现，老镇人口猛增，简陋的基础设施难堪重负。于是，为了给闵行各大企业职工及家属解决住房困难，建设配套生活区又成为一项市政建设的任务。闵行一条街这种"上住下店"的建筑形式，后来发展成为一种成熟的住宅和商业建筑混合的类型——底商住宅形式，对今后的街道景观也产生了广泛影响。此外，在这期间，也还出现了反映集体生活和集体劳动的人民公社大楼。人民公社一般是在各种已有城市社会单位的基础上形成的，有的以大型国营厂矿企业为中心，有的则是以机关单位、学校为基础，也有的是以街道居民为主体，由于其特殊的组织和自治形式，一些常规的家庭生活内容被组织到居民点的范围内完成，如食堂统一就餐，各户不设厨房，各户的拆洗缝补由集体

图18　上住下店——闵行一条街

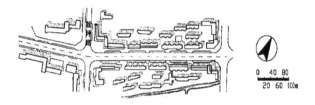

图19　闵行一条街平面

劳动完成，家庭妇女被组织参加街道工作，托幼和老人照看等工作也由街道统一组织等。在这种"政社合一"的思想指导之下，城市人民公社不仅取代了原有的城市行政基层组织，也影响了居住建筑和居住区规划的设计，当中所体现出的诸如反对严格的城市功能分区、家务劳动社会化等设想也都与90年代的思潮相契合，代表了社会主义理想的生活组织模式，在当时也成了集住模式的楷模。其中的代表案例有北京崇文公社大楼（图20）和天津鸿顺里街道人民公社大楼（图21）等。

"文化大革命"期间，由于国民经济的发展停滞不前，住宅的建设规模也远远落后于人口的增长需求，从而导致了住宅供应的短缺。该时期的住宅建设依然按照小面积、低标准、低造价为控制目标，住宅的套型也多为一室为主，厨房和厕所多为

图20 北京崇文公社大楼（外观、平面）

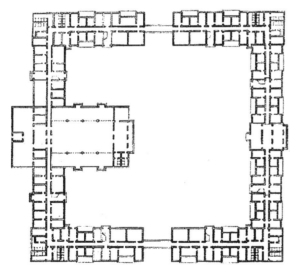

图21 天津鸿顺里街道人民公社大楼平面

合用型，不设置专门的厨房空间，而是利用门廊、走道或者阳台兼做炊事活动空间，并出现了一批所谓体现"干打垒"精神的低标准、低质量和低造价的集合住宅，住宅楼层多为3~5层。在70年代初期，在北京、上海等一些大城市已经开始建设高层住宅，为了节约用地，也多采用底层商业，上部住宅的建筑形式，同时在工业化发展的基础上，高层住宅建设也开始大量使用设计标准化、构件工厂化、施工机械化的方式，期间也发展出了除砖混结构住宅之外的砌块住宅、装配式大板住宅、大模板住宅、滑模住宅、框架住宅、隧道模住宅、盒子住宅等住宅建设体系，其中应用最为广泛的是大板住宅、大模板住宅、砌块住宅以及框架轻板住宅。

中国真正进入住宅振兴发展的时期是在1978年改革开放之后。国家层面也不断增加了住宅的建设投资，住宅需求也从重视数量向数量与质量并重的方向转化，在不断解决住房有无问题的同时，开始注重住房的功能质量与人们生活水平之间的协调并与居民生活相适应。中国在学习和借鉴国外集合住宅成熟的理论基础和设计实践经验的基础上，开始追求住宅设计上的标准化和多样化，强调将两者有效结合以发展国内住宅体系化设计。在确定建筑模数的基础上，以不同的组合方式划分空间是比较常见的体系化设计，在当时比较常见的组合方式为单元定型组合以及按照户为单位的灵活划分型组合，前者是采用平面参数并确定几种平面参数可以形成的基本间，再由基本间形成不同的组合单位，最后由组合单位拼合成单元或者直接组成建筑。而后者则更加强调自由组合的可能性，往往伴随着形态突出的建筑造型。天津市1980年住宅标准设计是早期以户为基本单元进行研究的代表，通过对"定型房间—定型户—组成单元—住宅个体"的方式进行设计，基于对户型、人数、平面参数以及面积等多方面技术指标的分析后，确定了14种基本户型（图22），并将这些户型作为标准化的基本单元加以定型，同时将14种户型组合成12种不同单元，根据不同的建设地段和使用要求，将这些单元组成不同的住宅个体。此外，台阶式集合住宅的设计也得到了运用，清华大学建筑学院在 1984 年的全国砖混住宅方案竞赛中，完成了 5~6 层的多层住宅方案，其特点是采用统一模数和基本间定型为基础，采取自由组合的方式塑造丰富多样的形体变化，设计中确保每户能够享受 10m² 的平台花园，经过精心规划的住宅组团拥有宜人的尺度和环境。除此以外，我国对于国内集合住宅的突破创新还做了诸多尝试，比如在无锡进行的支撑体住宅研究与实践，将集合住宅的建设分为支撑体部分和可分体部分（图 23）；低层高密度整体居住环境的营造（图 24）：在保证充足日照的前提下，在住宅组团中大量采用 3 层住宅和部分 6 层台阶式住宅；"菊儿胡同"是基于传统四合院的集居方式，设计建造的现代四合院型集合住宅（图 25、图 26）。

与此同时，在住房商品化政策的引导之下，居住区规划和住宅设计也不再受到原来计划经济体制确定模式的约束，面积标准基础上引入了"套型"的概念，和建筑面积一起作为主要计量单位和建设控制标准，以使用面积为主要分配的标准，提倡更高的居住标准，不简单地采用建房面积为控制指标，规划则更加注重环境质量和功能的完善，住宅设计当中也开始强调科技含量。套型推广也提出居住单元除了有必要的分居居室以外，应当有单独的厨房、卫生间以及诸如淋浴、煤气、采暖等设备。除此以外，在城市住宅的建设方面，从过去长期依靠国家投资，分散建设，到实行集资统建，转变为由房地产业为主导的综合开发模式。所谓综合开发就是对即将新建的地区和旧城片区从勘测、规划、设计到征地、拆迁、安置、工地平整以及所需道路、供

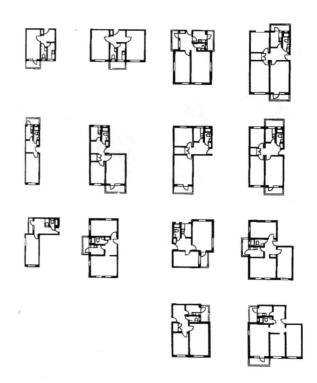

图 22　天津 1980 年住宅标准设计——14 种基本户型

图 23　台阶式花园住宅、支撑体住宅外观

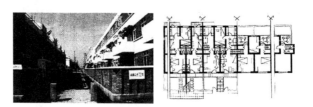

图 24　低层高密度住宅外观、平面图

水、排水、供电、供气、供热、通信等基础设施的建设，对此进行综合安排和统一管理。在城市住宅小区开发方面，20 世纪 80 年代末期完成了其建设试点工作，以"造价不高水平高，标准不高质量

图25 菊儿胡同（中庭、外观）

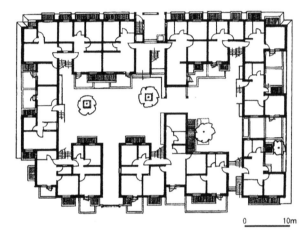

图26 菊儿胡同平面

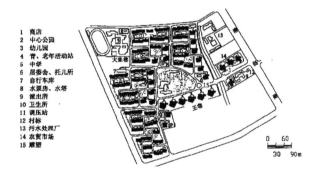

1 商店
2 中心公园
3 幼儿园
4 青、老年活动站
5 中学
6 居委会、托儿所
7 自行车库
8 水泵房、水塔
9 派出所
10 卫生所
11 调压站
12 村标
13 污水处理厂
14 农贸市场
15 雕塑

图27 无锡沁园新村规划平面（试点小区）

高，面积不大功能全，占地不多环境美"为主要中心思想，选定了无锡（图27）、济南、天津三个城市为代表，建设了一批集合住宅小区。虽然试点数远少于每年城镇住宅建设量，但其影响力和示范性很大，在集合住宅领域中具有先导作用。

中国也由此迎来了商品化和多元化集合住宅建设的时代，以"住宅—组团—小区"为主的三级结构小区规划得到全面普及和发展。此外，高层住宅建筑也因节约用地和提高开发效益等独特优势得到了十分迅速的发展，并呈现出多样化的趋势。80年代中期，板式、塔式等高层住宅形式不断出现，平面上也发展出跃廊式（图28）、Y字形（图29）、蹲蛙形（图30）、井字形（图31）、蝶形（图32）、十字形（图33）等形式。进入到90年代，中国仍然处于以新建集合住宅为主的增量型发展阶段，对于住宅量的需求仍有十分大的空间。随着社会经济结构的进一步多元化和住宅改革力度的加大，以商品房、经济适用房、安居工程等为主的多层次住房体系逐渐形成，也因此纳入了不同的投资途径和建设方式，同时针对不同的社会阶层，国家层面对于住宅面积的限制也有所压缩，只对最低限额做出规定以确保良好的居住水平。代表不同居住

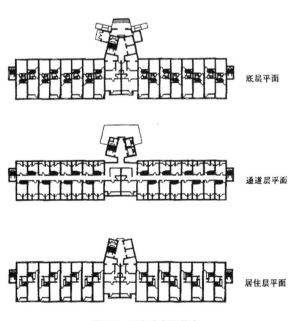

底层平面

通道层平面

居住层平面

图28 跃廊式高层住宅

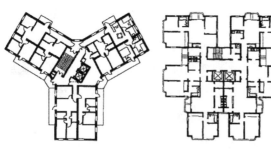

图29 Y字形高层住宅　　　　图30 蹲蛙形高层住宅

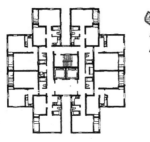

图31 井字形高层住宅　　　　图32 蝶形高层住宅

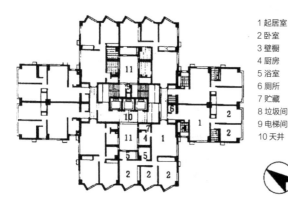

1 起居室
2 卧室
3 壁橱
4 厨房
5 浴室
6 厕所
7 贮藏
8 垃圾间
9 电梯间
10 天井

图33 十字形高层住宅

图34 80年代集合住宅

标准的住宅形式也因此空前地丰富起来，其居住单元的面积从 40~200m² 不等，出现了高层、小高层、多层、低层高密度、联排、别墅等多种不同形式的住宅。在原本传统的一室一厅、两室一厅、三室一厅等户型平面上，增加了丰富的多厅多卫户型。针对多样化的市场需求和社会阶层对象，90 年代后期的房地产市场也逐渐理性化和专业化。其中包括了室内功能、小区规划、户型设计、建筑风格、景观塑造等。为了吸引到更多的购房者，开发商各显神通，对住宅的文化性也进行了不同层面的挖掘，或突显地方文化特色，或引入国际化设计风格，或加入更多先进社区理念等，造就了百花齐放的集合住宅发展局面。相比 80 年代的住宅（图 34），90 年代（图 35）已经达到小康水平，主要满足了五个基本要求：其一，居住性：包括了住宅的热性能、声光环境、空气质量等；其二，舒适性：包括住宅的平面功能、设备配置、面积、视觉效果、厨卫设计等；其三，安全性：包括结构安全、防火、防盗、防滑等；其四，耐久性：包括建筑结构的布局以及住宅制品的耐久、耐用、防水、防蚀等；其五，经济性：建立全寿命费用的分析和评估。和传统睡眠型、温饱型住宅不同，小康型住宅更注重以人为本，以满足居住方便、舒适、和谐为根本原则，对各功能行为空间的安排也提出了更高的要求，如食寝分离、洁污分离等。

进入 21 世纪之后，中国住宅得到了进一步发展。与此同时，国内住房保障制度也得到了进一步深化，随着房价的上涨和住房保障制度的漏洞，一部分住房困难户的住房需求还无法得到解决，国家层面也相继印发了相关文件以确保从制度上完善住房保障体系。我国在 2010 年已经实现建立与社会

图35　90年代集合住宅

主义市场经济相适应的完整的住宅产业体系目标，其中包括完善购租并举的住房制度，促进房地产市场健康发展，提高住房保障水平。此外，可持续发展成为21世纪住宅发展的主题，以保持全球生态平衡为主要理念，确保资源的消耗在其再生能力的范围内，因此建筑资源节约型住宅、绿色生态型住宅成了新世纪必然的选择。21世纪也是信息化社会，在这样的社会背景下，集合住宅作为重要的建筑形式，除了需要满足基本的居住要求之外，还必须兼顾办公、教育、娱乐、会客、休闲、运动、停车等多项需求，也正因为需求的多样化，住宅的配置要求和标准也在不断提高，逐渐向智能化方向发展，其具体内容包括了在居住区设立计算机自动化管理系统，水、电、气等自动计量和收费系统，住宅小区的封闭和安全防范自动化监控管理系统，住宅火灾和有害气体泄漏等自动报警系统，住宅内住户紧急呼叫系统，针对住宅内部关键设备集中管理系统，设备运营状态的远程监控系统，高级智能化小区的小区与城市互联网、信息互通以及资源共享系统，以及医疗、文娱、商业等公共服务和费用自动结算网络系统等。这些智能化的应用体现了信息化社会的先进性，也意味着新世纪住宅发展的前景更加宽广，方向更加多元。未来集合住宅的建设也会更加关注建设质量的提高、成本的降低、工期的缩短、管理的高效以及环境的改善，实施更加科学

化的居住小区生命周期现代化信息集成系统。根据目前我国人多地少的国情，现阶段集合住宅的建设，城镇中以多层住宅为主；大中城市以中高层住宅、高层住宅居多；而小城镇和农村则以低层为主，总体上呈现出产业化、高速化、批量化的特征。

## 参考文献

[1] 吕俊华，彼得·罗，张杰. 中国现代城市住宅1840—2000[M]. 北京：清华大学出版社，2005.

[2] 王绍周，陈志敏. 里弄建筑[M]. 上海：上海科学技术文献出版社，1987.

[3] 杨之懿，蜗牛工作室. 栖居之重—全球背景下的上海近现代住宅设计[M]. 上海：同济大学出版社，2015.

[4] 熊燕. 中国城市集合住宅类型学研究—以北京市集合住宅类型为例[D]. 武汉华中科技大学，2010.

[5] 陈立. 联排住宅研究—多元视野下的变化特征[D]. 青岛：青岛理工大学，2015.

[6] 日本建築学会住宅小委員会. 事例で読む現代集合住宅のデザイン[M]. 彰国社，2004.

[7] 胡仁禄，周燕珉. 居住建筑设计原理[M]. 北京：中国建筑工业出版社，2017.

## 图片来源

图1：https://bbs.fengniao.com/forum/slide_3418320_15.html#p=22

图2：https://zhuanlan.zhihu.com/p/107814513

图3：笔者根据相关资料收集

图4：笔者根据相关资料收集

图5：https://www.shobserver.com/wx/detail.do？id=78004

图6：笔者根据相关资料收集

图7：笔者根据相关资料收集

图 8：笔者根据相关资料收集

图 9：《栖居之重》，P175

图 10：《栖居之重》，P175

图 11：https：//zhuanlan.zhihu.com/p/4704890
2；http：//www.kaimalo.com/img/7bacaf0c5
a2c3f4b5f1b3dab.html

图 12：笔者根据相关资料收集

图 13：https：//daily.zhihu.com/story/3951540

图 14：http：//www.thepaper.cn/baidu.jsp?contid=
1315872

图 15：笔者根据相关资料收集

图 16：http：//www.thepaper.cn/baidu.jsp?contid=
1315872

图 17：笔者根据相关资料收集

图 18：http：//www.thepaper.cn/baidu.jsp?contid=
1315872

图 19：笔者根据相关资料收集

图 20：笔者根据相关资料收集

图 21：笔者根据相关资料收集

图 22：笔者根据相关资料收集

图 23：笔者根据相关资料收集

图 24：笔者根据相关资料收集

图 25：《現代集合住宅のデザイン》，P96

图 26：《現代集合住宅のデザイン》，P96

图 27：笔者根据相关资料收集

图 28：笔者根据相关资料收集

图 29：笔者根据相关资料收集

图 30：笔者根据相关资料收集

图 31：笔者根据相关资料收集

图 32：笔者根据相关资料收集

图 33：笔者根据相关资料收集

图 34：小林秀树研究室提供

图 35：小林秀树研究室提供

# 5

中国合作建房

自"合作居住"社区出现和普及以来，其乌托邦式的集住模式已经吸引了世界各地各个国家对此作出尝试和持续不断的研究，也可以看出，欧美很多研究机构和实践项目对于合作居住社区的学术研究，究其共性都是带有一丝理想化的色彩，日本合作建房在吸收合作居住模式的基础上融入了点单式设计的特色需求，对于乌托邦式集住模式的推广和尝试给予了新的可行性。通过对合作居住社区发展历史的回顾可以了解到：其一，合作居住有利于发扬集合居住的优势，满足社会的住房需求；其二，合作居住社区的营造能够使人们对于生活方式、社交方式、建筑方式的理解更加深刻，也使得居民能更好地考虑社会责任和环境责任；其三，合作居住社区有利于摈除不良社区的生活方式，以此推进生态社区的建设；其四，合作居住模式也有利于完善住房建设体系，发展更加多元化的居民参与模式；其五，在合作建房居住类型的推广下，由于设计理念的独特性和设计参与的自由性，有利于缓解集合住宅设计风格千篇一律的局面。我国住宅产业在近50年的发展过程中，在住宅方面所积攒下来的诸多问题还没有得到很好的解决，对于集合住宅当中的合作居住社区或是合作建房模式来说，中国也还处在缺少针对性政策引导、缺少与合作建房相匹配的理论框架、缺少居住者参与和相关组织行为的起步阶段。

经过半个多世纪的探索实践之后，合作建房也已经发展成为一种先锋社区模式，也正是因为如此，在欧美国家以及日本等国家已经拥有大量合作居住社区以及合作建房的案例。由于国家之间存在国情和制度等方面的差异性，中国对于合作建房的研究更多集中在以下几个方面：第一，从法律层面分析合作建房的潜在风险和适应对策，研究者认为对于合作建房首先应该从法律层面给予合理全面的定义；第二，从经济层面分析合作建房的内在价值和推广因素，部分研究数据指出，在现行开发商主导的商品房经济时代，经济利益最大化的核心本质使得强调个性化定制的合作建房其经济价值低于一般性质的集合住宅，同时还不具备普及和推广的经济条件；第三，从管理和运营层面来解读合作建房的利弊和发展前景，研究表明合作性质的房屋建造能充分发挥居住者的自主性和能动性，提高其参与感和对共同建造的认同感，这对小规模的社区营造和管理来说具有良性的激发和持续作用。也就是说，诸多研究已经表明，对于提高社区活力和展现多样化的住宅设计建造模式，合作建房具有实施的价值和意义。

合作建房的广义含义是指一方提供土地使用权，而另一方则负责房屋的开发建设，并在房屋建成后以约定的比例分配，属于一种房地产开发行为。在中国，建房表现出以下几种类型：（1）在土地使用权人提供土地和其他人提供资金的前提下一起共同开发，在没有形成房地产开发模式之前，可以按照提前约定的方式对房屋进行处理甚至是买卖；（2）以土地使用权人的名义开发，房屋开发完成之后则将房屋的使用权转让给其他人；（3）以开发商的名义开发，建成后开发商将所有权交给土地使用权人；（4）房屋开发双方以共同成立新公司的名义实施房地产开发，建成后按照具体出资比例对收益进行有效分配。这些不同类型的建房模式是基于国内房地产市场的背景形成的，然而合作居住社区或是合作建房，不同于常规的住宅开发，更多的集中在自然人之间有着十分强烈的互相信任情感以及住房需求的情况下，以共同生活和居住为目的，相互之间通过签订有效协议并自愿联合起来形成建房组织，组织成员对建设房屋有着共同的愿望，房屋所有权属于建设房屋所有人的新型居住模式和建房模式。合作建房和一般商品房，主要表现为：（1）开发主体不同；（2）建房的目的不同；（3）用地范围的不同；（4）融资渠道的不同；（5）组织存续的时间不同。因而对合作建房的定义为：一群具备民事行为和购房能力的居民，以自愿的方式签署共同协作的相关协议，协议成员根据各自的经济状况和购买能力共同出资，综合汇总户型并计算总面积并选购合适的建造地块，在完成建筑设计和施工建造后验收付款，最后入住。中国最早出现的合作互助组织形式是以 20 世纪 80 年代住房商品化改革为背景的"住宅合作社"。在 1988 年的《关于在全国城镇分期分批推行城镇住房制度改革实施方案的通知》中，首次将住宅合作社作为一种重要的建房形式。然而，由于受到时代背景影响的原因，住宅合作社制度并没有完全体现出合作社应有的本质属性，究其原因在于，住宅合作社的设立并非基于自愿原则的私人联合，在诸多规范性文件当中也都明确要求设立住宅合作社需要得到政府或者单位的批准，也就意味着住宅合作社的设立并不是社员自发需求的产物，而是政府直接导致的结果。政府部门作为住宅合作社的发起人，自上而下地计划着住宅合作社的发展，然而在住宅合作社的管理层面上也并没有体现出合作社的自治原则，多数是由政府或单位直接委派并组成合作社的组织机构，以此实施合作社的事务管理工作，法律当中也并没有明确个人可以作为住宅合作社的发起人。除此以外，对于加入合作社的对象，在《城镇住宅合作社管理暂行办法》中也有明确的规定，入社者必须满足具有城镇正式户口、中低收入人群、愿意改善居住条件这三个条件。而对于合作建房来说，大多数是由个人发起并组织，且参与的人群都来自高校、外企、私企、自由职业等不同行业，也非低收入人群，有些也不具有本市户口，这并不符合住宅合作社所设立的条件。因此，合作建房无法依托住宅合作社的形式得以实现，从而只能选择以公司、团购、合伙、信托等其他方式来实现。合作建房相比于住宅合作社也有着十分明显的区别，以民间发起的个人互助行为的合作建房正好具备了合作社的本质要求，主要体现在建房组织的自愿性，大都通过网络向社会发起倡议；其合作组织具有自主性；参与者自行集资、自行管理、自担风险；具有明显的自治性，实行自治的民主管理一直是合作建房组织运营的基本原则；组织内部的互助性，参加者希望通过互助的方式获得共同居住的机会。就具体案例来说，虽然国内目前没有严格意义上符合合作房属性的成功案例出现，但基于这样的发展背景，以国外合作居住社区和合作建房经验为基础，结合国内集合住宅发展的具体情况，对合作建房已做出了一些尝试。自 2003 年首次提出合作建房以来，先后有 30 多个城市成了合作建房的根据地。不同地域，其合作建房所采取的方式也不同，其中具有代表性的包括：

（1）温州模式，名为"理想佳苑"（图 1）。作为首例拿地破冰的合作建房项目，一直是关注的焦点。以温州市营销协会、郊县来市的务工人员以及市区住房困难户组成的参与人员，委托开发公司建设完成。虽然项目以合作建房名义发起，且通过代理的方式成功拿地，但项目最终未能按照预期运营，转而成为房地产开发商以民间资金投入进行房地产开发并对投资者进行项目分红的模式进行，并不是以居住为最终目的，也就不再是合作建房当中强调的自己买地、成本造价、自己消费了。因项目而集结的合作协会联盟，虽然对会员负责，但是联盟并没有因此获得自身的法人地位，转而和一般商品房开发模式一样由房地产开发公司负责项目的拍地和建设过程，这也使得项目的组织者和实际操作者是分离的状态，从而导致失去了话语权。对合作建房本身来说，虽然温州项目得以完成，但并非属于合作建房的成功案例，但当中也反映出来在国内如今居高不下的房价背景下，以合作集资的方式省去开发商包括广告费、营销费以及其他高额费用等的有益探索。

图1　理想佳苑

（2）武汉模式，名为"将军楼"（图2）。在原开发公司由于资金断裂的基础上，开发商主动寻找合作建房组织合作，针对价格问题进行谈判并最终签订购房合同。该项目所采取的方式是，先谈判再宣传，其属性是某单位职工住宅楼。由于并未产生商品房那样的明确权属关系，且地处武汉郊区，环境状态不佳，周边只有一些零散工厂和沿街建筑，因此该住宅的需求局限于附近单位的职工，人数十分有限。项目住房总数为90套，截至购房协议签署时共有30多户参与合作分房。由此可见，武汉模式的实践所达到的效果和预期也存在着距离，也体现出现阶段武汉合作建房的不利局面。作为合作建房的初步尝试，在以组织协作的方式为住房需求者提供了低价的住宅和与开发公司合作建造等方面展现出可能性。

（3）许昌模式，名为"书香苑"。项目由于房价比市场价格低出35%而受到了广泛关注，也被

图2　将军楼

称为平民地产。项目发起人在通过调研确定消费人群后，采取个人委托代理建房的方式进行合作建房。先由具备委托代理资质的房地产中介公司进行前期调研、召集人员、吸收客户以及回笼资金，再由房地产开发公司进行后期开发建设。在经历两次土地竞拍的波折之后取得开发资质，并得到当地政府在该地块附属土地面积上的照顾，随后的土地审批、证件办理等手续也都十分顺利，并减免了相应的税费，从而使得项目最终顺利建成。由于节省了

广告支出和营销成本，以及融资成本相比其他房地产项目更低，因此项目单价比较低。此外，开发公司与各参与者之间签订合同，且将成本中的各项构成和折算出的每平方价格向参与者完全公开，同时也将总造价的 7% 作为公司的代理服务费，还成立了由参与者组成的监管组，对项目进展、工程施工、资金支付等环节进行全面监控。项目成本的公开以及利润的提前限定是该项目的一大特点。然而不可否认，作为和其他商品房同等条件的入市资格，代理建房的低价出售势必会拉低周边局部房价，从而造成了作为资产的个人利益损失，部分居住者也并非以居住为目的，而是以购房投资并最终获利为目的。不同于"理想佳苑""书香苑"的发起人和实际操作者为同一者，即代理公司。而代理建房模式中，以开发公司之名实行带有一定公益性质的薄利住宅开发，无疑是作为中国新型合作建房的前期探索。

（4）宁波模式，名为象山合作建房。该项目是对已有住宅项目的部分国有建设用地使用权面向社会的公开分套和分间拍卖，有参与意向的人通过竞拍的方式拿下地块并用于合作建房。项目由当地的某经济发展有限公司负责管理建房和配套设施，按照要求将项目以承包的方式包给建筑队，并在建好之后统一分担房屋建造成本。象山模式的合作建房，达到了多方共赢的效果，对于建房人而言，以相对市场过半的有利价格获得一套性价比高的房子；对于政府财政来说，土地拍卖给个人的出让金一般会高于拍卖给房地产开发商，这无形中也增加了财政的收入。象山合作建房的特点在于，并无明确的牵头人，而完全是由居民从自身居住需求的角度出发，结合政府卖地政策的一种民间合作形式。

虽然规模小、资金少、参与人数也不多，但反之原材料等成本更容易控制，内部矛盾较少，相对来说门槛也更低。但这种类型的项目往往可遇不可求，在没有土地提供和买家利益无法平衡的情况下，该形式的合作建房很难得以实现。小城镇由于小地块拍卖的情况比较常见，分配也相对均衡，因而在小城镇里实行合作建房也就相对简单，而大城区多以大规模的小区开发为主，几乎没有小规模的地块可供拍卖使用，而建设楼层过高也会带来均摊分配和买家利益等问题，容易引发分歧。该项目的实践表明，虽然合作建房的实施存在一定局限性，但对于研究仍然为城区零星地块和城乡接合部等地区的用地开发以及旧楼房原址重建等方面给予了一定的借鉴意义，也可视为合作建房在中国实现的一种新思路。

（5）长沙模式，名为关山偎月。于 2014 年竣工于湖南省长沙市关山县，是从设计的角度对于点单式合作建房的一次地方尝试。该项目由湖南省创意产业协会牵头组织，县政府为以振兴关山为主要目的委托协会并以合作建房的模式进行。项目最初以协会会员为主要募集对象，因为是创意产业协会的缘故，协会会员多为湖湘地区知名行业精英，有设计师、作家、书法家、主持人等，募集者中也包括了关山偎月项目的设计师，设计师在进行整体项目设计的同时，也根据每位居住者的生活方式和居住需求进行点单式设计。协会成员都是朋友关系，基于对共同居住的需求而组织在一起，对于合作建房的意愿和要求也都相同，对于建房项目的设计也都有着各自的要求，因此在项目推进的过程中，协作组织会定期举行针对设计的集体商讨，充分体现出了合作建房的居民参与性和互动性。和其他合作建房案例一样，关山偃月项目也是在具有开发资质的房地产开发公司的协助下完成的，基于协会成员的公共影响力，项目最初的定位也是集合艺术家工作室的多功能复合型集合住宅，募集人数也一度达到40多户，然而伴随着预算价格的超额，一部分参与者退出了，最终确定了36户的合作建房规模（图3）。在建筑设计方面，项目采取以内部公共街道划分出前后两条联排式集合住宅的方式作为总体布局，前街栋和后街栋之间存在局部高差，东西方向也存在一定高差关系，住栋之间也以三四栋为间隔，将街区作为公共活动空间，各住栋保持着点单式设计的特征，具有截然不同的外观造型和内部功能差异，整体呈现出多元化的集合住宅设计特点（图4）。不同于国内其他合作建房，关山偃月更加注重设计参与的重要性，从设计的角度介入合作建房，有点日本合作建房的味道，以此凸显出有别于城市商品房之外的乌托邦理想主义建造模式（图5）。

虽然在居民参加、自由设计等方面体现出关山偃月具有合作建房的特点，也说明居民主导型的合作建房在国内践行的可能性。然而，关山偃月项目并没有采取协议约束，多为口头上的共识，导致最后出现了参与者擅自退出的情况，给项目推进的资金募集造成了困难，最后形成了部分合作建房，

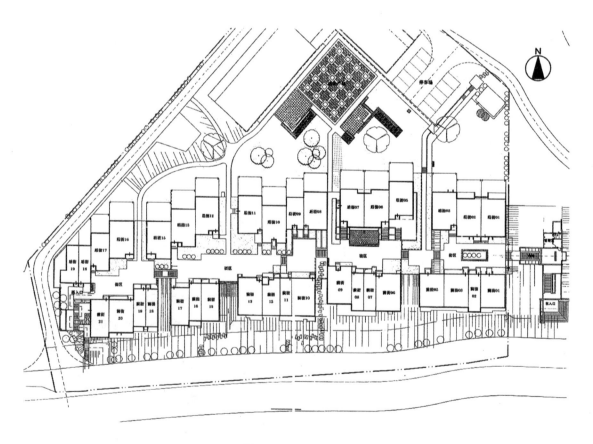

图3 关山偃月总平面

图4 关山偃月（东入口、前街栋南立面、前街栋造型、内街）

图5 关山偃月参与者协商

部分由开发商主导建造统一户型并对外出售的半合作建房局面。在没有完整的合作建房框架体系构筑的前提下，即使是小规模的项目，也难免出现资金断裂和项目归零的可能性。关山偃月对以设计参与的居民主导型合作建房给予了借鉴。

除此以外，合作建房运动也陆续出现在北京、南京、深圳、重庆、西安、昆明、厦门等城市。其中深圳模式首创以竞拍获得烂尾楼的所有权，并对其装修、分配和管理的合作建房模式，其取消了买地和建房两个特殊环节而直接进入买房装修的阶段。重庆模式也提出联众建房的模式，房地产公司扮演集资建房合伙人的角色，与集资合伙人是委托

与被委托的关系，整个建房过程收取一定比例的委托费用。西安模式按照每50人成立房地产开发股份公司，以公司为单位合作开发，参与人作为项目股东并确保每人的既得利益。昆明模式则采取法律框架范围内的稳妥型集资建房，以建房联盟的方式接入合作建房，确保所有环节的公开透明。厦门模式主要采取网站征集的方式并建立临时筹委会来推动合作建房的进行。

无论采取哪种方式的合作建房，究其本质，中国合作建房的诞生是因为特殊的环境和市场条件所造成的。由于过多的住房需求，催生出了住房的高额利润，从而抬高了房价，虽然合作建房的目的在某种程度上是为了有效减少建设成本，让居住者能够以较低的价格购得住房，可见其合作建房的目的更多的是从经济的角度出发，但是由于各种限制因素，使得国内合作建房的发展还并不成熟。虽然就目前来看，合作建房更多的是关注经济、政治、法律等方面因素，尽管也有类似于关山偃月合作建房当中从设计参与的角度介入的案例存在，也给予了建筑设计师对于集合住宅更加丰富的创作可能性，但在合作建房体制还不完善的情况下，这也只是昙花一现。合作建房被视为合作居住社区的一个雏形，具有其特殊的价值，即使作为一种理想型的乌托邦集住模式也有其存在的空间和前景。此外，中国的合作建房与国际上对于住宅合作社建房模式的定义基本一样，只是在现实中，合作建房组织往往通过营利性的房地产开发公司来做非营利性的住宅合作事业，在中国这实属无奈之举，是对现阶段政策不放松情况下的一种变通，在先行实践的基础上积累经验再寻求发展。

党的十九大报告中明确提出了"加快建立多主

体供给，多渠道保障，租购并举的住房制度"的要求。这些要求也预示着地产开发商应该积极应对未来建造模式的更新与变革。在这样的背景下，我国原有相对封闭的住房政策网络也势必要被打开，将会有越来越多的行为主体逐步参与到住房保障的发展过程中，在这个过程中，一方面需要保持对国内住宅发展具有足够的洞察力，另一方面也需要以此为契机推介合作建房的国际经验。对合作建房组织的参与者或居住者来说，运作良好的合作建房组织可以为他们提供更加优质而廉价的住房，增加其社会的资本和对社会的信任，从而创造出更好的个人发展机会；对于住宅市场来说，合作建房的作用自然是平抑住房价格以及维持住房市场的多样化和均衡；对于国家和政府来说，合作建房组织的存在和健康发展，可以为其节省大量的财政资金，有助于改善基层社区的治理状况，更重要的是加强了社会的凝聚力和促进了社会善治和居民赋权。住房问题的解决和居住模式的更新没有一劳永逸的办法，国外合作建房组织经验是在西方各国经历过困窘、矛盾和应对措施之后所提炼而出的。虽然在某种程度上对我国的住房发展具有可借鉴的意义，但也有不可忽视的局限性。继单位集资建房、个人合作建房运动之后，新一轮的合作建房行动已经蓄势待发。因此，在"分类调控，因城施策"的总体部署之下，重点关注我国合作建房发展过程中的组织建设、产权归属、住房保障以及法律问题，在我国合作建房的实践中提炼出具有中国特色的经验和模式。可见，合作建房的"中国模式"需要在具体实践中不断发展和完善，合作共建的住区也将预示着我国公共生活住区的未来。

**参考文献**

[1] 王君益 . 中国城市住宅合作社研究 [J]. 华中科技大学，2013.

[2] 王婷婷 . "合作居住式"社区的中国模式探析 [D]. 秦皇岛：燕山大学，2015.

[3] 李彦芳 . 个人合作建房与住宅合作社 [N]. 山西日报，2015.

[4] 李理，高田健司，森永良丙，小林秀樹，日中コーポラティブ住宅の比較に関する研究—中国長沙市の「関山偎月」を対象に，日本建築学会計画系論文集，第81巻，第727号，1869~1876，2016.

[5] 王恒恒 . 个人合作建房的经济与法律分析 [J]. 前沿，2005.

[6] 张和平 . 温商"合作建房"模式搅动房地产业界 [N]. 经理日报，2011.

[7] 朱红忠 . 我国个人合作建房的可行性研究 [D]. 重庆：西南政法大学，2009.

[8] 李彦芳 . 住宅合作社属性研究—兼论建立我国新型住宅合作社制度的思考 [J]. 法学杂志，2011.

**图片来源**

图 1：笔者自摄

图 2：笔者根据相关资料整理

图 3：笔者绘制

图 4：笔者自摄

图 5：笔者自摄

叁 集住的突围

# 1

## 类型聚焦

## 1.1 聚焦的方向

　　纵观集合住宅的发展和变迁，从独居到集住，人类居住行为和生活模式已经发生了本质的改变。随着时代的与时俱进，集住模式也朝着更加多元化的方向发展，人们对集合住宅的关注面也更加扩散和全面。此外，党的十九大报告中鲜明提出"中国特色社会主义进入新时代，我国社会主要矛盾已经转化为人民日益增长的美好生活需要和不平衡不充分的发展之间的矛盾"。然而在共享经济迅猛发展的当下社会，人们对生活品质的追求不断提高，宜居、绿色、生态、包容已经成为如今城市发展的大趋势；与此同时，我国的社会结构也在发生着变化，比如人口老龄化现象日益严重、人口出生率逐年降低、孤独感加剧和丁克一族越来越多等。在"共享"与"孤立"碰撞的时代背景下，新型的生态友好型社会关系也呼之欲出，集合住宅作为居住建筑的载体，所承载的社会职责也将会更加重要。在新的历史使命下，集住模式也向更精细化的类型聚焦。其中包括了许多不同的聚焦方向：①对于新型住房模式的思考——清华大学建筑研究院提出了"第四代住房"的设计构思（图1、图2）；②对集合住宅使用寿命的思考——采取新型的构造方式和技术手段，探索如何提高集合住宅的使用寿命，同时日本也还提出了百年以上住宅设计构想；③对集合住宅构造方法的思考——借鉴 S-I 分离体系，采用装配式手段建造实施效率高，维护成本低的新型集合住宅；④对集合住宅户型的思考——突破已有 n-LDK 家庭空间居住形式，研究

图1　第四代住房设计构思外观

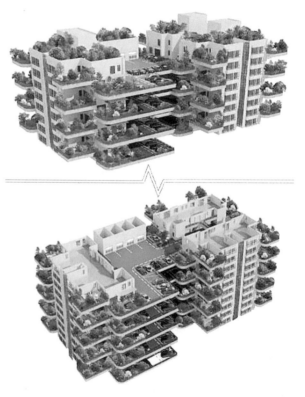

图2　第四代住房设计构思轴侧

集·住

集合住宅与居住模式

如何采取应用更加多样化的集合住宅平面设计；⑤对居家生活方式的思考——迎合居家办公的新型社会人群，提倡 SOHO 式的居家模式，对已有居家型集合住宅乃至居住社区生活模式做出新的回应；⑥集合住宅设计造型丰富性的思考——如何寻求对集合住宅设计在造型方面的突破，塑造更加丰富多样的集合住宅形态；⑦老龄化集合住宅的思考——在老龄化日益加剧的现状下，对于养老设施齐备的养老型集合住宅的研究和设计建造；⑧低能耗集合住宅的思考——在可持续发展的理论指导下，如何建设高质量、低碳环保和绿色节能的可持续型集合住宅；⑨集住模式与居住理念的思考，突破对既有住宅共性的表达，考虑其更加灵活的组合方式，其中具有代表性的是山本里显的地域社会圈主义。这些新的聚焦方向从不同的方面推动了集合住宅的发展。

其中，作为绿色建筑与绿色住宅的衍生品，"第四代住房"的主要概念是将郊区别墅和胡同街巷以及四合院相互结合起来，形成新型的绿色建筑概念，也称之为"空中庭院房"或是"空中城市森林花园"（图 3）。其主要特征主要体现在：每层都设置了公共的院落，其中每户也都享有可种植花草和养鸟的私人庭院，可以将私家车开停至家门口，建筑外墙面也均以植物覆盖，呈现出高层式的院落姿态。在设计当中第四代住房也体现出诸多创新点：其一，改变了以往鸟笼式的居家生活环境，每栋每层都拥有街巷空间和公共院落空间为设计亮点，同时将房屋都围绕在街巷的两边或者是院落的四周，就像是生活在传统的四合院里，重塑街坊四邻的景象。其二，由于建筑外墙面都覆盖绿色植物，并且确保每家每户都享有独立的私人空中花

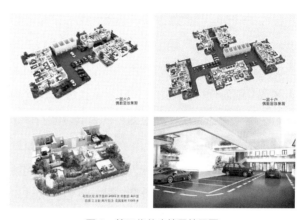

图 3　第四代住房楼层效果图

园，实现了一种人、建筑以及自然相互共融、和谐共生的居住状态，使家逐渐变为家园，而城市也逐渐演变成森林。其三，通过住宅小区的外围道路和智能载车系统，所有入户车辆能够在一分钟之内到达所去楼层的公共院落且停靠在住宅门前，这充分解决了住户的停车难问题。而行人则使用小区的内道路及载人电梯，做到人车分流。同时也取消了地下停车场的建设，从而开启了全新的空中停车时代。其四，住户从载人电梯出来之后就到达了所去楼层的室外街巷，并从街巷直接回到自家，这也取消了传统集合住宅当中的电梯厅与过道，确保房屋公摊面积能够下降到 10% 之内，从而增加了面积的利用率。其五，集合住宅当中植入别墅，集住单元也能和别墅一样有家有院，同时也结合了城市中心更加方便的利好条件满足人们的日常工作和生活。换言之，以投入普通住房的占地和建造成本换取了别墅的品质，在价格方面也能够更加经济与实惠，确保人们买得起和住得起，以此提高住房的性价比。其六，"垂直绿化"和"垂直森林"的设计理念改变了以往钢筋水泥林立的环境风貌，在增加了空中绿化面积和减少绿化占地以及再造生态

多样性的同时，也改善了空气质量和调节了城市的微气候，并且降低了城市中的热岛效应，这对于改善城市环境也是有积极的作用。目前，在我还国尚无依照"第四代住房"的设计理念来建设并运营的项目，而最接近其设计理念的是在南京设计的垂直森林项目。该项目是在高层建筑当中引入了垂直绿化，将景观植物沿着建筑的外立面种植并延续到屋顶，这种将绿植作为建筑外围护结构或者立面造型的方式也是极其富于生机和活力，同时也具有借鉴的意义。

为有助于形成可持续的居住环境，1980年日本提出的《百年住宅建设系统认定基准》中将百年住宅定义为可持续地提供舒适的居住生活，而且居住者可以通过自身的维护和更新有效性进行再利用的住宅。其中包含了几个重要原则（图4），第一，可变性原则，可对房间的大小及户型布置进行调整更改，将住宅的居住领域与厨、厕、浴的用水区域分开，通过提高居住区域的可变自由度，居住者可以根据自己的爱好和生活方式进行分隔，也可配合高龄化带来的生活方式变化进行变更，让住宅具有长期适应性；第二，连接原则，在不损伤住宅本体

的前提下更换部件。将构成住宅的各种部件按照耐用年限进行分类，设计上应该考虑好更换耐用年限短的部件时不能让墙和楼板等耐用年限长的部件受到损伤，以此决定安装的方法，方便修理措施；第三，独立—分离原则，预留单独的配管和配线空间，不把管线埋入结构体里，从而方便检查，更换和追加新的设备；第四，耐久性原则，提高材料和结构的耐久性能，基础及结构应结实牢固，具有良好的耐久性。可采取加大混凝土厚度，以涂装或装修加以保护，对于木结构进行防湿、防腐、防蚁处理；第五，保养检查原则，建立有计划性的维护管理支援体制，应建立长期修缮计划，确实实行管理、售后服务，有保证地维护管理体制；第六，环保原则，要考虑环保因素，积极选用可循环再利用的部品和建材，抑制室内空气污染物质，做好环保计划。除此以外，日本也提出了更加长远可持续循环利用的高产品住宅，即"200年住宅构想"（图5），这个构想不单纯地建设耐用耐久的住宅硬技术，更是提倡建立为住宅服务的各项超长期的维护管理系统，并对住宅的正确评价方法和使其在市场上顺畅流通的系统，适合200年的住宅金融系统，

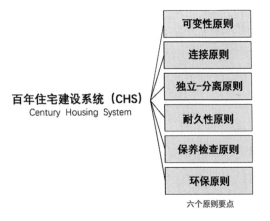

图4 百年住宅原则

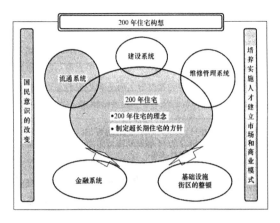

图5 200年住宅构想

适合 200 年住宅包括社会基础设施和街区内的整顿等。作为一种住宅长寿化象征性的概念，包含了对未来住宅的展望。由此可见，如何提高住宅的寿命，也是集合住宅建设当中发展趋势的使然。

而 S-I 分离体系（图 6、图 7），也是基于集合住宅的长寿性提出的建造体系，把结构（Skeleton）和室内装修与设备（Infill）分离，在确保结构的耐久性和抗震性的同时提高室内装修和设备的可变性，同时确保日常维护和管理具有能够沿用到下一代的品质（节能性能、无障碍性能等），能够实行有计划的维护、检查、修理和更换等。其核心思想是 OPEN BUILDING，开敞式的住宅建设，是为了建设更灵活、更持久耐用的建筑居住空间。

除了新建住宅当中采取适当技术手段延长集合住宅的使用寿命之外，对于目前大量现存集合住宅来说，可采取住宅再生的方式来延续。其中包括了修理、改装、改建等多种集合住宅再生手段（图8）。其目的在于在建筑物的价值还没有下降到完全不能使用而要拆除之前，还有诸多对其进行投资改造的方法来延续其利用价值，只要还有利用价值，再烂再旧的住宅也应该给予再次被利用的机会，如实在没有可利用价值才将其拆掉。伴随着批量建设的集合住宅，大量被遗留下来的建筑物已经成为被关注的话题，住宅再生市场的不断活跃，也使人们逐渐意识到集合住宅再生的重要性。归根结底，无论是对建筑物的改修还是拆除，其目的都是为了改善现有居住环境。

集合住宅发展演变至今也出现了越来越多的建筑样式，建筑造型也变得越发多样化，基于集住模式的需求，建筑师运用自身的创造力，将集合住宅的设计也推向了新的高度。更加注重集合住宅的

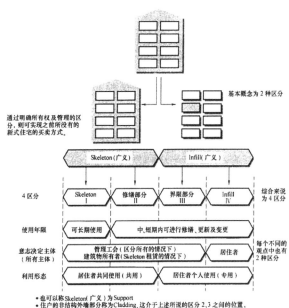

图 6  S-I 分离体系框架

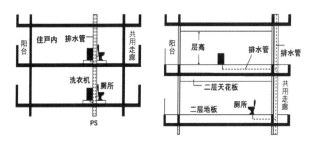

图 7  S-I 分离体系耐久性示意

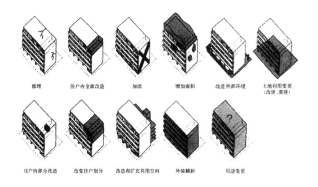

图 8  集合住宅再生手段

造型，将是集住模式下的积极挑战。BIG建筑事务所一直致力于集合住宅建筑形体的塑造与推敲，建造了大量造型突出的网红集合住宅（图9）。同样，日本建筑师平田晃久设计的Tree-Ness House（图10）和藤本壮介设计的White Tree（图11），也都是新时代背景下，注重设计造型的集合住宅代表。前者将阳台、窗台、楼梯、景观树池等元素融为一体，塑造出别具一格的建筑外观，和周边的既有集合住宅形成了鲜明的对比，而后者的设计概念是把一棵树的形态变成一栋建筑。建筑中心围绕挑出的大阳台和遮阳篷，当中除了住宅单元以外，还包含了办公空间、艺术画廊、餐厅、全景酒吧和艺术展览空间等，外观上能看出每一层的阳台与遮阳篷的错落关系，塑造出树干与树枝之间的隐喻效果。

在对特殊人群的关注方面，集合住宅也展现出鲜明的特点，考虑部分人群的集住模式也成了新时代背景下集合住宅的发展方向之一。以老年人为例，老龄化日益严重的趋势下，使得原本的少数群体已经逐渐成为多数群体，针对老年人的集合化居住设计已经成为不可回避的社会问题。因此，这也预示着以老年群体为主要对象的集合住宅类型在未来会大量被供给。而针对老年人集合住宅的设计，主要应该考虑养老设施的建设和规划、养老设施设计的流程以及复合型养老设施的设计方法。其设计方法包括了养老设施的分类化设计、养老设施的功能组合与空间布局、养老设施的护理单元设计以及养老设施的专用建材与看护产品设计等。

关注集合住宅的建筑可持续和环保节能也已经成为当下住宅发展研究的重要领域。也有不少学者和专家都在住宅的能耗和环保、绿色、节能等方

图9 集合住宅造型多样化（BIG作品）

图10 Tree-Ness House

面进行探索，随着批量化建造之后的反思，对于低能耗的集住要求已经被普世化，也慢慢被人们所接受。在满足居住的同时，如何环保、降低能耗也是当下热点话题。日本实验集合住宅NEXT21-大阪天然气公司是低能耗集合住宅中具有代表性的例子（图12）。该项目1993年完成，实际上属于大

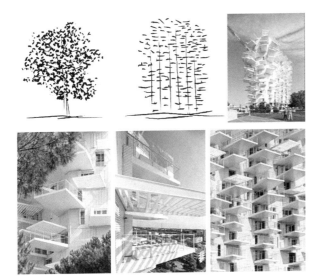

图 11　White Tree

图 12　Next-21 外观

阪天然气公司赞助资金，并且与多位知名建筑师、政府、专家及其他能源公司合作设计的整栋实验性住宅。大阪天然气公司制定了长达十年之久的实验住宅计划，其计划目标涵盖了相当广的领域，像是环境问题、都市生活形态、节约能源、营建系统等方面的实验，并希望能够达到在未来 50~100 年

的环境变迁中可满足住宅能源的自给自足。居住者是燃气公司的员工，逐一对位设计师，为各自不同的家庭构成和生活习惯进行不同形式的住宅设计，某种程度上也实现了点单式设计。除此以外，该项目同样也采用了 S-I 分离体系，以延长建筑物的寿命。融入了框架系统、居住单元、单元外墙、管道设施、绿化等元素，立面采用预制构件，住户也可以自行设计及改造。管道系统较建筑结构体更容易损坏，NEXT21 在管道设计方面相当灵活，采用和躯体分离的电力、排水、给水、能源分离供给管控的透明化设计，使其更换或维修都要更容易。该项目同样也采用了百年住宅建设系统，通过标准化住宅单元的部件和外墙来促进其更换和重新安置，以及可以移动和重复使用外墙等。在环保节能方面，根据多户住宅的不同特点，有效利用高效燃料电池和燃气发动机型燃气热电联产系统，进一步追求节能 / 节约二氧化碳和地震后明显的能源供应问题。不仅如此，在建筑材料、室内涂料的上采用健康 LOW VOC（低挥发性有机化合物）、低甲醛无害挥发剂的建材，让人住得也放心。在能源循环上，分别有：（1）利用厨余回收成燃料来提供电力；（2）雨水回收利用，中水用来灌溉屋顶及中庭花园；（3）太阳能系统，设置在南向及屋顶花园上；（4）小型汽电共生系统，有效再利用废热水。不仅如此，建筑物的整体外观及坐落方位也都以采光、风向及景观为主要考量，采取了"п"字形的空间围合，使所有住户的采光量更加充足；中间挑空的庭院植栽部分，使得每楼每户住家都得以享受到绿色景观，是最为妥当的设计。NEXT21 的设计不仅考量了市民的环境、能源使用与美化市容的议题，在绿化设计上，生态池、屋

顶两翼的花园、每层走廊及阳台都尽可能的绿化，提高绿化覆盖率，打造鸟类及昆虫栖息的环境，这样的生态建筑也为周遭市民及市容带来最佳的人与环境共生的概念。由此可见，绿色节能和可持续型集合住宅成为提升城市居住环境的新思维和新构想（图 13）。

对集住模式和居住理念的设想，"地域社会圈主义"（图 14）并不是把住宅当作纯粹的住宅，它的使用方式更加灵活，可以做店铺、书房、洋酒馆等。地域社会圈中的住宅由"店铺"（开放性）和"寝室"（私密性）组成，后面作为寝室，前面用作开放式店面。由于只是把前面做成开放式的，私密性可以得到保障。尽可能设计成可以工作，也可以休息的居家办公场所。居家办公式住宅可有多种，如烟草店面＋寝室、图书租赁店＋寝室、洋酒馆＋寝室、书店＋寝室等。各式各样的店铺组合起来，类似一个商业街。概念当中提到：地域社会圈里大约 5～7 人组成的最小基础组合体暂且称为S 组团，他们共用厕所、厨房、浴室与网络；6 个基础组合体结合在一起可以共用太阳能发电和太阳热能，这样的 30～45 人组成了一个能源固定组团（M 组团）；4 个这样的 M 组团又构成了一个生活基础设施组团（L 组团），可共用废热发电与生活基础设施；4 个这样的生活基础设施组团又将形成 500 人的地域社会圈（XL 组团），里面设有生活咨询服务台、便利商店与护理、托儿空间，500人在这里共享生活便利设施。在我们国内，居住区合理规模一般为人口 3 万～5 万（不少于 3 万）人，户数 10000~15000 户，用地 50~100 公顷左右，是被城市街道或自然界限所包围的相对独立地区。居住小区往往与居住人口规模 7000~15000

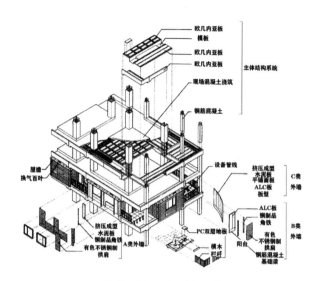

图 13　Next-21 建设系统

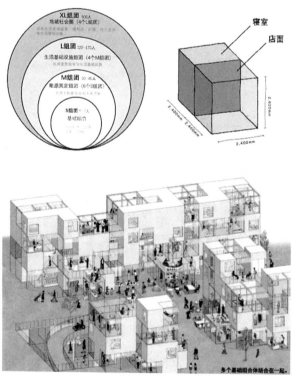

图 14　地域社会圈主义构思

人相对应，户数 2000~4000 户，用地 10~35 公顷，被居住区级道路或自然分界线所围合。居住组团与居住人口规模 1000~3000 人相对应，户数 300~700 户，用地 4~6 公顷，被小区道路分隔。一般而言，居住组团占地面积小于 10 万 m²，300~800 户，若干个居住组团构成居住小区。而地域社会圈大概就是我们国家居住组团的规模。地域社会圈当中也谈到了关于解决居住者义工（钟点工），加强社区服务和能源服务等设想。以 500 人左右的居民为一个单位，需要照顾的人达到 23 人，老年人大量独居，儿童数量很少。在这个地域社会圈当中建立一个生活支援系统，每个居民可自由选择做负责生活后援的小时工，可在地域社会圈里统一使用 IC 卡来做决算并在餐厅等场所消费。目的是降低政府在社会保障方面的支出。同时与能源系统，如热能、自备发电系统结合起来，实现了能源的高效利用。在此提供 83% 的消费能源，剩余的 17% 充分发挥所在地区的特色，利用风力、水力、地热等各种能源来代替发电，供给人们买电。城市本身是由住宅和其他的建筑构成的，如今的住宅于我们而言只是居住的场所，然而山本理显认为住宅并不只是单纯用作居住的空间，它是构成城市的非常重要的元素。

除此以外，伴随着 2020 年重大新型冠状病毒肺炎疫情的全球性蔓延，也引发了诸多研究学者对于疫情防控住宅建筑和住区防控的思考，同时也提出了住宅建设自身发展的不平衡和住宅建筑所暴露出来的不足等现实情况，普遍认为需要解决建筑硬件卫生防控性能不足、居住安全保障技术缺失、应急改造的可操作性不强等问题。同样也有人认为，集合住宅的发展急需统筹推进关于住宅建筑卫生防

疫与居住安全健康保障的体系建设，应从制定顶层设计、完善技术标准、提高住宅设计与施工性能质量水平、推动住宅部品与建筑产业化以及加强使用检修与智慧技术、运维技术等措施来充分提高集合住宅的综合性能和供给质量。

基于以上这些集合住宅发展的新思路，对于集住模式的探讨已经变得更加多元化，如今的住宅发展速度已经远远超过 20 世纪，其建设规模和质量也远超过往，而作为居住载体的人来说，对居住的要求也更高，对于居住的理解也更加广泛。目前，对于集合住宅类型研究的思路变得聚集，也产生了对集住模式的全方面解读，这也更加有利于集合住宅的长远发展。

## 1.2 中国的集住实践

集合住宅适用于满足大批量居住需求的住区建设，从以上聚焦的不同方向可以看出，对于集合住宅的关注主要集中在居住模式、居住体验、住宅寿命、住宅造型、居住空间、居住人群、住宅品质以及住区防控等方面。不可否认，集合住宅某种程度上是应对人口急速增长和解决人们群居需求的一种有效方式，基于集合住宅的发展历史，如何营造人们理想当中的集住模式，丰富人们的居住体验，仍然是一个不可回避的话题。

集合住宅的发展使得中国城市面容发生了巨大的变化，住宅产业的快速发展也带动了居住形态的演变，更是带来了城镇居民居住观念的大变革，城市集合住宅的建设和发展从某种程度上来说既反映出社会变革，也是城市空间不断演化的重要内因。就中国住宅市场而言，其主流是以开发商为

主导的房地产开发模式，这种开发模式也为中国集合住宅乃至住宅产业的发展带来了深刻且持久的影响，主要体现在：（1）转制，城镇的住房制度已经由原本的实物分配转向货币分配，原本的集团购房也演变成了个人购房；（2）转轨，住房市场从供不应求的卖方市场逐渐转为供大于求或是供求相互平衡的买方市场，且住房市场由消费需求来决定；（3）转型，住宅产品也由安置型转化为康居型，住房的发展也由原本的数量发展为主转变成为数量和质量发展并重。正是在这样的影响和转变之下，以住宅开发为主体的房地产业已经成为中国国民经济的支柱型产业，也体现出房地产市场发展的机遇好、潜力大、空间宽等特征。也正是在基于居住形态的演变和开发模式的转变上，给集住类型的聚焦提供了更多方向，聚焦的多样化影响着住宅的类型，住宅的类型也改变了人们的居住和生活方式，城市也在居住变化中不断改变。在中国改革开放的几十年间，集合住宅呈现出批量化建造和大量化供给的特征，全国房地产公司的数量也随之增长，房地产开发模式主导下的中国集合住宅建造，是中国从 20 世纪 80 年代至今集合住宅发展的一个缩影。

### 1.2.1 城市的扩张

从城市扩张的角度来说，城市经过长期的发展已经形成了相对稳定的空间结构，而集合住宅的快速发展给中国城市空间的拓展带来了巨大的变化。随着城市建设的快速发展，在社会、经济、文化以及自然条件等多种因素的综合作用下，中国城市传统的、具有强烈礼制特征的形态已经发生转变，不同城市、不同地区的社会经济条件的发展差异导致了城市空间结构的变化进程也体现出了较强的差异性，从而体现出了具有不同特征的多元化城市布局和扩张模式。城市的空间结构往往是一个动态的概念，尤其是在计划经济时代，城市空间结构的改变更多地受控于投资的计划而非城市的规划，伴随着城市建设和对原有古城区的改造，城市在向心集聚和离心扩散的作用下，发生着空间结构的剧烈变化，因此，城市空间扩张也就对住宅房地产的发展起着至关重要的作用。

早在 19 世纪末期，英国社会活动家霍华德于 1898 年提出的"田园城市"（图 15）理论中指出：城市环境的恶化是由于城市膨胀所引起的，而城市具有吸引人口聚集的磁性，城市的无限度扩展和土地投机是引起城市灾难的根源，只要能够控制住城市的磁性，就可以控制城市的膨胀，而有意识地移植磁性便可以改变城市的结构和形态。霍华德同时也倡导将高效的城市生活和清新如画的乡村风光相结合。勒·柯布西耶提倡"集中主义"城市发展模式，并在《明日的城市》一文中强调：应充分发挥城市内的集聚效应，以摩天大楼的方式节省建筑的占地面积，从而换取更大的绿化用地，以服务功能齐全的单体建筑物作为城市居住社区的基本单元（图 16）。芬兰建筑师伊利尔·沙里宁提出的"有机疏散"理论认为：通过在城市外围建立若干城市次中心，一方面分散中心城市的集聚压力，另一方面可以使之成为广大农村地区城市化的生长点，将中心城市的扩散效应传输到周围区域（图 17）。在 20 世纪 20 年代后，一些借助生态学、经济学和社会学原理来进行的城市空间结构研究也相继出现，其中，伯吉斯首创的土地同心圆理论、霍伊特的扇形理论以及哈里斯和乌尔曼的多核心理论，一起被称为"三大经典城市空间结构模式"（图 18）。这些模

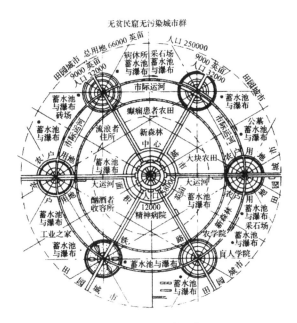

图15 "田园城市"示意图

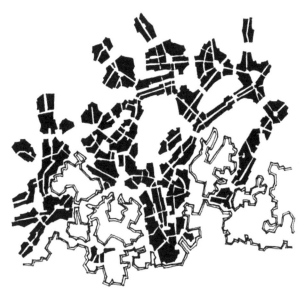

图17 "有机疏散"理论示意图

图16 "明日之城"模型

 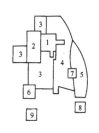

a) 同心圆理论　　　b) 扇形理论　　　c) 多核心理论

1.中央商务区；　2.批发和轻工业区；　3.低收入者居住区；　4.中产阶级居住区；　5.高收入者居住区
6.重工业区；　　7.外围商务区；　　　8.郊区居住区；　　　9.郊区工业区；　　　10.外围通勤区

图18 三大经典城市空间结构模式

式也都对城市层面的居住社区做出了重点描述，也反映出了城市居住空间地域演变的一般规律。

中国城市的扩张主要呈现出"向心增长"和"离心增长"两种模式。城市的"向心增长"往往表现为城市中心对于整个城市所辐射的空间具有很强大的吸引力，以至于包括城市人口在内的各种生产资源的分布仍然以城市中心为聚集的核心，而向周边分散布局的状态则随着与中心的距离增加而呈

现衰减的态势，这种"向心增长"的模式在城市空间的形态上表现为城市外围呈现蔓延式扩展和城市内城再开发聚集两种不同的现象。

城市外围蔓延扩展从本质上来说是城市向心增长的一种表现形式，在交通、就业、服务等诸多条件的制约下，城市外围地区的发展很难解除与城市中心地区的联系，人们对于居住位置的选择也同样需要基于对以上条件的考虑，城市的发展呈现出

一种缓慢的状态。对于这种城市扩展模式来说，集合住宅的建设需要充分考虑到城市扩张的时空影响，并选择恰当的开发时机，同时在开发的规模上也应该充分考虑到城市蔓延式发展所带来的城市综合服务实施、市政公用设施以及交通设施扩张的滞后因素，并在规划选址上充分分析由于扩张的不确定性所带来的空间区位上的负面影响。作为中国较早提出建造郊区化大众住宅理念的房地产开发商，万科早期的住区案例北京万科城市花园（图19）和天津万科花园新城（图20），就是针对城市扩展模式不同的背景下，抓住开发时机并通过时间的推移项目逐渐与城市外围蔓延扩张节奏相吻合的成功案例代表。

城市内城再开发聚集则是对城市中心区空间综合价值提升的一种表现，规模相比外围蔓延的住区建设要小，但由于高额的拆迁成本和低价价格，往往采取高强度、高密度的开发模式，其优势是能够更大程度地和周边服务、交通等设施相结合，形成功能复合的住区。对于这类开发模式来说，需要与城市外围在当时条件下的优势进行比较，并在开发的过程中凸显其优势，充分考虑到开发规模和建设容量对于现有环境容量的要求，同时也需要分析超量开发所带来的经营风险和对城市空间环境的负面影响，在规划上也要适当考虑周边改造和城市基础设施建设等方面的不确定因素所产生的空间区位上的正面和负面影响。在万科深圳金色家园（图21）的案例中，展示了中国城市中心地段高密度开发项目在规划层面上的深入思考和细致处理，采取了诸如：集合住宅周边底商复合功能的设置；改善高建设密度所带来的环境压迫感；采取裙房与塔楼连接处设置大面积屋顶架空花园；分散布置会

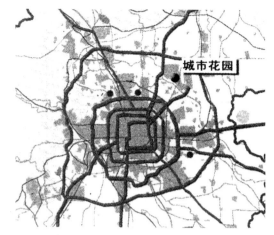

图19　北京万科城市花园区位示意图

图20　天津万科花园新城区位示意图

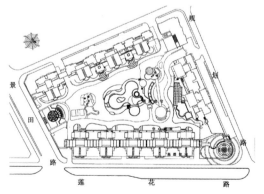

图21　万科深圳金色家园总平面

所并提出了"泛会所"的概念；在有限的住区范围内提供更多社区内部休闲活动区域；住区整体采取地下停车等方式。可见，对于内城再开发聚集类型的向心增长扩张模式而言，蕴含着巨大的风险和压力。

城市的"离心增长"表现为由于城市建成区的发展已经处在相对饱和状态下时，城市开始依托一些骨干基础设施而形成向外跳跃式发展的空间布局。这种扩张可以根据不同的主导因素有所区分，如以产业为主导的扩张、以交通为主导的扩张以及郊区转型为主导的扩张等。在住宅商品化的市场经济时代，城市离心扩张的住区开发和集合住宅建设，在项目开发规模和选址上应该充分考虑到城市扩张的主导因素、住区开发与城市发展走廊的区位关联和规模效应、居住对象以及产品定位等。"离心增长"的模式亦可分为众星拱月式的离心增长和轴向连绵发展的离心增长两种方式。

众星拱月式的离心增长一般是指当城市向心集聚发展的规模达到一定程度之后，为了增强城市的运行效率所采取的一种有效扩展模式，从而形成城市主城区外围新城区的城市空间形态。主城区和新城区之间保持着空间上的相对独立，两者之间仍具有便携高效的交通联系，并且在职能的定位上也具有一定分工。对于这样的扩张模式和发展阶段的城市而言，其住区的开发和集合住宅的建设，应该充分调查和分析外围新城发展的内在动力和发展规模并选择恰当的开发时机。同时在开发的规模上也应当考虑新城发展的总体容量以及住区建设投入使用的周期内各种服务设施的需求，另外在规划选址上，也要考虑新城产业发展状况以及公共服务设施建设的时序对于空间区位的影响。上海万科城市花

园（图22）就是中国早期住区建设中在城市边缘地区开发的成功案例代表，该项目踏准了城市扩张的节奏并契合了城市扩张的模式。

轴向连绵发展的离心增长往往呈现出带状组团式的结构布局，其特点是发展组团不止一个且各组团之间在功能结构上既具有综合性又体现出不同的职能分工，这与城市的扩张和居住的需求有着密切关系。在城市发展的进程中，不同组团的发展阶段、发展特点以及居住空间的需求会成为住区开发以及集合住宅建设的重要考虑因素。以深圳为代表，城市的发展由于受到地理条件的影响而呈现出带状组团式布局，组团之间既能够相对紧凑的发展，又同时享有周边良好的环境，同时组团与组团之间可以通过快速交通系统联系起来，形成了既体现规模效应又兼顾局部环境品质与效率的城市格局。中国知名房地产企业万科诞生于深圳，并利用深圳独特的分区分组团的开发特点，完成了大量集合住宅住区开发项目，以万科为代表的中国集合住宅建设实践反映出住区开发离不开对城市扩展模式的认知，更是对城市层面发展规律的深入理解和对多样化产品的创造。

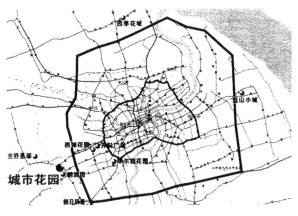

图22　上海万科城市花园区位示意图

### 1.2.2 住区的开发

住区的开发主要和两个因素有关，一是住区开发的空间选择，二是住区开发的规模选择。住区开发的空间选择可以定义为住区的区位，在住区建设的过程中，除了需要把握开发时机与城市扩张模式的契合关系之外，区位选择也至关重要。早期关于区位理论的研究有伯吉斯根据芝加哥 19 世纪城市迅速扩展阶段的新建住宅分布和使用者阶层提出的住区区位理论，该理论以新建住宅只能位于旧住宅的外围，并提供给高收入人群居住为前提，对城市住宅的一系列现象和过程进行了分析。理论指出：越是新的住宅距离市中心越远，且供越高收入家庭使用，淘汰下来的住宅则提供给低收入家庭居住，以此类推，贫穷的家庭居住在靠近市中心的老住房中，直到城市中心的老房子逐渐被遗弃或拆除，由新的中心商业区或办公商业设施所取代。这种区位理论是从新旧住宅代替的角度提出的，反映的是城市住宅的品质差异和阶梯式消费的概念，称之为"过滤论"。而 20 世纪 50 年代，由温哥和阿朗索开始研究，后来由墨思和伊文思进一步发展完善的"互换论"也是十分重要的区位理论。该理论认为，造成家庭挑选住区区位的经济力量是住宅费用的差异和交通费用的差异。然而，在对区位理论研究的过程当中，包含了从政治经济学的角度研究在城市土地开发过程中不同利益集团在资源分配中的相互冲突和妥协对城市居住空间的影响；从社会行为的角度来分析人的价值观念和主观能动性对城市土地的影响；从文化发展的角度权衡住区开发对城市文脉传承的影响等。这些理论研究，是从不同视角对住区开发当中空间区位要素的补充。

所谓住区的区位，不仅仅是指住宅在城市空间中所处的地理位置，也包括了该位置的通达性，以及居住者在该位置所获得的非经济层面的满足程度。当下人们对于集合住宅的选择，主要体现在该住区的地理位置和以此为基点的就业、上学、购物、就医、娱乐、休闲等生活出行活动的成本（包含交通、货币、时间成本）以及该位置的自然环境、人文环境、社会环境等对居住者身心方面的影响（图 23）。住宅的社会属性决定了其住区区位的综合性，即住宅对人们生活的作用是通过住宅和住区自身的品质和周围环境来综合体现的。人们对于住宅的选择，除了户型、面积、价格等因素之外，也会考虑住宅的周边环境、上班上学、就医购物是否方便，治安条件是否良好，是否有增值的可能等，这同时也说明了住宅除了具有社会属性之外，更多的是商品属性，而这些便利性恰好反映了商品的价值，住宅和住区的区位价值已经成为住宅选择的重要标准。对于中国的集合住宅建设而言，土地的有偿使用是由政府部门通过对城市土地价格的分等定级，确定容积率、建筑密度、土地用途、停车场位置、市政设施的布置等一系列指标实现对房地产开发的引导，从而促进城市资产重新配置和优化

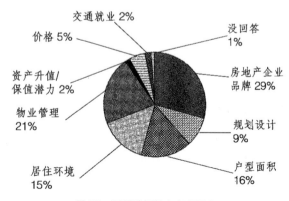

图 23　居民选择住宅考虑因素

组合。因此，就中国的住区开发而言，开发商主导的住区区位选择和后续的开发建设，不仅反映了作为住宅市场需求一方的城市居民对住区区位的实际需求，体现出政府对住宅市场的调控行为，而且伴随着住宅的批量化建设，对城市住区区位格局的形成也具有重要的作用。目前，对于中国住区区位影响的主要要素包括自然要素、城市结构要素、社会要素、经济要素以及与城市和住宅发展相关联的政策要素。

住区开发的规模选择，是除了让住区在时间、空间上与城市保持互动关系之外的另一个重要因素。不可否认，近些年的住区开发，在品质不断提升的同时，住区开发的规模也发生了惊人的变化，各大地产开发商相继扩大开发规模和建设面积，珠江地产开发的从化凤凰城面积达到了 $8km^2$。然而，住区开发的规模是否适宜，从不同的角度判定有着不一样的考虑因素。对于开发商来说，土地获取的难易程度、市场需求变化以及建设销售周期的长短等因素都影响着对住区建设规模的选择；而对于居住者来说，住区规模的大小直接影响到他们的生活品质、舒适度、出行便利性、邻里间的认知和归属感以及居住环境等方面的需求。根据目前中国住宅建设的趋势，究其规模选择可以分为三种类型：（1）由于受到资金、土地等条件的限制而选择建设的小规模住区，一般在城市中心区，规模小则一两栋，大的不过几公顷；（2）受到城市空间肌理和邻里单元的影响，由城市道路围合而选择建设的大规模居住社区，既可以是十几公顷的小区规模，亦可以是几个小区组合而成的居住区规模；（3）近些年在一些大城市相继出现的"新城镇"建设，在城市扩展新政策和开发利润驱动下，既完成了集合

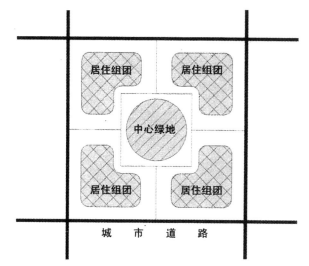

图 24 住区规划的"四菜一汤"模式

住宅的建设量，也拓展出更多新的发展空间，其规模多为几个甚至是十几个平方公里。基于计划经济模式下的住区开发也势必会带有很强的计划经济色彩，"四菜一汤"模式的规划布局（图 24）也成为住宅小区规划的经典布局，此外对于住区规模的界定，居住小区规模，居住区规模也都有着明确的标准，公建配套指标的确定也都是以千人指标的标准来确定。从小区到居住区再到居住社区，相对多元的城市大规模社区已经成为城市空间发展的重要单元，其中的邻里组织、文化建设和生活形态也都直接影响住区规模的转变，从而影响城市的改变。

### 1.2.3 住区的营造

在现代社会中，社区作为最基本的社会关系组合形式，承载人们日常生活的绝大部分，邻里关系也成为巩固社会关系的重要纽带，从外部空间的构成到公共设施的配置，从产品多元化到人性化的物业管理，住区的营造已经成为中国集合住宅实践当中，提升住区活力和激发邻里交往的重要一环，

如何营造良好的住区氛围，也是当下住区开发的聚焦点。其中包含了：

其一，打造开放的住区。从聚居和交流、生机和活动的角度出发，将住区生活回归城市，已经成为住区发展不可回避的趋势，随着中国城市化进程的加速，原本"造城式"的封闭型住区模式已经被淘汰，取而代之的是强调城市整体功能的开放性住区模式。封闭型住区模式形成的原因归根结底源于：（1）早期的"单位大院"居住体制，（2）现代主义所带来的城市功能分区，（3）中国兴起的物业管理模式。然而伴随着住区生活空间与城市空间的一体化交流互动、适宜的路网密度、便利的公共交通、共享型配套设施、开放友好的街道界面、充满生机的交往气氛等要素早已突破了原有堡垒型的住区模式。

其二，激发住区的活力，创造良好的邻里交往空间。现代集合住宅发展至今，往往与"社区"关系密切，而社区的定义是：有一定地理区域和人口数量，居民之间具备共同的意识和利益，并且有着较为密切的社会交往。因此，社区在多数时候与居住的概念是紧密联系的。激发住区活力并创造良好的邻里交往空间是为了解决当下新建住区中出现的一些问题，其中包括：（1）邻里关系逐渐变得淡薄和冷漠；（2）社区居民之间缺乏相互关心和帮助；（3）人们忍受着孤独和个性压抑；（4）空巢现象严重，且空巢老人的赡养和照顾得不到保障；（5）社区犯罪数量增长；（6）住区温馨安逸的居住氛围缺失。然而提升住区活力的方式，除了丰富住区公共活动空间，使社区居民感受到和谐愉快的栖居氛围，达成认同感和归属感，还需要追加住区的经济活力，既满足居民生活需求和交往需求的各种商业活动，同时也需要考虑到居住人群的多样化和不同住宅户型、住宅类型的设置。

其三，创造有文化的住区。对于集合住宅发展起步较晚的中国，难免在住区建设和集合住宅风格选用中采取"拿来主义"的方式，对一些诸如"南洋风情"、"欧陆式"、"北美生活"等风格的追求影响了中国大批住区开发，成为一种时尚的热潮。随着人们对于自然资源和生态环境保护意识的逐步提高，人与自然和谐共生，与自然环境相互融合，所谓亲自然、回归自然的居住理念和生活方式也更加受到大家的青睐。早期人们对于文化住区的理解和营造仅局限于对住宅风格形式的认同，而后也逐渐体现在对于自然资源的保护和利用，文化资源的挖掘和传承，以及城市文脉的延续和回归等方面。

其四，注重住区的长期发展。对于住区开发中因为缺乏长远考虑，住区维护成本过高，配套设施使用效率低等诸多问题，住区规划应当如何平衡政府、开发商、居住者三方的利益关系也是住区营造的重点。住区的长期发展指的是住区开发和销售完成后，从居住者入住后开始的一个长期阶段，不仅需要随着变化进行功能上的调整、转换和完善住区物质空间环境，而且要促进社区的发展，完成将住区中自然的人向社会人的转变，同时随着社会的变迁而保持着长久的活力。住区长期发展所通常采用的策略是预留发展用地、功能转换、分期建设、建立良好运营机制（成立业主委员会，聘请物业公司，成立业主论坛）等，住区长期发展的主体是全体居民，作为一种资源分配的手段，任何一方的利益得不到保证，都有可能导致失去均衡，使得住区不能持续发展。

中国集合住宅在经过几十年的发展后，已经完善了对住宅建设的需求，并逐渐形成了与本国发

集·住

集合住宅与居住模式

展状况向匹配的集住模式，无论是对未来集住类型的聚焦，还是对中国集合住宅建设实践的探索，中国集合住宅突围的序幕已拉开。

## 参考文献

[1] 吴东航，章林伟.日本住宅建设与产业化[M].第二版.北京：中国建筑工业出版社，2016.

[2] 潘红元.关于第四代住房的发展前景探讨[J].住房与房地产，2018.

[3] 杨清华，黄玮，王忻.浅谈"第四代住房"[J].中国房地产，2018.

[4] 张吉红.百年住宅设计要点分析及发展趋势[J].中华建设，2018.

[5] 解旭栋，刘恒宇.互联网思维下SI住宅定制化设计策略—由百年住宅示范项目发展引发的思考[J].住宅科技，2018.

[6] 王莉.装配式钢结构住宅SI体系应用与设计实例研究[J].居舍，2018.

[7] 杨晓琳，倪阳.基于灵活可变性的现代住宅设计"分离"思想研究[J].住区，2016.

[8] 张婷婷.城市住宅户型设计发展趋势分析[J].居舍，2018.

[9] 袁晓兵.SOHO住宅交往模式探索[J].四川建筑，2013.

[10] 马雪飞.基于多元化生活方式视域下的城市集合住宅空间设计[J].黑龙江科学，2018.

[11] 吴双，吴茵.在宅养老模式下集合住宅适老设计研究[J].南方建筑，2011.

[12] 汪重阳.中德老旧集合住宅改造比较研究初探—中国问题与德国经验[D].郑州：郑州大学，2016.

[13] 吕忠正.集合住宅地域性与生态性整合设计策略研究[D].大连：大连理工大学，2011.

[14] 清华大学建筑学院万科住区规划研究课题组，万科建筑研究中心.万科的主张[M].南京：东南大学出版社，2005.

## 图片来源

图1：http：//happytify.cc/doc364168

图2：http：//happytify.cc/doc364168

图3：http：//happytify.cc/doc364168

图4：笔者根据相关资料自绘

图5：《日本住宅建设与产业化》，P127

图6：《日本住宅建设与产业化》，P111

图7：小林秀树研究室提供

图8：《日本住宅建设与产业化》，P131

图9：https：//big.dk/#projects-arc

图10：https：//www.archdaily.com/895346/tree-ness-house-akihisa-hirata

图11：https：//worldarchitecture.org/article-links/eceve/sou-fujimoto-built-a-treelike-residential-tower-with-protruding-balconies-that-branch-off-the-trunk.html

图12：https：//www.homes.co.jp/cont/press/reform/reform_00137/

图13：《打造百年住宅》，P9

图14：https：//archeyes.com/riken-yamamoto-field-shop-local-community-area/

图15：http：//m.ctcnn.com/show.jsp？id=54688

图16：https：//www.sohu.com/a/283302673_693803

图17：https：//www.51wendang.com/doc/11e4b512131e26a3395d6727

图18：http：//k.sina.com.cn/article_6586293243_18892dbfb00100ckhk.html?cre=tianyi&mod=pcpager_news&loc=15&r=9&doct=0&rfunc=100&tj=none&tr=9

图19：《万科的主张》，P30

图20：《万科的主张》，P31

图21：《万科的主张》，P34

图22：《万科的主张》，P37

图23：《万科的主张》，P47

图24：《万科的主张》，P74

# 2

## 模式转变

回顾集合住宅漫长的发展过程可以看出，集合住宅见证了人们生活方式和居住模式的不断改变。集合住宅的发展仍然存在着某种固定的概念，其中也包含了开发商的利益构成和规范制度体系的制约。如果不去寻求对已有模式的转变，也就不会存在集合住宅乃至集住模式的革新。集住乌托邦不仅仅是一种对现有集住模式的理想化表达，更是对未来集住模式的预判。我国集合住宅的发展已经经历过一场深刻的社会变革，同时也蕴藏着足以创造出与以往固定形式所完全不同的集住模式的可能性，其中也包含了对于住宅建设模式、土地开发模式以及管理运营模式的更新。改革开放以来，我国住宅已经经历了供给主体从公共层面到民间层面的实质性转变，在市场经济的影响下，集合住宅被大量开发，批量建造。从世界范围内来看，集住模式的更新是相互影响和相互启发的关系，在各自特色的基础上吸取多方经验并推陈出新，拓宽集合住宅的发展领域以及挖掘其转变的可能性，这与人类对于集住模式的理解和集住模式对人类文明的适应性是密切相关的。

集住模式的转变，主要是指让集合住宅的设计建造脱离现有批量化生产的窘境，以更加适宜居住类建筑发展的方式介入其建造的方方面面，让集住模式回归它应有的姿态。尽管在集合住宅的开发建设方面，我国积累了许多经验，但眼下的路应该如何迈进，对集合住宅的认知是否应该有所调整，我们似乎已经来到了需要回到起点并重新考虑未来的时间节点了。合作居住不仅仅只是来自国外的一种住房开发模式，而是根植于人们最根本的住房需求和建造传统之中，不仅在国外，在我国的乡土建筑中也有很深的根基。而合作建房是居住者在新时代环境下对于城市住房问题的一种自主性探索，相关国内外成功案例揭示了这个共性，即合租建房被实施建造的可能性。如果政府改变以往对于合作建房不支持也不反对的态度，而是明确其存在的作用并对其予以辅助，通过法律政策对其进行规范和引导，势必就能使其成为解决民众住房问题的一种新模式。另外，合作建房的实现也直接关系到住宅的品质和集合住宅的样貌，甚至直接关乎未来住区的生活模式。因此，扭转固化的集住模式，充分发挥合作建房在设计建造上的特殊性，改变照搬房地产开发的设计思路，将有可能对集合住宅的发展带来新的曙光。合作建房最大的潜力在于能够提高住房和社区的服务质量，促进了居住者的政治赋权，甚至是加强了社会的凝聚力。在世界范围内对于合作建房的学术讨论不计其数，在公共政策实务中也越来越受到重视。

其一，住房的可负担性被无形之中提高了，同时也更有效地保障了中低收入人群的居住需求。因为合作建房组织形成的初衷就是为了有效解决住房供给问题而非为第三方创造利润，这种安全的居住形式也使得居住成员无须由于经济负担而受到牵制和由此遭受的物质损失风险以及精神方面的压力。

其二，在建设安全并且体面住房的基础上，同时也缓解了基层社区的治理压力。不同于以往大型或者是超大型的居住社区，在合作建房组织里生活的群体，居住者们有足够的机会来认识和了解自己的邻居。居住者之间所追求的是相同的目标，即构建更加安全的社区，同时合作社本身的自行管理模式也赋予每一位成员协调和解决安全问题的能力。同样，作为住房内共同的所有者、管理者、执行参与者，住户将自行平衡其优先事项以及合作社的基本预算开支，确保合作社的每一位成员都可以按照自己的意愿和需求寻找到持久满意的住处，享用先进有效的物业，并且使每户家庭都能拥有足够的个人和公共空间，实现社区价值的最大化。

其三，以降低住房社会风险为出发点，创建和谐共处的新型社区。由于住房合作组织也都负责与其他住房相关的水电以及卫生等方面的基本设施，因此，居住者在参与其中的同时会对当地的一些社会问题更加关注，也更加有责任感。如果说个人的住房行动是困难的，那么合作建房的实际状况已经表明了其是可以助力社区福祉的。

其四，在促进基层民主政治实践以及践行社区民主管理等方面也有着积极的作用。由于一人一票的特征，住房合作社的董事会由所有成员们投票选出，并在财产治理中充分享有发言权和代表权。另外，其他成员也对合作社事务拥有间接的控制权和民主决策权，在此民主和公正原则都得到了相应的尊重。合作建房组织所体现出来的是拥护治理原则，居住成员的民主参与原则，认同分享善治原则以及支持并鼓励参与式治理和会员服务模式等，这些特征也都充分反映出了合作建房模式的优越性。

其五，以关注每个居住者为基础助力社会的可持续发展。合作建房组织为其成员提供培训并以此建立社会关系网，同时也为居住者带来了新的学习机会，从短期看来合作建房组织能够关注到每一位成员的成长和发展，有益于造福个人和维持社区的繁荣，从长远的角度来看合作建房也有助于塑造互帮互助的团结文化，助益整个社会经济的可持续发展。合作建房所构建的不仅仅只是一个新的居住社区形式，更是构筑了一个无限的良性循环模式。

其六，对于早已固化的集合住宅开发模式来说，将住宅设计回归到创作的本源，针对设计行为不断被量化和设计特点逐渐丧失的不良局面，给予设计师在其力所能及范围内更多的创作空间，而不再被所谓的制度所束缚。这样，对改变城市之间由于集合住宅形式的趋同性而导致城市特征不明显等潜在问题也具有积极的改善作用。

然而，虽说合作建房在诸多方面体现出其优越性和先锋性，但在国内集合住宅建设相对饱和、商品房开发模式相对稳定、城市集合住宅建设量持续增长的情况下，对于合作建房模式的实行，留有的余地少之又少，冠以乌托邦集住模式之名也是实至名归的。即便如此，在国内集合住宅的建设呈现出乡镇一级的住宅建设正在不断沿用大城市住宅开发模式，并重复堆砌大城市中住宅批量化建造的不良趋势的情况下，为避免集住模式的趋同性和复制性不断延续，从而利于乡镇集合住宅的发展，对此十分有必要慎重考虑具有中国特色的新型集住模式的适应性需求。

首先，在党的十八大之后，我国政府已经将积极发展社会组织纳入了社会治理和创新的重要范畴，并且不再强调住房保障单一由政府全面承担。党的十九大也提出在 2035 年基本建成现代社会治理格局的要求，足以见得鼓励社会多元主体参与的政策取向正在逐渐形成。换句话说，在一些地方政府财政乏力，或者市场机制在住房保障供给领域失灵的情况之下，合作建房不失为在住房领域内缓解"人民日益增长的美好生活需要和不平衡不充分的发展之间矛盾"的有力手段和可行途径。其次，我国的社会结构也正在发生着诸如人口老龄化现象日益严重、人口出生率逐年降低、孤独感加剧和丁克一族增多等变化，预示新型的、互帮互助型的生态友好型社会关系和共建共享型的居住模式正在呼之欲出。最后，中共中央、国务院发布的《关于实施乡村振兴战略的意见》提出"完善农民闲置宅基地和闲置农房政策，探索宅基地所有权、资格权、使用权'三权分置'，落实宅基地集体所有权、保障宅基地农户资格权和农民房屋财产权，适度放活宅基地和农民房屋使用权"，给宅基地"三权分置"改革试点提出了原则性的指导意见。

以上几点所放射出来的信号是：其一，鼓励社会多元主体参与的政策取向正在形成；其二，完成中国住房供应的多元化，需要借鉴并形成符合我国住宅建设发展需求的有效模式；其三，相比建设饱和度高的城市而言，在迎合乡村振兴战略需求以及推动新型化城镇建设方面，实施农地入市试点的乡镇一级，具备发展新型建造和居住模式的潜在条件。可见，新型居住模式的构建已经成为时代发展进程中的必然趋势。

2016年，国务院办公厅印发《关于支持返乡下乡人员创业创新促进农村一二三产业融合发展的意见》中规定，"在符合农村宅基地管理规定和相关规划的前提下，允许返乡下乡人员和当地农民合作改建自住房"，以此促进农村一二三产业融合发展。在明晰产权要素流动的基础上，宅基地三权分置改革的局面也已经打开，这也为城乡区域内的合作建房提供了全新的产权保障和激励。城乡合作建房的试点允许返乡下乡人员和当地农民合作改建自住房或者下乡租用农村闲置房用于返乡养老或开展其他经营性活动。在满足一户一宅的基础上，吸引返乡人员的资金以提高宅基地的土地利用强度，同时将增量空间的使用权也赋予返乡人员，这充分实

现了返乡人员和农户之间的双赢，这也无疑为我国城市当中陷入僵持局面的合作建房找到了新的突破口，是激发新型集住模式的机会。

随着国家农村土地三权分置政策的推出，乡镇同样也面临着一个新的发展机遇。随着城市生活节奏的加快，许多城市人渴望回到一种相对更加自然的环境中，过一种释放身心的节奏更慢的生活。中产阶级家庭渴望回归自然家庭生活，为子女提供更原生态的教育。中老年人追求在这种环境中回归从前的自然健康的生活方式。同时，有相当一批向往乡村生活的年轻人，选择乡村来实现自己的理想。计家墩村和许多乡村一样面临着空心化，然而其优越的地理位置和巨大的体量为其提供了较大的发展潜力。乡伴文旅选择了这里来实现他们乡村集群理想村的规划，这也是他们新乡村建设的又一次探索。他们希望能使更多拥有相同生活方式和理想的人聚集于此，形成一个新的圈子。对此也有许多返乡合作建房的案例，其中就包括了已建成的昆山市"计家大院"（图1、图2）。由此可见，乡镇合作建房能够适用于在合法基地上建设的多层、多户、院落等多类型高密度集合住宅，也能够表现出共同居住的社区化生活场景。可以以此方式吸引更多返乡建房和家族成员共同生活、养老等方式，以宅基地资格权保障在乡亲属的居住保障，实现乡村社会秩序的和谐和稳定，并以此加固家庭感情联系，发挥以家庭居住单元为纽带的城乡资源，进而推动乡村振兴事业的发展，集住乌托邦也不再是遥不可及的理想主义。

虽然，合作建房在中国仍属于起步阶段，但中国集合住宅发展当中对于乌托邦式集住模式的追求却从未停止过。良渚文化村的实践（图3），既

集·住

集合住宅与居住模式

252

图1　乡镇合作建房——计家大院

图2　计家大院鸟瞰图

图3　良渚文化村局部

是对中国语境下田园城市核心理念的一次诠释，更是对乌托邦式住区生活模式的一次当代性表达。虽然不是严格意义上的模式转变，但相比以往集合住宅的开发模式而言，十分准确地迎合了新时期城乡一体化精神（另一种形式的城乡结合），并将其建立在重新审视和判断城与乡的现实基础上的一次理性组合，是中国当代集住乌托邦的尝试。

对于集住模式的转变而言，一方面是针对现有以房地产开发商为主导的住区建设模式的变革，另一方面则是基于现有建设模式的升级和转型，而两者皆具有集住乌托邦的意味。良渚文化村就是当代中国城郊大型复合住区开发以及新兴城镇化建设的成功案例，这也预示着中国的住区开发已经在总结集合住宅发展经验的基础上，并迎合了集住乌托邦的思想理念，进行了具有践行意义的尝试。良渚文化村位于杭州市西北约20公里的余杭，是在杭州城市扩张和周边农村城市化的背景下，从2000年开始由民营企业开发建设的城郊大型复合社区，该项目占地约10000亩，其中5000亩为自然山水，5000亩为建设用地，规划预期人口为3万～5万人。经历了20年的开发建设，良渚文化村已经发展成为一个功能齐备、安居乐业的大型综合社区。该案例具有一定的理想主义色彩，同时也在现实中获得了成功，项目所反映出的是田园城市的理想与中国人文传统的契合，以及以此为原点对当今住区开发多方面现实问题的回应，其中就包括了从优越的地理条件到理想主义的前期规划，从物质环境的营造到精神文明的建设，从土地的开发到永续的经营，从单一的新城镇建设到多个区域的联动发展等，为集住模式的转变提供了经验。

良渚文化村的开发囊括了居住功能和相关生

活配套、历史与自然资源的保护和利用以及文化旅游及配套商业服务等多元内容和方向。从住区规划架构来看，良渚文化村的总体规划在尊重了原始地形与生态系统的基础上，形成了一条林荫大道加八个主体村落的规划构想（图4），而所谓的村落就是由若干的居住单元及其公共服务设施所构成的组团，规划确保组团规模控制在5分钟、10分钟、15分钟的步行可达距离内，组团之间保留宽阔的开放空间作为连接山林与河滨的绿色通廊和休憩公园等。组团内的建筑物开发采取的是"小同质，大混合"的模式，对住宅、公建、旅游用地进行精细划分和混合利用，每个住区组团均采用"小封闭，大开放"的格局，通过独栋、联排、叠排、院墅、多层、小高层等住宅产品类型，来应对多元化的住宅市场需求，以此确保社区当中的丰富性和混合性。

良渚文化村的开发分为三个阶段：阶段一（2000~2008年），将项目定位为国际旅游度假区，其核心设施为良渚博物院（图5）和玉鸟流苏景区（图6），并围绕核心设施布置了良渚君澜度假酒店（图7），以及四个具有异域风情的住宅小区，即白鹭郡北、竹径茶语（图8）、白鹭郡东（图9）、阳光天际。这一阶段的住宅开发类型主要以低密度的别墅和多层住宅为主，居住者也多为投资和度假，不少业主也都是出于对高密度同质化城市生活的厌倦，并渴望得到一种田园牧歌式、远离尘嚣的个性化生活状态才置业于此，可见早期良渚文化村的开发理念和环境已经满足了居住者对于未来集居生活的想象。阶段二（2008~2012年），调动了大量资金投入到了公共服务设施的建设和运营，并完善了社区生活配套体系，其中包括食街、

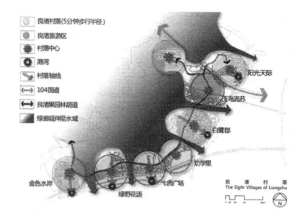

图4　良渚文化村结构分析图

图5　良渚博物院鸟瞰

图6　玉鸟流苏航拍

集·住

集合住宅与居住模式

图 7　良渚君澜度假酒店

图 8　竹径茶语

图 9　白鹭郡东

菜场、幼儿园、附属医院等，为居住提供了过渡性的生活服务。强调解决社区配套问题的阶段性开发，提出了"好房子、好服务、好邻居"的"三好"标准来应对社区的规划建设、销售以及运营维护。这对于集住模式的发展而言，既提升了房产开发与物业服务的标准，又拓展了社区全周期运营的观念。在社区运营当中实践了很多对于社区的思考，其中包含了村民亲子活动、村民公约制订、村民自发的交通互助等，此外也践行了各种不同的社区运营团队，如村急送、酒店运营团队、食街自营店铺团队、经营社区文化的团队以及垃圾分类宣导团队等。阶段三（2012 年至今），将持续土地开发的基础上，推进产业培育和产城融合并培育未来发展新动能，诸如养老产业设施，文创产业设施，教育产业设施等，以"住宅开发＋生活配套＋产业培育"的发展模式打造都市边陲的理想居所。

集合住宅的建设无论采取哪种模式，从合作居住社区到互助共建，再到社区自治，所反映的都是居住者们在集合居住前提下对于社区的自我经营和管理。自从 20 世纪末以来，随着中国城镇化建设速度的加快，住房体制改革及商品房市场的日趋成熟，中国城市群落的构成从胡同、大院、里弄、新村等形态逐渐转变成各种商品房住宅小区。虽然人们的生活条件和生活环境得到了很大的改善和提升，但原本"熟人社会"的基层治理与社区营造路径已经不再适用，取而代之的是由基层政府（街道）和物业公司来管理并规范社区生活，因而导致了邻里间的交流缺乏，彼此之间也更加疏离。在以集合住宅为主流的时代，如何将商品房社区从陌生人社区营造转化成具有地方归属感的社区；如何在社区居民（业主）、物业管理机构、房地产开发商、社区服务中心（街道办事处下设分支）、业主委员会及其群众活动团体等多元主体的共建格局当中激发社区群众的主动性和自治力量；如何真正营造居民参与型的社区文化并形成"全程式""开放式"的公众参与格局，这些已经逐渐成为当代中国集住社区建设的核心议题。在社区营造的过程中，首先要确保社区认同感的建立，其次要完善社区的管理制度，让管理者和被管理者的主观能动性都被调动起来，并积极构建对话、协商、共治的平台，良渚文化村当中《村民公约》（图 10）的制定就是基于社区公民意识的觉醒，由全体居民共同参与讨论并制定的，这也是社区自治的一种体现。最后，强调多元共治的格局，即街道、房地产开发商、物业和居民共治的局面，其中包含了各种社区居民自发的积极活动，如迎新会、村集、村民日、邻里节等；对于社区未来规划的居民参与，大家畅所欲言，陈述社区生活当中遇到的问题和愿景，通过提出问题和解决方案，将其清晰化和具体化。回顾集合住宅的发展不难看出，参与式社区规划在诸多先进国家和地区都比较常见，这也是集住社区营造的通用做法，为集合住宅的良性发展提供了很多有效的使用后评估数据，更是社区共建的发展方向。除此以外，居住社区也是一种小的社会形态，需要文化传播和舆论引导，良渚文化村中创办的《万科家书》（图 11）就是以纸质载体宣扬社区价值理念的有效途径，将社区生活和村内各种美好的人、事、物以图文并茂的方式呈现出来，可以潜移默化地引导公众，相比以往相对生硬的宣传标语来说，更具有画面感和亲和力，通过这种舆论引导的方式可以使得社区导向性更加明显，从而形成更强的社区凝聚力。

因此，对于集住模式的转变而言，其核心思

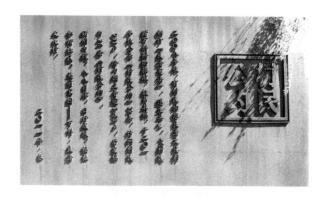

图 10 《村民公约》

图 11 《万科家书》

想还是在于对集住社区的认知、意识以及观念的转变。集合住宅的发展在经历过批量化建造和供给的时代之后，势必会迎来更多的反思和思考。集住社区，作为承载城市居住单元的"细胞"，构筑着城市的文明，而在城市新生和迭代的进程中，未来集合住宅建设和居住社区的营造将充分考虑邻里、治理、服务、环保、交通、建筑、创业、健康、教育等综合因素，如何选择适合当下社会发展和生活需求的集住模式已经成为不可回避的话题，随着社会的进步和时代的发展，在私人定制、万物互联、邻里互助商业、技术演化、人工智能等具有时代特征的语境下，集住模式的转变也似乎有了更多的可能性。

集·住

集合住宅与居住模式

**参考文献**

[1] 习近平 . 决胜全面建成小康社会夺取新时代中国特色社会主义伟大胜利——在中国共产党第十九次全国代表大会上的报告 [M]. 北京：人民出版社，2017.

[2] 朱亚鹏，孙小梅 . 合作建房的国际经验及其对中国的启示 [J]. 广东社会科学，2019.

[3] 国家自然资源督察武汉局—侯东，怎样认识宅基地"三权分置"与城乡合作建房 [N]. 中国自然资源报，2019-08-15.

[4] 支文军，徐洁 . 田园城市的中国当代实践——良渚文化村 [M]. 中信出版集团，2019.

**图片来源**

图 1、图 2：https：//www.gooood.cn/jijia-village-compound-china-by-deshin-architecture-planning.htm

图 3：作者自摄

图 4：《田园城市的中国当代实践—良渚文化村》，P21

图 5~ 图 10：作者自摄

图 11：《田园城市的中国当代实践—良渚文化村》，P95

# 后记 —

　　本书是基于湖南合作建房项目关山偃月之后对于世界范围内集合住宅发展的一次全面回顾，也是对未来集住模式演变的一次展望。本书着重介绍了集合住宅的定义、集合住宅的历史衍变以及集合住宅的发展趋势，并以此为依据探讨新型乌托邦集住模式的可能性，通过对合作居住的描述和案例解读引发读者的共鸣和对集住模式的思考。

　　群居行为是人类的本能，经过长时间的发展，集合住宅作为一种普遍的居住类型已为大众所接受并适应，纵观集合住宅的发展历史，对其由来、分类、形式以及特点等方面有过综合性描述的书籍却较少。首先本书以理想型集住模式的变迁为轴线，激发读者对于集合居住，乃至合作居住的思考，在深入解读集住行为的基础上，挖掘适合我国国情的集住新路径。其次，在城市集合住宅建设相对饱和的情况下，从类型聚焦和模式转变的视角来解读和讨论集住的可行性发展途径，围绕社区共建、社区营造、社区自治等话题探讨集住突围的方式。再者，笔者由于偶然的机会接触到了合作建房，对其产生了浓厚的兴趣，既作为设计师也作为研究者，希望借此机会对其一探究竟，当中描述了部分具有代表性的国外合作建房案例，尤其是对于日本合作建房案例的收集和筛选，充分解读了居民参与型合作建房的日本实践框架，并希望通过对国外先进合作建房案例的剖析，为我国合作建房的理论研究和设计实践找到借鉴的可能性。总之在结合我国时事政策动态和住宅市场发展动向的基础上，把握时机，定准方向，为我国集住模式发展的多元化收集有用素材，同时也为我国未来集合住宅的良性拓展寻找更多可参考的理论依据。